国家社会科学基金"十三五"规划教育学一般课题"特质冲动青少年抑制控制缺陷的自主与中枢神经交互作用机制及其可塑性"（BBA190020）成果

Inhibitory Control and Adjustment of
Trait-Impulsive
Adolescents

# 特质冲动青少年的抑制控制与调适

吕薇 ◎著

科学出版社

北京

## 内 容 简 介

冲动性人格特质的青少年往往伴随一系列发展性问题，而抑制控制能力不足是冲动性导致发展问题的重要内在机制。本书立足于该领域国际前沿问题，从理论与实证两个方面，详细总结了冲动性人格如何通过抑制控制能力不足这一内在机制影响青少年发展性问题，并从中枢-外周神经生理整合视角阐述了这一机制的神经生理基础，并提出促进与改善的方法。

本书可供中小学教师、中小学生家长，以及师范类尤其是心理学专业本科生、研究生参阅。

图书在版编目（CIP）数据

特质冲动青少年的抑制控制与调适 / 吕薇著. —北京：科学出版社，2023.11

ISBN 978-7-03-076802-5

Ⅰ.①特⋯　Ⅱ.①吕⋯　Ⅲ.①青少年心理学–研究　Ⅳ.①B844.2

中国国家版本馆 CIP 数据核字（2023）第 205698 号

责任编辑：崔文燕 / 责任校对：张小霞
责任印制：徐晓晨 / 封面设计：润一文化

科 学 出 版 社 出版
北京东黄城根北街 16 号
邮政编码：100717
http://www.sciencep.com

北京建宏印刷有限公司 印刷
科学出版社发行　各地新华书店经销

\*

2023 年 11 月第 一 版　开本：720×1000　1/16
2023 年 11 月第一次印刷　印张：14 3/4
字数：265 000
**定价：99.00 元**
（如有印装质量问题，我社负责调换）

# 前言
PREFACE

  冲动性是一种人格特质，是指个体喜欢冒险并且缺乏行动计划性，倾向于快速做出决定的倾向。冲动性人格特质是一个多维度结构，包含动作冲动性、认知冲动性和无计划冲动性。国内外大量研究表明，具有冲动性人格特质的青少年往往伴随一系列发展性问题，如学业与社会适应问题、内外化问题等。而作为执行功能核心成分的抑制控制能力不足，被认为是冲动性人格特质导致各类发展性问题的重要内在机制。不同冲动性人格特质与不同抑制控制功能成分之间具有怎样的联系，其内在神经生理基础具有怎样的特点，是否能通过干预措施得以改善，是目前这一研究领域的前沿科学问题。本书较为系统地梳理了冲动性人格特质的相关概念、理论、影响因素，详细总结了冲动性人格特质如何通过抑制控制缺陷这一内在机制影响青少年发展性问题，并从中枢-外周神经生理整合视角阐述了这一机制的神经生理基础，提出了有针对性的干预方法与建议。希望通过本书能够为人格心理学的基础研究、临床干预与应用研究，提供一定借鉴。

  本书共有七章内容。第一章介绍了冲动性人格特质的概念、结构、测评工具。第二章重点总结了冲动性人格特质的四种理论模型。第三章从生物与环境因素交互作用视角，讨论了冲动性人格特质的成因。第四章从发展心理学视角，梳理了冲动性人格特质与各类发展性问题的关系。第五章讨论了抑制控制功能在冲动性人格特质与发展性问题关系中的作用，梳理了抑制控制的概念、类型、相关理论及测量方法等。第六章从中枢-外周神经生理整合视角，总结了冲动性人格特质与抑制控制关系的神经生理基础。第七章介绍了抑制控制能力的干预策略。

本书有以下贡献或独特之处：第一，冲动性作为一种导致各类发展性问题的风险人格因素，在以往的人格理论研究中仅作为次要特质进行探究，其概念、结构及相关理论均较为分散。本书通过对冲动性的概念、结构、相关理论、影响因素等进行系统梳理总结，有助于拓展延伸人格心理学的理论与实证研究。第二，本书基于本人主持的国家社会科学基金教育学一般项目的核心内容及成果，从中枢-外周神经生理整合视角，总结了冲动性与抑制控制联系的中枢-外周神经生理协同作用机制，为该领域前沿科学问题的推进提供了理论与方法学参考。第三，本书在兼顾理论贡献的同时，还在应用层面总结了多种改善个体抑制控制功能的干预技术，以期改善冲动性青少年抑制控制缺陷，降低其发展性问题风险，提升其身心健康。

本书为国家社会科学基金"十三五"规划教育学一般课题"特质冲动青少年抑制控制缺陷的自主与中枢神经交互作用机制及其可塑性"（课题批准号BBA190020）成果，本书出版获陕西师范大学优秀学术著作出版一类资助。在本书撰写过程中，研究团队的已毕业硕士生姬化禹、张雨、朱文柯、张聪、马云晴里、范英泽，以及在读硕士生张靓怡、卫晓敏、贾悦悦、黄烨飞、苏济桐、李育姗在文献收集、文字校对和参考文献整理等方面做了大量工作，对他们的辛苦努力表示感谢。此外，对科学出版社教育与心理分社付艳分社长、责任编辑崔文燕对本书出版的辛勤付出一并表示感谢！

本书虽经过字斟句酌，但难免有疏漏和不足之处，敬请广大读者不吝批评指正，以便不断修订完善。

# 目 录
CONTENTS

前言

缩略语表

**第一章　冲动性人格特质概述** …………………………………………………… 1
　　第一节　冲动性的概念 ……………………………………………………… 3
　　第二节　冲动性的结构 ……………………………………………………… 9
　　第三节　冲动性的测量 …………………………………………………… 18

**第二章　冲动性的理论模型** …………………………………………………… 27
　　第一节　巴瑞特冲动性人格理论 ………………………………………… 29
　　第二节　人格五因素理论视角下的冲动性 ……………………………… 35
　　第三节　格雷强化敏感性理论 …………………………………………… 38
　　第四节　威尔斯风险理论模型中的冲动性 ……………………………… 45

**第三章　冲动性的生物与环境因素** …………………………………………… 49
　　第一节　冲动性的基因基础 ……………………………………………… 51
　　第二节　冲动性的神经生理基础 ………………………………………… 58
　　第三节　环境与生物因素对冲动性的交互影响 ………………………… 70

## 第四章　冲动性青少年的发展性问题 ·········································· 75

第一节　冲动性与学业和社会适应 ············································ 77
第二节　冲动性与内外化问题 ·················································· 79
第三节　冲动性与成瘾行为 ······················································ 83
第四节　冲动性与冒险行为 ······················································ 87
第五节　冲动性与其他心理病理障碍 ········································ 89
第六节　冲动性与青少年心理危机 ············································ 94

## 第五章　冲动性与青少年抑制控制功能 ·································· 101

第一节　抑制控制的概念及类型 ············································· 103
第二节　抑制控制的理论模型 ················································· 107
第三节　抑制控制的测量 ························································ 111
第四节　冲动性与反应抑制和干扰抑制的联系 ······················· 115
第五节　冲动性青少年抑制控制与发展性问题 ······················· 117

## 第六章　冲动性青少年抑制控制的神经生理基础 ················· 123

第一节　冲动性青少年抑制控制的外周神经生理基础 ············ 125
第二节　冲动性青少年抑制控制的中枢神经生理基础 ············ 131
第三节　冲动性青少年抑制控制的中枢：外周神经整合机制 ·· 138

## 第七章　冲动性青少年抑制控制能力的可塑性 ····················· 145

第一节　抑制控制训练的作用机制 ·········································· 147
第二节　神经生理反馈训练对抑制控制能力的改善作用 ········ 153
第三节　认知行为训练对青少年抑制控制能力的改善作用 ···· 159
第四节　综合训练对青少年抑制控制能力的改善作用 ············ 164

## 参考文献 ································································ 171

# 缩 略 语 表

| | | |
|---|---|---|
| ACC | anterior cingulate cortex | 前扣带回皮层 |
| ACM | adaptive capacity model | 适应性能力模型 |
| ACT | acceptance and commitment therapy | 接受与实现疗法 |
| ADHD | attention-deficit/hyperactivity disorder | 注意缺陷/多动障碍 |
| ANT | attention network test | 计算机测量注意力 |
| ASPD | antisocial personality disorder | 反社会型人格障碍 |
| AUD | alcohol use disorder | 酒精使用障碍 |
| BAS | behavioral activation system | 行为激活系统 |
| BBS | BIS/BAS Scale | BIS/BAS 量表 |
| BD | bipolar disorder | 双相情感障碍 |
| BDNF | brain-derived neurotrophic factor | 脑源性神经营养因子 |
| BFT | biofeedback training | 生物反馈训练 |
| BIS | behavioral inhibition system | 行为抑制系统 |
| BPD | borderline personality disorder | 边缘型人格障碍 |
| BRIEF-SR | Behavioral Rating Inventory of Executive Function, Self-report | 自我报告的执行功能量表 |
| BSCT | Biosocial Cognitive Theory | 生物社会认知理论 |
| CAN | central autonomic network | 中枢自主网络 |
| CARROT | Card Arranging Reward Responsivity Objective Test | 卡片整理奖赏反应客观测验 |
| COMT | catechol-O-methyltransferase | 儿茶酚-O-甲基转移酶 |
| DBD | disruptive behavior disorder | 破坏性行为障碍 |

| | | |
|---|---|---|
| DBT | dialectical behavior therapy | 辩证行为疗法 |
| DI | dysfunctional impulsivity | 非功能性冲动 |
| DII | Dickman's Impulsivity Inventory | 迪克曼冲动性量表 |
| dlPFC | dorsolateral prefrontal cortex | 背外侧前额叶皮层 |
| D-MBI | digital mindfulness-based intervention | 基于正念的注意力训练 |
| DMN | default mode network | 默认网络 |
| DMPFC | dorsomedial prefrontal cortex | 背内侧前额叶皮层 |
| EEG | electroencephalogram | 脑电图 |
| EPI | Eysenck Personality Inventory | 艾森克人格量表 |
| EPQ | Eysenck Personality Questionnaire | 艾森克人格问卷 |
| ERN | error-related negativity | 错误相关负波 |
| ERP | event-related potential | 事件相关脑电位技术 |
| FFFS | fight-flight-freeze system | 战斗-逃离-僵化系统 |
| FFM | five-factor model | 人格五因素模型 |
| FFS | fight/flight-system | 战斗/逃离系统 |
| FI | functional impulsivity | 功能性冲动 |
| fMRI | functional magnetic resonance imaging | 功能性磁共振成像 |
| fNIRS | functional near-infrared spectroscopy | 近红外光谱成像 |
| HIIT | high-intensity interval training | 高强度间歇训练 |
| HRV | heart rate variability | 心率变异性 |
| IBT | impulsive behavioral tendency | 冲动行为倾向 |
| IFC | inferior frontal cortex | 额下皮层 |
| IFG | inferior frontal gyrus | 右侧额下回 |
| IGD | internet gaming disorder | 网络游戏障碍 |
| IIV | intraindividual reaction time variability | 个体内反应时变异 |
| IMT/DMT | immediate and delayed memory task | 即时和延迟记忆任务 |
| IVA | integrated visual and auditory continuous performance test | 综合视觉和听觉连续性能测试 |
| IVE-I | Impulsiveness Subscale of the Eysenck Impulsiveness | 艾森克冲动分量表 |
| l-dlPFC | Left-dorsolateral prefrontal cortex | 左侧背外侧前额叶皮层 |

| | | |
|---|---|---|
| MAAS | Mindful Attention Awareness Scale | 正念注意意识问卷 |
| MAAS-A | Mindfulness Awareness Scale-Adolescent Version | 青少年版正念意识量表 |
| MBCT | mindfulness-based cognitive therapy | 正念认知疗法 |
| mBSR | mindfulness-based stress reduction | 正念减压疗法 |
| MMN | mismatch negativity | 失匹配负波 |
| mPFC | medial prefrontal cortex | 内侧前额皮层 |
| MTMM | multitrait-multimethod | 多质多法 |
| NA | norepinephrine | 去甲肾上腺素 |
| NEO-FFI | Neuroticism Extraversion Openness Five Factor Inventory | 人格五因素量表 |
| NIMH | National Institute of Mental Health Center for Studies of Suicide Prevention | 国家心理卫生研究院自杀防治中心 |
| N-SP | negative sustained potential | 负持续电位 |
| NSSI | non-suicide self injury | 非自杀性自我伤害行为 |
| OFC | orbital frontal cortex | 右眶额叶皮层 |
| PACC | perigenual anterior cingulate cortex | 前扣带回皮层 |
| PBD | pediatric bipolar disorder | 儿童青少年双相情感障碍 |
| Pe | error positivity | 错误正波 |
| P-SP | positive sustained potential | 正持续电位 |
| RSA | respiratory sinus arrhythmia | 呼吸性窦性心律不齐 |
| RST | Reinforcement Sensitivity Theory | 强化敏感性理论 |
| RVP | Rapid Visual Information Processing | 快速视觉信息处理测验 |
| SKIP | Single Key Impulsivity Paradigm | 单键冲动范式 |
| SPSRQ | Sensitivity to Punishment and Sensitivity to Reward Questionnaire | 惩罚敏感性与奖赏敏感性量表 |
| SUD | substance use disorder | 物质使用障碍 |
| S-UPPS-P | Short Version of the UPPS-P | 简式 UPPS-P |
| TCIP | Two Choice Impulsivity Paradigm | 两种选择冲动范式 |
| tDCS | transcranial direct current stimulation | 经颅直流电刺激 |
| TMS | transcranial magnetic stimulation | 经颅磁刺激 |
| TPH | tryptophan hydroxylase | 色氨酸羟化酶 |

| | | |
|---|---|---|
| VCT | Visual Comparison Task | 视觉比较任务 |
| vlPFC | ventrolateral prefrontal cortex | 腹外侧前额皮层 |
| 5-CSRTT | 5-Choice Serial Reaction Time Task | 5孔选择序列反应任务 |
| 5-HT | 5-Hydroxytamine | 5-羟色胺 |

第一章

# 冲动性人格特质概述

# 第一节　冲动性的概念

冲动性（impulsivity）在心理学领域中已被广泛研究，对各类行为问题（如冲动性消费、攻击行为、物质依赖等），以及病理性精神障碍（如冲动性人格障碍、物质成瘾所致的障碍等）具有重要的预测作用。冲动性最早由英国心理学家艾森克（H. J. Eysenck）定义并测量，他将冲动性的概念界定建立在人格理论框架中，认为冲动性是外向性人格特质的一个亚结构，是指个体喜欢冒险并且缺乏行动计划性，倾向于快速地做出决定。随后很多研究者从不同的理论视角对冲动性做出诠释，但是有关冲动性的定义在国内外尚未形成统一的概念。本节从人格特质论和认知行为的角度对冲动性的定义进行梳理，并对冲动性与其他相近概念进行辨析。

## 一、人格特质角度

人格特质角度将冲动性纳入人格特质的范畴，认为冲动性不单是一种具体的行为，更多反映的是一种稳定的行为倾向，是一种人格特质。与人格特质论的因素分析观点相似，研究者认为冲动性不是单维结构，而是多因素的复杂结构，它由几个独立的成分构成，每个成分都与特定类型的冲动行为相联系。

巴斯和普洛明（Buss & Plomin, 1975）提出了气质四因素模型，这4个因素是冲动性、情绪性、活跃性和社交性。他们假设冲动性是一种以抑制控制或延迟满足为核心的多维气质。在这个模型中，冲动性的3个组成成分包括：①在做决定前考虑替代方案和结果的倾向；②不顾诱惑而坚持完成任务的能力；③（容易）感到无聊和需要寻求新刺激的倾向。

同样，朱克曼和同事（Zuckerman et al., 1993）也基于人格特质模型来探讨冲动性的概念。他们从朱克曼感觉寻求量表和其他测量冲动性的量表中提取了一个因素，即冲动-感觉寻求。朱克曼等提出的人格特质模型（Zuckerman and Kuhlman's Alternative Five）将冲动性描述为包括缺乏计划和不经思考就轻率行事的倾向，或为了刺激或新奇体验而冒险的意愿，并认为冲动-感觉寻求因素与人格五因素模型中尽责性维度的所有子维度（胜任感、条理性、责任感、追求成就、自律和审慎6个子维度）均呈负相关，与艾森克三因素模型中精神质维度和人格五因素模型中神经质维度下的冲动性子维度呈正相关。

迪克曼（Dickman, 1990）将冲动性人格特质分为两种类型，即非功能性冲动和功能性冲动。较一般人而言，非功能性冲动的个体倾向于在行动前几乎不考虑后果，这种倾向常导致其陷入困境，例如"通常在采取行动之前，我没有花足够的时间考虑情况"。功能性冲动是指当情境处于最佳状态时，个体很少预先考虑就采取行动的行为倾向，例如"我很善于利用意想不到的机会，在这种情况下，我必须立即做某事，否则就会失去机会"。迪克曼也探索了冲动过程中涉及的认知过程，并且指出不同个体冲动程度的差异可能反映了分配注意的机制差异。低冲动性个体在需要集中注意力的任务上更有优势，高冲动性个体可能在需要随意转换注意力的任务上表现得更好。迪克曼对非功能性冲动的结构进行进一步分析，不仅纳入之前的注意力，还增加了"反应冲动"和"去抑制"，即确定了非功能性冲动至少包含3个独立的维度——注意、反应冲动和去抑制。迪克曼的冲动性定义阐明了一个常常被忽视的重要问题——不是所有冲动性都是不利的，正如迪克曼（Dickman, 1990）所说："如果冲动行为模式像人们认为的那样是不利的，那么它们在进化的进程中必然趋于淘汰。"

艾森克等（Eysenck & Eysenck, 1977）将广义的冲动性细分为4个具体维度：狭义冲动性、冒险、无计划和活泼。研究发现4种冲动性分量表分别与外倾性、神经质和精神质存在不同程度的相关关系。第一个因素是狭义冲动性，与神经质和精神质呈较高程度相关，但与外倾性没有相关关系。然而，其他维度（如冒险、无计划和活泼）与外倾性有更强的相关关系。艾森克编制了 $I_5$ 量表用来测量冲动性，该量表包括两个因素，一是冲动，二是冒险，同时艾森克指出冲动和冒险是两个相对独立的因素，会使个体表现出截然不同的行为。艾森克（Eysenck, 1993）对这两个因素的区分做了形象的类比："我们关于冲动和冒险的概念可以类比地描述为一个司机在道路的错误一侧驾驶着他的车绕过一个盲区的弯道。一个在冲动上得分高的司机从不考虑他可能会暴露在什么样的危险中，当事故发生时，他会真正感到惊讶。另一方面，在冒险上得分高的司机会仔细考虑这个问题，并有意识地决定冒这个险。"

巴瑞特（Barratt）和同事从人格特质的角度对冲动性进行数十年的探索，最终提出了冲动性人格特质的三维结构，并编制了巴瑞特冲动性量表（BIS）。巴瑞特通过实验研究区分了冲动与焦虑对学习的影响，之后，为了从特质角度确定冲动性的概念和结构，巴瑞特对其进行多次研究，例如，第7版巴瑞特冲动量表（BIS-7）有5个分量表——感觉刺激（sensory stimulation）、动作冲动（motor impulsivity）、人际行为（interpersonal behavior）、冲动的自我评估（self-assessment of impulsivity）和冒险（risk taking）（Barratt，1959；Barratt & Patton，1983）。在先前研究的基础上，巴瑞特将BIS-10中的冲动性定义为动作冲动性（motor impulsiveness）、认知冲动性（cognitive impulsiveness）和无计划冲动性（non-planning impulsiveness）。由于认知冲动性维度不能得到大部分研究的支持，巴顿等（Patton et al.，1995）对BIS-10进行了修订，得到BIS-11，指出冲动性的结构包括3个二阶因素：动作冲动性、注意冲动性或认知冲动性、无计划冲动性。其中，动作冲动性是指易受外界刺激的引诱和干扰，行事鲁莽，包括运动和坚持性；注意冲动性或认知冲动性是指对正在发生的事件难以集中注意力或者精力，对当前信息的加工尚未完成时就采取行动并导致不良结果，包括注意和认知不稳定性；无计划冲动性是指缺少对将要发生或未来事情的规划就采取行动，包括自我控制和认知复杂性。二阶因素动作冲动性和无计划冲动性分别对应艾森克广义冲动性模型中的狭义冲动性和无计划。

怀特赛德和莱纳姆（Whiteside & Lynam，2001）提出了冲动性的UPPS模型（Urgency-Premeditation-Perseverance-Sensation seeking），该模型以人格五因素理论为基础，提出冲动性的4个不同维度：①急迫性，是指个体面对负面情绪时鲁莽行事的倾向。该因素与人格五因素中的神经质子维度冲动性方面有关。②（缺乏）计划性，是指个体在行动前对行动的后果没有充分考虑的倾向。该因素与人格五因素中尽责性的子维度责任感方面相同，和艾森克提出的狭义冲动性的结构相似。③（缺乏）坚持性是指个体在做困难或无聊的任务时容易分心或转移注意力，该因素与人格五因素中尽责性的子维度自律方面有关。④感觉寻求是个体喜欢追求新的、刺激的甚至可能是危险活动的一种倾向，该因素和人格五因素中外倾性的子维度刺激寻求方面有相关。随后，研究者对 UPPS 模型进行修改，在原先模型里引入正性急迫性（即在积极情绪情境下鲁莽行事的倾向），形成 UPPS-P 模型（UPPS-Positive Urgency）。在 UPPS-P 模型中（Cyders & Smith, 2007），冲动性包括 5 个维度：负性急迫性、正性急迫性、缺乏计划、缺乏坚持性、感觉寻求。

总之，目前较为有影响力的冲动性人格特质理论是来自巴瑞特和同事的冲动性人格特质的三维结构，以及怀特赛德和莱纳姆提出的 UPPS 模型。比较不同学者的研究结果可以发现，这些模型都认为冲动性包含对（新异）刺激直接（反射性）做出反应、缺乏深思熟虑、缺乏坚持（难以集中注意力）等成分。此外，最具有特异性的是迪克曼提出的冲动性分类方法，他将冲动性人格特质分为非功能性冲动和功能性冲动两种类型，这样的分类提示研究者关注冲动性对个体适应进化有利的方面。

## 二、认知行为角度

根据冲动性和行为的关系（冲动性体现在个体的认知和行为过程中），前人尝试从行为的角度定义冲动性。一些冲动性定义是基于对行为的观察、描述或列举，例如，冲动性被广泛地看作"缺乏充分思考、过于冒险、鲁莽、不适合情境、不顾后果的动作行为或自发的、无意识的行为习惯，经常导致不希望发生的结果"（Pattij & de Vries, 2013）。达鲁纳和巴恩斯（Daruna & Barnes, 1999）认为冲动性的行为体系包括构思不充分、表达草率、过度危险或者与环境不相适合、经常导致令人讨厌的结果的行为。埃施勒曼和伊梅斯（Aeschleman & Imes, 1999）采用直接观察法将冲动性定义为 4 个不同的类别：言语冲动，指对他人大声谩骂或口头威胁；手势冲动，需要使用肢体语言来传达威胁或侮辱；身体冲动，指攻击另一个人或物体；其他类型，指个体做出的不属于上述 3 类的冲动行为。

此外，也有研究者基于不同形式的冲动性，提出了一个更加整合的冲动性定义。默勒等（Moeller et al., 2001）总结了前人提出的三类基于实验室任务的冲动性行为模型：①惩罚-条件反射减弱模型[①]；②奖赏-指导模型[②]；③快速决定模型[③]。在这三类冲动性行为模型的基础上，默勒等认为冲动性应包括以下3个方面：①对行为负面后果的敏感性降低；②在对信息进行仔细分析之前对刺激做出快速、无计划的反应；③对行为的长期后果缺乏细致考虑。因此，默勒等认为冲动性是一种对内部或外部刺激做出快速、无计划反应的倾向，而不考虑这些反应对自己或他人造成的负面后果。这个定义强调以下几个特征：①冲动性被定义为一种倾向，是行为模式的一部分，而不是单一的行为；②冲动性意味着迅速地采取没有计划的行动；③冲动性意味着不考虑这些行为的后果而采取行动。

综上，从认知行为的角度来说，研究者把冲动性的定义放在行为模型的一般框架中，通过界定行为的不同阶段来定义由不同行为阶段产生的不同类型的冲动性（表1.1）。默勒等对冲动性的定义扩展了行为模型，不仅强调个体对当前行为的认知加工过程，还强调了个体对结果的敏感性以及应对措施。

表 1.1　冲动性的概念界定

| 界定角度 | 提出者 | 具体定义 |
| --- | --- | --- |
| 人格特质角度 | Buss & Plomin（1975） | 冲动性是一种以抑制控制或延迟满足为核心的多维气质 |
|  | Zuckerman et al.（1993） | 冲动性是指缺乏计划和不经思考就轻率行事的倾向，或为了刺激和/或新奇体验而冒险的意愿 |
|  | Dickman（1990） | 冲动包括非功能性冲动和功能性冲动两个方面 |
|  | Eysenck & Eysenck（1977） | 冲动性包括四个维度：狭义冲动性、冒险、无计划和活泼 |
|  | Barratt & Patton（1995） | 冲动性包括三个维度：动作冲动性、注意/认知冲动性、无计划冲动性 |
|  | Whiteside & Lynam（2001） | 冲动性包括四个维度：急迫性、缺乏预先考虑、缺乏坚持性、感觉寻求 |
|  | Cyders & Smith（2007） | 冲动性是由负性急迫性、正性急迫性、缺乏计划、缺乏坚持性和感觉寻求五个维度构成的多维结构 |
| 认知行为角度 | Pattij & de Vries（2013） | 冲动性是指缺乏充分思考、过于冒险、鲁莽、不适合情境、不顾后果的动作行为或自发的、无意识的行为习惯，经常导致不希望发生的结果 |
|  | Daruna & Barnes（1999） | 冲动性是指构思不充分、表达草率、过度危险或者与环境不相适合、经常导致令人讨厌的结果行为 |

---

① 惩罚-条件反射减弱模型：冲动性是被试对惩罚或无奖励刺激的无法控制的重复反应。
② 奖赏-指导模型：冲动性是与数量虽大但是延迟获得的奖励相比，被试优先选择数量少但可以立即获得的奖励的行为倾向。
③ 快速决定模型：冲动性是被试迅速做出不成熟的决定或者无力阻止的反应。

续表

| 界定角度 | 提出者 | 具体定义 |
| --- | --- | --- |
| 认知行为角度 | Aeschleman & Imes（1999） | 冲动性包括言语冲动、手势冲动、身体冲动、其他类型（个体做出的不属于上述3类的冲动行为） |
|  | Moeller et al.（2001） | 冲动性包括三个方面：对行为负面后果的敏感性降低；在对信息进行仔细分析之前对刺激做出快速、无计划的反应；对行为的长期后果缺乏细致考虑 |

## 三、概念辨析

冲动性和许多心理学概念具有相似之处和紧密联系，容易让读者产生混淆。因此，这里对冲动性和其他几个相近概念进行比较。

（一）冲动性 vs. 强迫性

冲动性和强迫性是一对容易混淆的概念，冲动性和强迫性这两个概念都假设是由反应抑制或自上向下的认知控制失败而产生特定的行为结果（Dalley et al., 2011），二者都具有不可控制性的特征，例如，反射性冲动和强迫行为。但是，冲动性和强迫性也有许多不同之处：①二者定义不同。默勒等（Moeller et al., 2001）认为冲动性是一种对内部或外部刺激做出快速、无计划反应的倾向，而不考虑这些反应对冲动的个体或他人造成的负面后果。强迫性的定义则强调持续存在的与情境不协调的行为，该行为与总体目标没有明显的关系，并且经常导致不希望的结果。②冲动性是指缺乏细致审慎的思考计划便迅速地采取行动；而在强迫性行为中，计划先于行为。③还有学者认为，冲动性和强迫性的特征和症状可能是在一个现象谱系中相反的两端。例如冲动障碍（如盗窃癖或病态赌博），其特征可能是风险寻求行为、非反射性反应和享乐，而强迫性障碍（如强迫症或身体畸形恐惧症）可能以伤害回避行为、过度反射性反应和焦虑症状为特征（Stein et al., 1996）。

（二）冲动性 vs. 冒险

冲动性和冒险具有密切的联系：冲动行为和冒险行为都有可能导致不良的后果；关于冲动性和冒险行为的关系，通常表现为高冲动的个体参与冒险行为的频次也越高；从个体人格因素上看，冲动性与冒险行为的正相关关系已被许多研究发现并证实（Hoyle et al.，2000）。甚至在很多学者关于冲动性的界定中将冒险作为冲动的一个重要特征。但是，冲动性和冒险也有许多不同之处。①艾森克指出冲动和冒险是两个相对独立的因素。随后，艾森克研究发现狭义冲动性与神经质和精神质有较高的相关度，但与外倾性没有相关关系，而冒险与外倾性有更强的相关。②冲动和冒险的个体会表现出截然不同的行为，一个在冲动上得分高的人在处理问题时从不考虑可能有什么样的损失，在冒险上得分高的人则会仔细考虑这个问题，但为了可能获得的收益有意识地决定冒这个险（Eysenck，1993）。③冲动性和冒险的个体在决策时对结果的即时性和概率赋予的权重不同，冲动性个体更希望立即获得回报，冒险性的个体则会对收益进行概率计算，而不重视回报的即时性（Nigg，2017）。④个体的冲动性和冒险性的发展轨迹不同，从儿童到成年时期，个体的冲动性发展轨迹呈线性模式下降（Shulman et al.，2016）。相比之下，冒险的发展轨迹是一种曲线模式（可能存在文化差异），在青春期到达高峰，成年后又开始下降（Casey，2015）。

## 第二节　冲动性的结构

与其他人格特质结构类似，冲动性特质也具有多维度结构。研究者在探索冲动性特质的结构时主要采用两种方法，一种是将冲动性的结构概念化为多维度的高阶因子，另一种方法是将其概念化为一系列不相关特质的标签，其中每种特质反映出不同类型的冲动行为（Sharma et al.，2013）。最初，人格特质理论家提出了由较低阶因素组成的"冲动性"的较高阶模型，但是这些模型之间难以互相调和。例如吉尔福德（Guilford）和齐默曼（Zimmerman）最初将冲动性概念化为外倾性的低阶结构。艾森克将冲动性和社交性整合到艾森克人格量表（EPI）的外倾性中，但在艾森克人格问卷（EPQ）中，大多数与冲动行为相关的条目又归类到精神质中，这与特勒根（Tellegen）的去抑制（Patrick et al.，2002）一致。考斯特和麦克雷（Costa & McCrae，1985）在人格五因素量表（NEO-FFI）中将冲动性归属在神经质维度中。

近来，研究人员更多聚焦于另外一种观点，认为"冲动性"是一个用来描述由几种特质引起的一系列行为倾向的概念（Sharma et al., 2014）。研究者将这些特质概念化为潜在的冲动性，将它们统称为冲动性特质（impulsive trait），并认为现有的一些测量方法在不同层面和程度上反映了这些特质。本节主要对目前研究中广泛采用的冲动性特质结构进行具体阐述。

## 一、冲动性两维度模型

（一）格雷的冲动性二维结构模型

格雷（Gray）从神经生理的角度提出了冲动性二维结构模型，该模型认为冲动性由行为抑制系统（BIS）和行为激活系统（BAS）组成。行为抑制系统对惩罚线索很敏感，会引发被动回避；行为激活系统对奖励线索敏感，并启动行为方式。在格雷的冲动性二维结构模型中，这两个动机系统都起到了增加非特异性（即一般性）唤醒的作用，具有此消彼长的关系，即一个系统的激活会抑制另一个系统的激活。BIS控制人们对有动机接近的威胁的反应，主要功能是发现和解决目标冲突，而目标冲突通常采取趋近-回避冲突的形式（DeYoung，2010）。在面对惩罚、非奖赏及新奇的刺激时，BIS会抑制个体停止或减慢自己的行为反应，以免造成负面后果。当BIS被激发时，个体的主观感受通常是负性情绪，如焦虑、害怕等，与BIS相关的脑结构有中隔-海马系统、单胺能传入和指向前额皮层的新皮质投射。BAS对奖励、非惩罚刺激做出反应，一旦激活就产生趋近行为，并体会到正性情绪，如兴奋、快乐、希望等。其神经机制可能与大脑中央边缘区域的多巴胺系统有关，由两个相互关联的子系统组成：背侧纹状体（尾状体和壳核）和腹侧纹状体（伏隔核）（Merchán-Clavellino et al., 2019）。

此外，格雷又提出了一个定义不是特别明确的第3个系统——战斗/逃离系统（FFS），该系统被认为是恐惧和威胁反应系统的基础，在被无条件厌恶刺激激活时介导战斗或逃离反应。后来格雷和麦克诺顿（Gray & McNaughton，2000）对这个理论模型进行了修正，提出了战斗-逃离-僵化系统（FFFS），从而形成了包括行为激活系统、行为抑制系统、战斗-逃离-僵化系统在内的三维度结构（图1.1）。在这一结构模型中，战斗-逃离-僵化系统介导对条件刺激和非条件厌恶刺激的反应,它的激活会导致恐惧或恐慌,因此成为新的与惩罚相关的系统(之前是行为抑制系统)。相反,这里的 BIS 由意外的奖励(BAS)和惩罚(FFFS)冲突,以及趋近-趋近和回避-回避冲突所激活。BIS 是一种冲突检测、风险评估的系统,可以抑制正在进行的行为,将注意力转移到潜在威胁上,并对冲突的目标做出反应直至问题解决。冲突和随后的唤醒越强烈,行为抑制系统越多地引导个体抑制行为激活系统介导的行为、促进战斗-逃离-僵化系统介导的行为。有研究指出行为抑制系统和战斗-逃离-僵化系统之间的关键区别在于战斗-逃离-僵化系统控制了对威胁的反应,唯一的动机是规避。

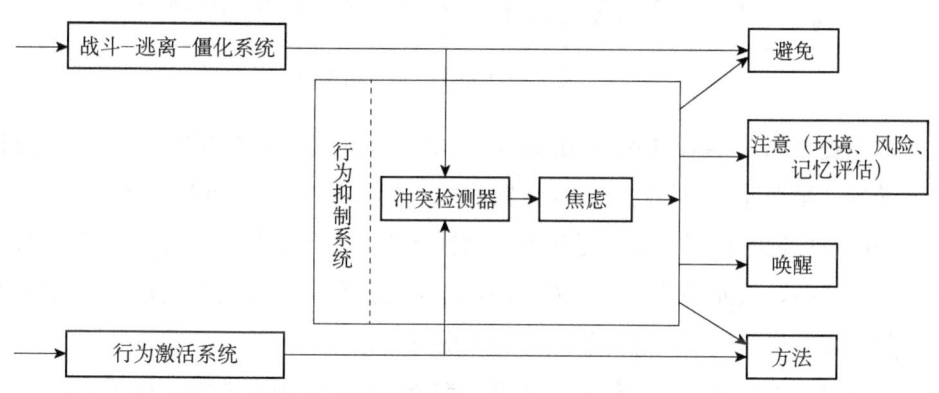

图 1.1 格雷冲动性结构模型(Gray & McNaughton,2000)

(二)迪克曼的冲动性二维结构模型

迪克曼(Dickman,1985)从行为的结果出发,把冲动性的人格特质分成功能性冲动与非功能性冲动两种类型(图 1.2)。功能性冲动的个体经稍稍思考就采取行动,与积极结果的行为有关,这种冲动被视为适应良好的冲动。而非功能性冲动的个体与不经事先考虑而做出决定有关,所以这种冲动常常使个体陷入困境当中。这种区别类似于艾森克人格模型外倾性冲动和精神病性冲动的区别,前者是在计算风险的情况下做出决定的过程,而后者是在不考虑相关风险和行动后果的情况下做出决定的过程。根据艾森克人格模型,功能性冲动与外倾性关系更强,而功能失调性冲动与精神质关系更强。迪克曼也分析了功能性冲动和非功能性冲动这两个特质和其他与冲动性相关的人格特质间的关系。结果发现功能性冲动与热情、冒险和活动性相关更紧密;而非功能性冲动与无序性、做决策时忽略事实有更紧密相关，这些特质可能使个体无法进行有效的思考就采取行动。

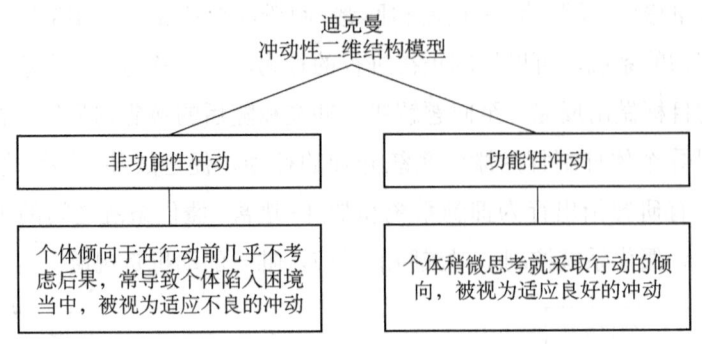

```
                    迪克曼
              冲动性二维结构模型
              ┌──────┴──────┐
         非功能性冲动          功能性冲动
              │                  │
    个体倾向于在行动前几乎不考   个体稍微思考就采取行动的倾
    虑后果，常导致个体陷入困境   向，被视为适应良好的冲动
    当中，被视为适应不良的冲动
```

图 1.2　迪克曼冲动性二维结构模型

迪克曼（Dickman，1985）还指出个体间冲动的差异可能反映了注意分配机制的差异。虽然冲动个体的行为缺乏前瞻性，但与非冲动个体相比，他们在实验任务中的反应通常更慢。迪克曼认为冲动性强的人实际上花更少的准备时间专注于手头的任务，低冲动性个体在需要保持注意力的任务上表现得更好，而高冲动性个体在需要快速转移注意力的任务上表现得更好。

迪克曼对冲动性的维度划分，并没有完全将冲动性视为消极、负面的，而是认为冲动性在某种程度上还是对个体有益的。

## 二、冲动性三维度模型

巴瑞特构建了冲动性人格特质的三维结构，该结构模型（图 1.3）更多凸显了冲动性人格的认知层面。他将冲动性划分为 3 个维度：动作冲动性、认知冲动性和无计划冲动性，并根据该定义编制广泛应用的巴瑞特冲动性人格量表（Barratt Impulsiveness Scale）。动作冲动性是指易受外界刺激的引诱和干扰，行事鲁莽，不计后果，对行为的负性结果敏感度低；认知冲动性是指对正在发生的事件难以集中注意力或者精力，表现为不关注手头的事情，对当前信息的加工尚未完成时就采取行动并导致不良结果；无计划冲动性是指缺少对将要发生或未来事情的规划，即缺乏长远考虑，表现为对当前和未来毫无计划就采取行动（Patton et al.，1995）。

```
                    巴菲特
                冲动性三维结构模型
        ┌───────────┼───────────┐
     动作冲动性      认知冲动性     无计划冲动性
    易受外界刺激的   不关注手头的事情，对当前   缺乏长远考虑，表现为对当
    引诱和干扰，    信息的加工尚未完成时采   前和未来毫无计划就采取行
    行事鲁莽，不计后果，对行   取行动并导致不良结果      动
    为的负性结果敏
    感度低
    ┌────┐ ┌────┐  ┌────┐ ┌────┐   ┌────┐ ┌────┐
     动作   坚持性    注意  认知不稳定性   自我控制  认知复杂性
```

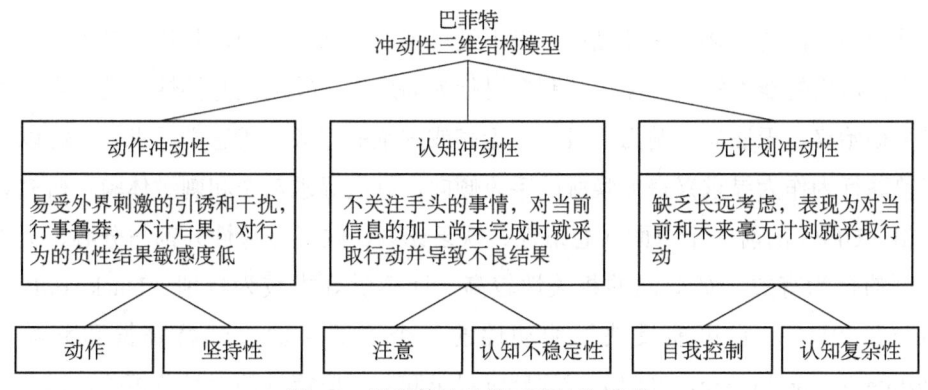

图 1.3　巴瑞特冲动性三维结构模型

巴瑞特冲动性三维结构模型得到了其他研究者的认可（Gerbing et al., 1987；Patton et al., 1995）。巴顿等（Patton et al., 1995）通过主成分分析法得出了具体的冲动性次级特质：动作、坚持性注意、认知不稳定性、自我控制、认知复杂性。这与先前文献一致，这些发现表明冲动性具有广泛的一阶因子结构（Gerbing et al., 1987）。虽然动作冲动性（一阶因素：动作和坚持性）和无计划冲动性（一阶因素：自我控制和认知复杂性）这两个二阶因素被清楚地识别出来，第 3 个二阶因素中包含大量的认知条目，但却与巴瑞特最初提出的认知冲动性这一概念并不完全相同。卢恩戈等（Luengo et al., 1991）的研究也发现在使用 BIS-10 时难以确定认知冲动性的子特征。因此，巴顿等（Patton et al., 1995）将第 3 个二阶因素命名为注意冲动性（attentional impulsiveness，一阶因素为注意和认知不稳定性），但后续研究中并未特别对注意冲动性和认知冲动性加以区分。尽管随后的很多研究都支持冲动性特质的多因素结构，但在不同的研究和样本中发现的冲动性特质结构还是存在一定的差异（Kapitány-Fövény et al., 2020）。

## 三、冲动性四维度模型

正如前文所述，怀特赛德和莱纳姆在 UPPS 模型中提出了冲动性的 4 个不同维度，并通过 UPPS 冲动行为量表来测量：①急迫性，为应对困难而鲁莽行事的倾向，表现为在强烈情绪时期出现鲁莽行为，现在被称为负性急迫性，表现为无

法抑制动作冲动。②缺乏计划性,指不经思考就行动的倾向,其特点是思考自己的行为后果的能力较差,无法预测自己行为的后果。③缺乏坚持性,其特点是难以贯彻始终,无法集中精力完成一项无聊或困难的任务。④感觉寻求。一种以从事鲁莽行为作为寻求兴奋或唤醒的手段倾向,倾向寻求新奇和刺激体验。研究者指出,UPPS 的前 3 个方面(急迫性、缺乏计划、缺乏坚持性)都与分心、失去控制的行为有关,彼此间的相关性较高,而感觉寻求较为特别(Duckworth & Kern, 2011),它可能反映了冲动性的一个不同层面。怀特赛德和莱纳姆(Whiteside & Lynam, 2001)发现感觉寻求和缺乏坚持性两者呈负相关,感觉寻求和缺乏计划性之间不相关,其余两两之间皆呈正相关,其中缺乏坚持性和缺乏计划性的相关性最强。

研究者也指出,这 4 个特征对应人格五因素模型(FFM)的不同因素(Costa & McCrae, 1992)。缺乏计划反映在尽责性的深思熟虑方面得分较低,缺乏坚持性反映在尽责性的自律方面得分较低,感觉寻求反映在外倾性的刺激寻求方面得分较高(Whiteside & Lynam, 2001),负性急迫性反映神经质的冲动方面的得分较高,以及尽责性和宜人性方面的得分较低(Seibert et al., 2010)。

值得注意的是,虽然 UPPS 这 4 个维度概括了现有测量的内容,但没有包括体验强烈积极情绪状态时的冲动行为。尽管积极情绪在许多方面是相当有价值的(Phillips et al., 2002),但强烈的积极情绪也可能:①干扰个体追求长期目标的方向;②增强个体的注意力分散;③使个体对事件的积极结果过于乐观(Dreisbach & Goschke, 2004);④导致个体对信息使用的识别力降低(Forgas, 1992);⑤导致较糟糕的决策(Slovic et al., 2004)。概言之,强烈的积极情绪也可能导致冲动行为,UPPS 模型中则忽略了这一问题。尽管如此,怀特赛德和莱纳姆的研究确定了可以概括现有冲动性测量所呈现的 4 个核心特征。

## 四、冲动性五维度模型

正如我们在 UPPS 模型中所提到的,UPPS 量表是基于人格五因素模型,通过对一些最常见的冲动测量进行探索性因素分析而发展起来的,最终形成了 4 个不同但相关的冲动性人格特质的方面。然而,冲动性的这四个方面都不包括在积极情绪下的鲁莽行为，而这种行为同样会增加风险。

塞德斯（Cyders）等提出了存在第 5 种鲁莽行为倾向的证据，并称之为正性急迫性（positive urgency），即在经历极端积极情绪时采取鲁莽行为的倾向。他们发现对于正性急迫性的测量是单维的，这一点不同于其他冲动性相关的人格结构，他们还解释了其他人格结构无法解释的冒险行为的差异。此外，塞德斯和史密斯（Cyders & Smith，2008a）发现正性急迫性与负性急迫性类似，都与高神经质、低尽责性和低宜人性有关。

塞德斯和史密斯（Cyders & Smith，2007）随后在原先模型里加入了正性急迫性，通过进行多质多法（MTMM）研究并采用怀特赛德和莱纳姆，以及塞德斯和史密斯定义的 5 种冲动特征的访谈和问卷测量，为由此提出的 5 个因素模型提供了有效性证据。UPPS-P 五维度模型区分为 5 个可分离的冲动方面，在过去十几年中已被用于大量研究中。这 5 个冲动方面包括：①负性急迫性，在消极情绪背景下鲁莽行事的倾向；②正性急迫性，在积极情绪情境下容易鲁莽行事；③缺乏计划性，倾向于不考虑行动的后果；④缺乏坚持性，难以专注于困难和枯燥的任务；⑤感觉寻求，倾向于刺激或刺激的活动（Lynam et al.，2007）（图 1.4）。

图 1.4 UPPS-P 五维度模型

正性和负性急迫性被理解为是一种基于情绪的、使人从事鲁莽或冲动行为的倾向。强烈的情绪，无论是积极的还是消极的，都会干扰理性的、有益的决策（Bechara，2005；Dreisbach，2006）并限制个体保持自我控制的能力（Tice et al.，2001）。因此，当个体极度情绪化时，其有时会做出鲁莽、考虑不周或不适应（违背其长远利益）的行为也就不足为奇。研究发现正性急迫性与经历极端积极情绪时的危险行为有关。例如，赫鲁伯等（Holub et al.，2005）发现在最近停止赌博的病态赌徒中，积极的情绪被认为是恢复赌博的一种诱惑。而负性急迫性与经历极端消极情绪时的危险行为有关（Cyders & Smith，2008a；Cyders & Smith，2007）；斯文森等（Swendsen et al.，2000）的研究发现人们在感到焦虑和压力的日子里饮酒量更大。

先前研究已经证明了急迫性与人格五因素模型中的神经质维度显著相关，为进一步明确急迫性与神经质之间的关系，研究者还发现负性急迫性与神经质维度下的冲动性特质高度相似（Whiteside & Lynam，2001），且正性和负性急迫性与除冲动性特质之外的神经质维度中的其他低阶特质（即焦虑、抑郁、愤怒和敌意、自我意识、脆弱性 5 个低阶特质）之间无相关性（Cyders & Smith，2008a）。这为区分急迫性和这 5 个神经质低阶特质提供了强有力的证据。此外，一些实证研究也发现神经质的 5 个低阶维度与内化问题密切相关，而负性急迫性与外化问题紧密联系。具体来说，特质焦虑和特质抑郁这些神经质子维度，主要以负性情绪为特征，并与内化问题高度相关（Settles et al.，2012）。另外，负性急迫性与小学生过早的饮酒和吸烟行为有关，也与大学生的攻击性、危险性行为、非法药物使用、酗酒问题等有关，以及与成人的酒精依赖、暴力行为相关（Cyders & Smith，2008a，2008b；Settles et al.，2010；Derefinko et al.，2011）。

感觉寻求并不被认为是一种基于情感的人格特质。它与人格五因素量表中神经质总分的相关系数为 0.04，与急迫性相关性较低且解释急迫性的变异为 1%—4%（Costa & McCrae，1992）。高感觉寻求的个体更有可能尝试各种新鲜的、令人刺激的行为，因此，感觉寻求应该主要与刺激或冒险行为（如赌博、性行为和饮酒）的频率有关，可能较少预测过度行为。

缺乏计划性指未经深思熟虑就采取行动的倾向。虽然行动之前有限的认知介入可能导致非适应性的药物使用或其他冒险行为，但缺乏计划性这一特质并非主要在情绪激动的情况下起作用，所以它往往不会在同样程度上涉及对推理或决策过程的干扰。缺乏坚持性指无法专注于一项任务，它被认为与受损的学校或职业功能最相关。就像缺乏计划性一样，不能理解成只有当一个人经历强烈情绪时，缺乏坚持性才会起作用。通常这两种特征整体解释神经质的变异为 9%—25%

（Costa & McCrae，1992）。

UPPS-P 五维度模型对理解冲动性的结构及其作用方法具有重要意义，具体表现为：①冲动性人格研究工作可以与人格的基础科学领域相结合，将这 5 种特征中放在人格综合模型的框架中理解；②这 5 种特征中的每一种特征都预测了不同的冒险行为；③现有大多数冲动相关特质的测量可能代表了 5 特征中的 1—2 个（Pearson et al.，2012）。

综上所述，虽然维度的确切数量和特征尚未确定，冲动性特质的多维性质已经得到了很好的证实。本节内容主要对其中比较有代表性的内容进行了论述（表 1.2），但学者对冲动性结构的界定不局限于此。可以发现，目前已有学者研究了冲动性测量之间的关系，以确定它们的潜在结构（Caswell et al.，2015；MacKillop et al.，2014；Sharma et al.，2014）。然而，得到的潜在结构各不相同，这可能是因为研究中所使用的具体测量方法存在差异，以及研究往往还包括其他结构（如奖赏敏感性、冒险等）（MacKillop et al.，2016）。今后研究可以采用多个指标、多种方法进一步探究冲动性特质的潜在结构，这将有助于探究冲动性特质在精神疾病、行为问题方面的具体作用。

表 1.2 主要的冲动性结构理论模型

| 理论模型 | 提出者 | 具体维度 |
| --- | --- | --- |
| 格雷的冲动性二维结构模型 | Gray（1987） | 行为抑制系统<br>行为激活系统 |
| 迪克曼的冲动性二维结构模型 | Dickman（1990） | 功能性冲动<br>非功能性冲动 |
| 巴瑞特的冲动性三维结构模型 | Barratt（1985） | 动作冲动性<br>认知冲动性<br>无计划冲动性 |
| UPPS 四维度模型 | Whiteside & Lynam（2001） | 急迫性<br>感觉寻求<br>缺乏计划性<br>缺乏坚持性 |
| UPPS-P 五维度模型 | Cyders & Smith（2007） | 正性急迫性<br>负性急迫性<br>感觉寻求<br>缺乏计划性<br>缺乏坚持性 |

## 第三节 冲动性的测量

本节旨在介绍当前研究中广泛使用的测量冲动性特质的自评量表,具体包括巴瑞特冲动性量表、UPPS 及 UPPS-P 冲动行为量表、迪克曼冲动性量表、行为激活/抑制系统量表和人格五因素神经质分量表冲动性维度(表 1.3)。

表 1.3 冲动性模型的常用测量工具

| 测验工具 | 研究者 | 项目数 | 维度 |
| --- | --- | --- | --- |
| 巴瑞特冲动性量表 | Barratt(1959) | 30 | 注意或认知冲动性、动作冲动性、无计划冲动性 |
| UPPS 冲动行为量表 | Whiteside & Lynam(2001) | 45 | 急迫性、缺乏预先考虑、缺乏坚持性和感觉需求 |
| UPPS-P 冲动行为量表 | Lynam(2013) | 20 | 感觉寻求、缺乏坚持性、缺乏预见性、负性急迫性、正性急迫性 |
| 迪克曼冲动性量表 | Dickman(1990) | 23 | 非功能性冲动、功能性冲动 |
| 行为激活/抑制系统量表 | Carver & White(1994) | 24 | 行为抑制系统、行为激活系统(奖赏反应、驱力和愉悦追求) |
| 人格五因素神经质分量表冲动性维度 | Costa & McCrae(1992) | 8 | — |

### 一、巴瑞特冲动性量表

巴瑞特冲动性量表是使用最广泛的冲动性自评问卷之一。该量表最初由巴瑞特于 1959 年编制,历经 10 次修订并被翻译成多种语言在许多国家使用。目前最新的修订版本为巴顿(J. H. Patton)等于 1995 年修订的 BIS-11,由 30 个条目组成,通过探索性因子分析和二阶因子分析最终得到 3 个因子,即注意冲动性或认知冲动性、动作冲动性和无计划冲动性。其中,注意冲动性或认知冲动性是指快速做出认知上的决定,包括注意和认知不稳定性;动作冲动性是指未经思考就采取迅速的行动反应,包括运动和坚持性;无计划冲动性是指对行动无计划,包括自我控制和认知复杂性。量表包括注意冲动性(认知冲动性)、动作冲动性和无计划冲动性 3 个分量表,各分量表的每个条目均采用利克特 4 级评分法进行评分：1代表"从不/几乎不"，2代表"偶尔"，3代表"经常"，4代表"总是/几乎总是"，其中有11个条目为反向计分（表1.4）。量表总分为各分量表的条目得分之和，总分越高，说明个体的冲动性水平越高。目前巴瑞特冲动性量表也被修订为中文版，且中文版的信效度检验表明该量表适用于不同年龄阶段的中国被试群体，具有良好的信效度。如，对于中国社区和大学生群体，由北京心理危机研究与干预中心修订的BIS及各分量表的内部一致性系数为0.77—0.89，重测信度为0.68—0.89（李献云等，2011）。对于青少年群体，由皖南医学院人文管理学院修订的BIS及各分量表的内部一致性系数为0.67—0.89（万燕等，2016）。

表1.4 巴瑞特冲动性量表（万燕，2017）

| 题目 | 从不 | 偶尔 | 经常 | 总是 |
| --- | --- | --- | --- | --- |
| 1. 我认真安排每件事。 | 1 | 2 | 3 | 4 |
| 2. 我做事不假思考。 | 1 | 2 | 3 | 4 |
| 3. 遇到问题时我能想出好办法。 | 1 | 2 | 3 | 4 |
| 4. 我对未来有计划。 | 1 | 2 | 3 | 4 |
| 5. 我不能很好地控制自己的行为。 | 1 | 2 | 3 | 4 |
| 6. 必要时我能够长时间考虑一个问题。 | 1 | 2 | 3 | 4 |
| 7. 我有规律地存钱或攒钱。 | 1 | 2 | 3 | 4 |
| 8. 我难以控制自己的脾气。 | 1 | 2 | 3 | 4 |
| 9. 我能从不同的角度考虑问题。 | 1 | 2 | 3 | 4 |
| 10. 我对工作和获得收入有计划。 | 1 | 2 | 3 | 4 |
| 11. 我说话不假思考。 | 1 | 2 | 3 | 4 |
| 12. 遇到问题时我喜欢慢慢考虑。 | 1 | 2 | 3 | 4 |
| 13. 我做事比较理智。 | 1 | 2 | 3 | 4 |
| 14. 我激动时难以控制自己的行为。 | 1 | 2 | 3 | 4 |
| 15. 遇到难题时我能耐心思考解决问题的办法。 | 1 | 2 | 3 | 4 |
| 16. 我有规律地安排饮食起居。 | 1 | 2 | 3 | 4 |
| 17. 我容易冲动行事。 | 1 | 2 | 3 | 4 |
| 18. 做决定前，我喜欢仔细考虑得失。 | 1 | 2 | 3 | 4 |
| 19. 我离开家之前把事情都安排好。 | 1 | 2 | 3 | 4 |
| 20. 我不考虑后果而立即行动。 | 1 | 2 | 3 | 4 |
| 21. 我冷静地思考问题。 | 1 | 2 | 3 | 4 |
| 22. 我做事时能按计划完成。 | 1 | 2 | 3 | 4 |
| 23. 我容易冲动性购物。 | 1 | 2 | 3 | 4 |

续表

| 题目 | 从不 | 偶尔 | 经常 | 总是 |
|---|---|---|---|---|
| 24. 遇到难题时我不会轻易下结论。 | 1 | 2 | 3 | 4 |
| 25. 我花钱有计划性。 | 1 | 2 | 3 | 4 |
| 26. 我做事十分莽撞。 | 1 | 2 | 3 | 4 |
| 27. 我思考问题时能集中注意力。 | 1 | 2 | 3 | 4 |
| 28. 我很看重对未来的安排。 | 1 | 2 | 3 | 4 |
| 29. 我想到什么就马上去做。 | 1 | 2 | 3 | 4 |
| 30. 我容易想出新的办法来解决遇到的困难。 | 1 | 2 | 3 | 4 |

## 二、UPPS 及 UPPS-P 冲动行为量表

UPPS 冲动行为量表是由怀特赛德和莱纳姆基于人格五因素模型、对现有的各冲动性量表和自编急迫性条目进行因素分析而得到，其冲动性特征有 4 个维度，即急迫性、缺乏计划性、缺乏坚持性和感觉需求。该量表共包括 45 个条目，每个条目采用 2 点计分（表 1.5），得分越高，说明个体的冲动性水平越高。

表 1.5　UPPS 冲动行为量表（甘治萍，2006）

| 题目 | 不符合 | 符合 |
|---|---|---|
| 1. 我对生活的态度是有所保留和谨慎的。 | 1 | 2 |
| 2. 我常常寻求新鲜刺激的经历和感觉。 | 1 | 2 |
| 3. 通常我喜欢看到事情有结果。 | 1 | 2 |
| 4. 我很难控制自己的冲动。 | 1 | 2 |
| 5. 我的考虑常常是谨慎的和有计划性的。 | 1 | 2 |
| 6. 我愿意尝试以前没有做过的事情。 | 1 | 2 |
| 7. 我很容易就放弃。 | 1 | 2 |
| 8. 我很难控制自己对食物、香烟等的渴望。 | 1 | 2 |
| 9. 我不是一个不经考虑就说话的人。 | 1 | 2 |
| 10. 我常常卷入一些事情中，事后又悔恨不已。 | 1 | 2 |
| 11. 未完成的任务很让我烦恼。 | 1 | 2 |
| 12. 我喜欢参加需要快速决定下一步的运动和游戏。 | 1 | 2 |
| 13. 做事情之前，我喜欢停下来认真考虑。 | 1 | 2 |
| 14. 我愿意进行冲浪运动。 | 1 | 2 |
| 15. 一旦我开始做某事，我决不会半途而废。 | 1 | 2 |

续表

| 题目 | 不符合 | 符合 |
|---|---|---|
| 16. 心情不好时我会做一些事情，事后又做检讨以使自己感觉好一点。 | 1 | 2 |
| 17. 除非明确知道如何进行，否则我不会贸然开始做一件事。 | 1 | 2 |
| 18. 我容易集中注意力。 | 1 | 2 |
| 19. 我很喜欢冒险。 | 1 | 2 |
| 20. 心情不好时，我似乎不能停止自己正在做的事，即使这些事会使我感觉更糟。 | 1 | 2 |
| 21. 我常常根据理性判断来处理事情。 | 1 | 2 |
| 22. 我愿意参加跳伞运动。 | 1 | 2 |
| 23. 我开始的事情我一定会完成。 | 1 | 2 |
| 24. 当我心烦时，我常常不假思索地行动。 | 1 | 2 |
| 25. 做决定之前我常常要经过仔细的思考。 | 1 | 2 |
| 26. 我喜欢新鲜刺激的感觉和经历，即使这些感觉经历有点冒险和违背传统。 | 1 | 2 |
| 27. 我很擅长鞭策自己按时完成任务。 | 1 | 2 |
| 28. 当我遭到拒绝时，我常常会说出事后让我懊悔的话来。 | 1 | 2 |
| 29. 我是一个谨慎小心的人。 | 1 | 2 |
| 30. 我愿意在实践中学习如何驾驶一架飞机。 | 1 | 2 |
| 31. 我是一个能够出色完成工作任务的人。 | 1 | 2 |
| 32. 对我来说，不按感觉行事是困难的。 | 1 | 2 |
| 33. 在面临新情况之时，我喜欢分析其中利弊才做出行动。 | 1 | 2 |
| 34. 我喜欢时不时做一些有点惊恐刺激的事。 | 1 | 2 |
| 35. 一旦我开始了一件事情，一般我都能完成它。 | 1 | 2 |
| 36. 当我烦乱时，我常常考虑不周而将事情弄得一团糟。 | 1 | 2 |
| 37. 做任何事之前我都会认真考虑。 | 1 | 2 |
| 38. 我想我会喜欢滑雪时从高坡上往下冲的感觉。 | 1 | 2 |
| 39. 有时我会忽略许多需要完成的琐碎工作。 | 1 | 2 |
| 40. 在激烈争论时，我常会说出一些自己事后后悔的话来。 | 1 | 2 |
| 41. 在做决定之前，我会权衡与决定有关的所有优势与劣势。 | 1 | 2 |
| 42. 我愿意尝试潜水运动。 | 1 | 2 |
| 43. 我总能控制住自己的情绪。 | 1 | 2 |
| 44. 我喜欢高速驾驶。 | 1 | 2 |
| 45. 有时，我会凭一时冲动做事，事后又后悔。 | 1 | 2 |

其中，1、3、5、9、11、13、15、17、18、21、23、25、27、29、31、33、35、37、41、43是反向计分题

目前UPPS冲动行为量表也被修订为中文版，中文版量表删除缺乏坚持性维度下的1个条目"未完成的任务实在让我烦心"，保留了原始量表的44个条

目。信效度检验表明中文修订版适用于中国被试群体（吕锐等，2014），具有良好的信效度，总量表的内部一致性系数为0.84，分量表的内部一致性系数为0.75—0.84。值得注意的一点是，莱纳姆等（Lynam et al., 2006）在区分正性急迫性和负性急迫性的基础上，将正性急迫性引入UPPS冲动行为量表，得到新的冲动性量表，即UPPS-P冲动行为量表。后来莱纳姆在UPPS-P原始量表的基础上进一步修订了简式UPPS-P（S-UPPS-P）冲动行为量表，S-UPPS-P冲动行为量表共20个条目，包括感觉寻求、缺乏坚持性、缺乏预见性、负性急迫性和正性急迫性5个维度（Lynam, 2013）。国内也对S-UPPS-P冲动行为量表在中国被试群体中进行了信效度检验，结果表明S-UPPS-P冲动行为量表中文版具有良好的信效度（薛朝霞等，2017），总量表的内部一致性系数为0.77，分量表的内部一致性系数为0.67—0.80。

## 三、迪克曼冲动性量表

迪克曼冲动性量表（DII）包含非功能性冲动（DI）和功能性冲动（FI）两个维度。前者是指个体在行动前快速的、不经思考而做出反应的倾向性，而这种倾向性往往会使个体陷入困境；后者是指当情境需要个体为了自身利益而快速做出决定时，个体做出快速决定的倾向性（Dickman, 1990）。该量表共23个条目（表1.6），包括12个非功能性冲动维度条目和11个功能性冲动维度条目，其中9个条目为反向计分。每个条目以"是/否"的形式回答，采用（0，1）的形式计分，总分越高，说明个体冲动性水平越高。目前迪克曼冲动性量表也被修订为中文版，中文版量表删除了非功能性冲动和功能性冲动维度下各两个条目，保留了原始量表的19个条目。信效度检验表明中文修订版适用于中国被试群体（郑丽君，张婷，2016），具有良好的信效度，总量表的内部一致性系数为0.65，分量表的内部一致性系数在0.7以上，重测信度为0.75。

表 1.6　迪克曼冲动性量表（聂紫彤，2017）

| 题目 | 是 | 否 |
| --- | --- | --- |
| 1. 我常常说话不假思索，脱口而出。 | 1 | 0 |
| 2. 我不喜欢迅速做决定，即使是一些简单的决定，比如今天穿什么、晚上吃什么等。 | 1 | 0 |

续表

| 题目 | 是 | 否 |
| --- | --- | --- |
| 3. 我喜欢慢慢地、小心翼翼地解决问题。 | 1 | 0 |
| 4. 我擅于抓住那些需要立即采取行动的机会。 | 1 | 0 |
| 5. 我经常做出承诺而不去想是否能遵守。 | 1 | 0 |
| 6. 在很多时候，我可以很快地用语言来表达我的想法。 | 1 | 0 |
| 7. 我经常买东西却不考虑它是否实用或者我是否能承担得起。 | 1 | 0 |
| 8. 当我必须快速做出决定时，我感到不舒服。 | 1 | 0 |
| 9. 我经常在做决定时不花时间全面地考虑问题。 | 1 | 0 |
| 10. 我喜欢快语速地与人交谈，此时没时间去充分考虑自己要说什么。 | 1 | 0 |
| 11. 我通常不会在行动前对情况有足够的考量。 | 1 | 0 |
| 12. 我不喜欢很快地做事情，即使是不十分难的事。 | 1 | 0 |
| 13. 我常因为在行动前没有对情况加以考量而造成麻烦。 | 1 | 0 |
| 14. 我享受一份需要我去做很多快速决策的工作。 | 1 | 0 |
| 15. 我的计划常因事先考虑不周而未能实现。 | 1 | 0 |
| 16. 我喜欢需要快速反应的运动和游戏。 | 1 | 0 |
| 17. 我几乎不会事先没有考虑可能出现的问题就加入工作。 | 1 | 0 |
| 18. 由于我不能足够快速地做出决定，我常常错失良机。 | 1 | 0 |
| 19. 做重要决定前，我总会仔细权衡利弊。 | 1 | 0 |
| 20. 人们总是羡慕我思维敏捷。 | 1 | 0 |
| 21. 我擅于谨慎地推论。 | 1 | 0 |
| 22. 我试图避免做那些不能先考虑清楚再做决定的事。 | 1 | 0 |
| 23. 我经常在不考虑结果的情况下说话和行动。 | 1 | 0 |

其中 2、3、8、12、17、18、19、21、22 是反向计分题。

## 四、行为抑制/激活系统量表

行为抑制/激活系统（BIS/BAS）量表由卡弗和怀特（Carver & White，1994）共同编制，包括 BIS 和 BAS 两个分量表，其中 BAS 分量表又包括奖赏反应（reward responsiveness，$BAS_R$）、驱力（drive，$BAS_D$）和愉悦追求（fun seeking，$BAS_F$）3 个维度。奖赏反应是指个体对期望的或被授予的奖赏的反应程度，驱力是指个体对奖赏的追求程度，愉悦追求是指个体对潜在的和新的奖赏的渴望程度。BIS/BAS 量表由 24 个条目组成（表 1.7），BIS 分量表包括 7 个条目，BAS 分量表包括 13 个条目，其中奖赏反应维度有 5 个条目，驱力维度有 4

个条目，愉悦追求维度有 4 个条目。BIS/BAS 量表还包括 4 个干扰项条目，不计分。各分量表的每个条目均采用利克特 4 级评分法进行评分：1 代表"很符合"，2 代表"有点符合"，3 代表"有点不符合"，4 代表"非常不符合"，得分越高说明个体的行为激活/行为抑制水平越低。目前 BIS/BAS 量表也被修订为中文版，中文版量表不包括 4 个干扰项，并删除了 BIS 分量表中的两个条目"1.跟我的朋友相比，我很少会恐惧"和"18.即使某件糟糕的事情将会发生，我也很少会体验到恐惧和紧张"，保留了原始量表的 18 个条目。信效度检验表明中文修订版适用于中国被试群体（李彦章等，2008），具有良好的信效度，各分量表的内部一致性系数为 0.55—0.72。

表 1.7　BIS/BAS 量表（李彦章等，2008）

| 题目 | 很符合 | 有点符合 | 有点不符合 | 非常不符合 |
| --- | --- | --- | --- | --- |
| 2. 我会尽其所能去得到我想要的东西。 | 1 | 2 | 3 | 4 |
| 3. 当我把某件事情做得很好时，我会喜欢继续做它。 | 1 | 2 | 3 | 4 |
| 4. 只要我觉得某件事情可能有趣，我就会去尝试它。 | 1 | 2 | 3 | 4 |
| 5. 当我得到想要的事物时，我觉得很兴奋并充满能量。 | 1 | 2 | 3 | 4 |
| 6. 被批评或指责会让我感到很难过。 | 1 | 2 | 3 | 4 |
| 7. 当我想要某件东西时，我会想方设法去得到它。 | 1 | 2 | 3 | 4 |
| 8. 我常只因为好玩或有趣就去做某些事。 | 1 | 2 | 3 | 4 |
| 9. 当我有机会获得我想要的东西时，我会马上行动起来。 | 1 | 2 | 3 | 4 |
| 10. 如果我想到或知道有人生我的气，我就觉得很紧张或心情不好。 | 1 | 2 | 3 | 4 |
| 11. 当有机会得到我想要的东西时，我会立刻兴奋起来。 | 1 | 2 | 3 | 4 |
| 12. 我常因一时冲动就行动。 | 1 | 2 | 3 | 4 |
| 13. 如果我觉得有不愉快的事情可能会发生，那我就会变得坐立不安。 | 1 | 2 | 3 | 4 |
| 14. 有好事情发生在我身上时，我会受到很大的影响。 | 1 | 2 | 3 | 4 |
| 15. 如果我想到没把某件事情做好，我就觉得紧张。 | 1 | 2 | 3 | 4 |
| 16. 我喜欢刺激及新鲜感。 | 1 | 2 | 3 | 4 |
| 17. 我会以"排除万难"的态度追求我想要的东西。 | 1 | 2 | 3 | 4 |
| 19. 赢得比赛让我很兴奋。 | 1 | 2 | 3 | 4 |
| 20. 我担心我会犯错。 | 1 | 2 | 3 | 4 |

## 五、人格五因素神经质分量表冲动性维度

人格五因素量表（NEO-FFI）由卡斯特（Costa）和麦克雷（McCrae）根据

五因素人格模型编制而成，包括外倾性、开放性、尽责性、神经质、宜人性5个分量表，每个分量表又包括6个特质分量表，全表共有30个特质分量表，240个条目，其中106个反向计分条目，每个特质均包括8个条目。每个条目均采用利克特5级评分法进行评分，1代表"非常不同意"，2代表"不太同意"，3代表"无法确定"，4代表"比较同意"，5代表"非常同意"。其中，神经质维度包括焦虑、愤怒性敌意、抑郁、自我意识、冲动性和脆弱性特质分量表，外倾性维度包括热情性、乐群性、自我肯定、活跃性、刺激追寻和正性情绪特质分量表，开放性维度包括幻想、美感、情感、行动、观念和价值特质分量表，宜人性维度包括信任、坦诚、利他性、顺从性、谦虚和温存特质分量表，尽责性维度包括胜任感、条理性、责任心、事业心、自律性和审慎性特质分量表。由杨坚等修订的中文版量表，在中国青少年被试群体中有较好的内部一致性信度（5个人格维度分量表的内部一致性系数为0.75—0.91，各分量表的特质分量表的内部一致性系数为0.28—0.75）和重测信度（间隔3个月，5个人格维度分量表的重测信度为0.65—0.82，各个分量表的特质分量表的重测信度为0.38—0.84），其中冲动性特质的内部一致性系数和重测信度分别为0.62和0.64（Yang et al.，1999）。冲动性特质的测量（表1.8）包含在神经质维度分量表中，冲动性特质的分数为各条目得分之和，分数越高，说明个体冲动性水平越高。

**表1.8 人格五因素神经质分量表冲动性维度（戴晓阳，吴依泉，2005）**

| 题目 | 非常不同意 | 不太同意 | 无法确定 | 比较同意 | 非常同意 |
| --- | --- | --- | --- | --- | --- |
| 21. 我极少过分沉迷于一件事情中。 | 1 | 2 | 3 | 4 | 5 |
| 51. 我很难抗拒某些强烈的欲望。 | 1 | 2 | 3 | 4 | 5 |
| 81. 抗拒诱惑对我来说没太大困难。 | 1 | 2 | 3 | 4 | 5 |
| 111. 遇上喜欢的食物，我有时会一次吃得太多。 | 1 | 2 | 3 | 4 | 5 |
| 141. 我很少冲动行事。 | 1 | 2 | 3 | 4 | 5 |
| 171. 有时，我会因为一次吃得太多而病倒。 | 1 | 2 | 3 | 4 | 5 |
| 201. 有时我会因一时冲动而做出一些令我后悔的事情。 | 1 | 2 | 3 | 4 | 5 |
| 231. 我总能控制自己的情绪。 | 1 | 2 | 3 | 4 | 5 |

其中，第21、81、141和231题为反向计分题。

第二章

# 冲动性的理论模型

# 第一节　巴瑞特冲动性人格理论

自 1959 年巴瑞特研究冲动性的结构提出至今已有 60 多年，其间巴瑞特不仅提出巴瑞特冲动性人格理论，还编制了巴瑞特冲动量表。本节主要从巴瑞特冲动性人格理论的内容、不同学者对巴瑞特冲动性人格理论的检验，以及巴瑞特冲动性人格理论在不同领域的应用这 3 个方面对该理论展开介绍。

## 一、巴瑞特冲动性人格理论的内容

巴瑞特认为冲动性人格特质划分为 3 个维度：动作冲动性、认知冲动性和无计划冲动性，并根据该定义编制了广泛应用的巴瑞特冲动量表 BIS-10。其中，动作冲动性是指易受外界刺激的引诱和干扰、行事鲁莽、不计后果、对行为的负性结果敏感度低；认知冲动性是指对正在发生的事件难以集中注意力或者精力，表现为不关注手头的事情、对当前信息的加工尚未完成时就采取行动并导致不良结果；无计划冲动性是指缺少对将要发生或未来事情的规划，即缺乏长远考虑，表现为对当前和未来毫无计划就采取行动（Barratt，1985）。

BIS-11 是在 BIS-10 的基础上修订的，重新确定了量表条目的因子结构（Patton et al.，1995）。研究结果显示，冲动性具有 6 个次级特质——注意、动作冲动、自我控制、认知复杂性、坚持性和认知不稳定性，并且通过进一步探索性因子分析，将 6 个次级特质归为 3 个维度，即将动作冲动和坚持性两次级特质统称为动作冲动性维度，将注意和认知不稳定性两个次级特质统称为注意冲动性维度，将自我控制和认知复杂性两个次级特质统称为非计划冲动性维度（表 2.1）。其中的注意冲动性维度与巴瑞特提出的认知冲动性维度不一致，但后续研究中并未对注意冲动性和认知冲动性加以区分。

## 二、巴瑞特冲动性人格理论的检验

许多学者使用不同方法对 BIS-11 进行信度和效度检验，结果显示 BIS-11 具有良好的信度和聚合效度，但是关于巴瑞特提出的冲动性结构，目前研究并没有得出一致的结果，这需要在未来研究中进行更严格的验证。

表 2.1　巴瑞特冲动性（BIS-11）人格理论的具体维度（Reise et al., 2013）

| 二阶因子 | 一阶因子 | 因子含义 |
| --- | --- | --- |
| 动作冲动性 | 动作冲动 | 迅速行动 |
|  | 坚持性 | 稳定的生活方式 |
| 注意冲动性 | 注意 | 关注当前任务 |
|  | 认知不稳定性 | 侵入性思维 |
| 非计划冲动性 | 自我控制 | 深思熟虑地计划和思考 |
|  | 认知复杂性 | 喜欢智力挑战 |

一项检验 BIS-11 信度和效度问题的研究中，所有被试都完成了 BIS-11 自我报告，部分被试还完成了艾森克冲动问卷（Eysenck Impulsiveness Questionnaire）、左克曼感觉寻求量表（Sensation-Seeking Scale）和 BIS/BAS 量表。此外，一部分被试还完成了一系列关于冲动性的行为实验测量，包括即时和延迟记忆任务（IMT/DMT）、Go-Stop 冲动范式（Go-Stop Impulsivity Paradigm）、两种选择冲动范式（TCIP）和单键冲动范式（SKIP）。结果表明，BIS-11 具有较高的内部一致性系数和重测信度，和其他测量冲动性的不同问卷也具有较高的相关（聚合效度），但是与冲动的行为测量相关不显著（Stanford et al., 2009）。这个结果与前人的发现一致，可能由于 BIS-11 测量的是很长一段时间内的个性特征，反映了个体的主观体验，而行为程序评估的是冲动状态（Dougherty et al., 2003）。有研究者回顾已有文献，对 BIS-11 量表使用情况进行元分析，认为 BIS-11 是一种良好的测量冲动性的临床或非临床工具，具有较好的跨文化适应性，不同地域研究的内部一致性信度达到了较高水平（0.69—0.80）；同时报告了在成人和青少年样本中，总量表的重测信度范围为 0.66—0.83，表示该量表具有较好的跨时间稳定性与一致性（Vasconcelos et al., 2012）。此外，临床人群中 BIS-11 的信度系数高于非临床人群。

对于巴瑞特的冲动性结构问题，在随后的不同语言版本和不同样本中，越来越多的研究者对该量表的结构效度进行了验证或探索，发现了不同的结构模型。如傅莎蒂（Fossati）提出二阶二因子模型，即傅莎蒂层阶模型。其中，二阶因子一般冲动性，由一阶因子注意、运动冲动性、毅力、认知稳定性聚合；二阶因子非计划冲动性，由一阶因子认知复杂性、自我控制聚合。尽管研究者提出了不同的结构模型，但在研究中更多使用的还是巴顿和同事提出的三维模型结构，即冲动性由注意冲动性、动作冲动性和非计划冲动性3个维度构成。

### 三、巴瑞特冲动性人格理论的应用

BIS-11是目前最常使用的测量冲动性的问卷，广泛用于科学研究和临床冲动评估。本节将从临床和一般科学研究两方面梳理BIS的应用。

（一）BIS在临床研究方面的应用

（1）物质使用障碍

物质使用障碍（SUD）与个体冲动性具有密切关系，可能由于冲动性人格导致个体产生物质使用障碍，也可能高冲动性源于长期服用毒品所导致的大脑结构或功能的慢性改变（陈衍等，2017）。目前研究集中在探讨不同冲动性与不同类型物质使用障碍的关系，BIS-11可以对其进行有效预测。例如，兴奋剂类物质（如可卡因、冰毒）使用障碍者的注意冲动性、动作冲动性水平显著高于正常被试，但是在烟草使用障碍与酒精使用障碍人群中，并没有发现普遍的注意冲动性、动作冲动性或无计划冲动性（严万森等，2017）。

（2）双相情感障碍

双相情感障碍（BD）是一种重性精神障碍，主要临床表现是躁狂或轻躁狂与抑郁反复交替发作。儿童青少年双相情感障碍（PBD）除了双相情感障碍的典型表现，还可出现易怒、情绪不稳定、冲动等不典型表现，以及对自己及他人的冲动和攻击行为（张沛文，邹韶红，2020）。以往研究表明，冲动性是双相情感障碍的稳定特征，与单相抑郁症患者相比，双相情感障碍患者往往表现出更高水平的冲动（Swann et al.，2004）。研究还发现，巴瑞特三维冲动模型与情感障碍有不同的相关性：动作冲动性与躁狂发作相关，非计划冲动性与抑郁发作相关，注意冲动性与躁狂和抑郁发作相关。

（3）注意缺陷/多动障碍

美国精神病学会《精神障碍诊断与统计手册（第 5 版）》（DSM-V）（APA，2013）把冲动性作为注意缺陷/多动障碍（ADHD）的主要症状之一，根据注意力和多动、冲动两个维度，将 ADHD 划分为三种亚类型，即以注意缺陷症状为主的注意力缺陷型 ADHD（ADHD-inattentive type，ADHD-I），以多动冲动症状为主的多动冲动型 ADHD（ADHD-hyperactive/Impulsive，ADHD-HI），以及混合型 ADHD（ADHD-combined type，ADHD-C）。在注意缺陷/多动障碍与冲动的研究中，研究者发现 ADHD 和冲动性选择（Barkley et al.，2001）、反应性冲动（Barkley，2003）和反应抑制受损（Nigg，2001）都有密切关系。采用 BIS-11 进行研究发现，诊断为 ADHD 的成年人，其 BIS-11 各维度的分数都较正常人偏高（Malloy-Diniz et al.，2007），说明该人群中所有的冲动性维度（运动性、计划性和注意力）上存在缺陷，这与前人的结果基本一致。

（4）反社会型人格障碍

反社会型人格障碍（ASPD）是指一种自 15 岁起就开始漠视和侵犯他人权利的行为模式。研究发现，冲动性与反社会型人格障碍具有密切联系，那些符合反社会型人格障碍标准的囚犯，不论男性（Dolan & Fullam，2004）还是女性（Warren & South，2006），在所有 BIS-11 分量表上的得分都明显高于对照组。此外，反社会型人格障碍者更容易产生攻击行为（Martin et al.，2019）。反社会型人格障碍者的攻击行为可能是一种反应性、情绪性的攻击行为，还可能是一种有目的的攻击行为，或两者兼有。巴瑞特等（Barratt et al.，1997）采用结构化访谈，以符合 DSM-Ⅳ 反社会型人格障碍标准的囚犯为被试，研究其攻击行为的特点，结果发现，在 132 名囚犯样本中，27 人（20%）有冲动性攻击行为；30 人（23%）有预谋性攻击行为；其余的人既有冲动性攻击行为也有预谋性攻击行为。这表明冲动性是部分反社会型人格障碍者的一种人格特质。

（二）BIS 在一般科学研究中的应用

（1）冲动性与认知的研究

关于冲动性对认知的影响体现在抑制控制、工作记忆、认知灵活性、注意系统等诸多认知成分方面。其中，抑制控制、工作记忆和认知灵活性是执行功能的三大核心成分。

冲动性通常被视为执行功能受损的结果。更具体地说，冲动性行为是由功能失调的抑制过程和强烈的"冲动"共同决定的，并且由性格和情境变量共同触发和调节。信息处理或执行功能的控制问题会导致冲动性行为，研究表明有执行功能控制问题的人往往在 BIS-11 中得分更高（Stanford et al.，2009）。在抑制控制方面，抑制控制功能受损是行为问题中冲动性的潜在认知机制之一，表现为反应抑制能力的不足（Nordvall et al.，2017）。有研究发现，反应抑制失败的个体在巴瑞特冲动性模型中的动作冲动性维度得分更高（Basar et al.，2010）。同样，多项研究也发现了冲动性与反应抑制能力之间存在显著负相关关系（Shen et al.，2014）。在工作记忆方面，研究者证明了冲动性的不同亚型与工作记忆的不同方面有关（Whitney et al.，2004）。相关结果表明，注意冲动性与参与者从工作记忆中删除与目标无关的信息有关，冲动性得分较高的人可能难以从记忆中删除无关的信息；无计划冲动性与工作记忆的容量呈负相关，无计划冲动性得分越高的个体，其工作记忆容量越小；动作冲动性得分越高，整体记忆水平则越低，并会在更大程度上限制工作记忆的提取。针对认知灵活性的研究表明，冲动性也会影响个体的认知灵活性，无计划冲动性与认知灵活性呈负相关，而注意冲动性与认知灵活性则呈正相关（Ram et al.，2019）。

在注意系统方面，注意力集中困难和容易分散也被视为冲动性的特征（Patton et al.，1995）。有研究发现，BIS-11 得分与学业分心程度的得分显著相关，即冲动性得分越高的人，越难以专注于学业任务（Levine et al.，2007）。

（2）冲动性与行为的研究

冲动性是个体参与不良适应行为的最常见的风险因素之一。冲动性经常与不良行为问题相关，且冲动性会增加快速行为反应的风险，出现一系列潜在的危险行为（Lee et al.，2019）。此外，冲动性作为一种人格特征，可能在绝望、抑郁、社会心理压力等因素的共同作用下，对个体的认知产生间接影响，进而导致个体（尤其是青少年）不良行为的增加（Hadzic et al.，2019）。有研究者以 228 名大学生为样本，采用 BIS-11 进行测量，结果发现冲动性可以解释个体 57%—67%的行为风险（Arango-Tobón et al.，2021）。

冲动性与个体的攻击行为显著相关，且与不同类型的攻击行为存在差异化的联系。攻击行为传统上可分为冲动性攻击行为（一触即发的攻击反应，对挑衅行为失去控制）和预谋性攻击行为（有计划的或有意识的攻击行为），研究发现 BIS-11 得分与冲动性攻击行为的相关性水平显著高于与预谋性攻击行为的相关性水平（Stanford et al., 2003）。然而，越高的冲动性水平并不意味着会直接导致越多的攻击行为，两者之间可能存在中介变量。对英国男性非罪犯样本的一项研究显示，冲动性不是攻击行为的直接风险因素，社会问题解决能力在冲动性与攻击性行为之间起中介作用（McMurran et al., 2002）。高 BIS-11 得分会导致社会问题解决能力低下，而社会问题解决能力低下又与较高的攻击性水平之间存在显著相关关系。

同样，冲动性也是个体产生自杀行为的风险因素之一，冲动性对诱发消极情绪和自杀行为之间联系具有重要意义，特别是对于那些有抑郁症症状和绝望的人（Klonsky & May, 2010）。研究发现，冲动性与老年人的自杀意念显著相关，尤其是那些缺乏生活意义的老年人；且无论是否有抑郁症症状，高 BIS-11 得分似乎比单独的绝望更有效地预测了与自杀相关的意念，因此在评估老年人自我伤害的风险时，更高水平的冲动性应被视为一个风险因素。

大量研究表明，冲动性和暴饮暴食之间的关系是双向的，也就是说，冲动性可能降低个体对食物的控制，进而出现体重增加或肥胖的后果；对于超重的人来说，他们往往也是容易冲动的（Ebneter et al., 2012）。研究发现进食障碍与 BIS-11 的不同维度得分之间存在显著相关关系，情绪化进食（由强烈情绪引起的进食行为，如悲伤）与注意冲动性和运动冲动性显著相关，而外部进食（由于食物本身特点造成的进食行为，如诱人的外观）只与运动冲动性有关（Ebneter et al., 2012）。此外，近期一项研究发现，食物成瘾与 BIS-11 得分显著相关，食物成瘾组的注意冲动性和运动冲动性得分明显高于非食物成瘾组，且个体在减肥后，冲动性仍然存在（Sönmez Güngör et al., 2021），这也进一步暗示了冲动性是许多人减肥失败的原因之一（Georgiadou et al., 2014）。

冲动性对个体行为的不利影响可被认为是直接的，但也可将其理解为一种远端风险因素，它通过调节个体经历事件的效果，间接地影响个体产生不良行为（Anestis et al., 2014）。

（3）冲动性与神经生理的研究

BIS-11 是目前最常使用的测量冲动性的问卷。在探究冲动性的神经生理机制时，研究者也会依据其三维结构模型，探讨冲动性个体的中枢神经系统和外周神经系统的独特表现。研究发现不同维度的冲动性对应不同的神经生理机制，这会影响个体冲动行为的产生（Lee et al., 2011）。动作冲动性神经机制主要涉及行为去抑制的过程，其中，皮层-纹状体-丘脑反应抑制网络内的功能连接和额叶-顶叶检测网络的功能连接具有抑制冲动行为的功能，当其活动变弱时才会导致个体冲动行为；而下顶叶与运动回路之间的功能连接增强与冲动行为产生相关。无计划冲动性在神经生理上的表现为前额皮层区发育的滞后和不成熟导致的控制认知能力的不足。与注意冲动性相关的功能脑区包括外侧前额叶皮层、外侧眶额叶皮层、前扣带回、外侧顶叶和颞叶皮层和丘脑等，其中，注意冲动性与外侧眶额叶皮层的左侧体积呈负相关；当前扣带皮层激活程度较低时，个体表现出注意力不集中。此外，动作冲动性的神经递质的研究主要集中在多巴胺和 5-羟色胺，而无计划冲动性的神经递质的研究集中在去甲肾上腺素和多巴胺，注意冲动性则缺乏细致全面的研究（详见第三章第二节冲动性的神经生理基础）。

# 第二节　人格五因素理论视角下的冲动性

人格五因素模型是目前使用最为广泛的人格特质理论，它可以涵盖人格特质的各个方面。根据以往对冲动性的研究，很多学者认为冲动性是一种人格特质，在人格五因素模型中包含可以反映冲动性的维度（Whiteside & Lynam, 2001）。本节将介绍人格五因素模型以及与冲动性有关的人格五因素维度。

## 一、人格五因素模型

人格五因素模型是目前最具有影响力的人格理论模型。该模型描述的五种特质具有普适性，是各类人格特质的基础。这五种特质分别为外倾性、宜人性、尽责性、神经质或情绪稳定和开放性。其中，每种特质下都包含 6 个具体的人格维度（表 2.2），每个维度都可被看作人格的独立变量，让人格结构更加丰富与立体，使得每种特质的概念更有意义。

表 2.2 人格五因素模型

| 特质 | 具体特质层面 |
| --- | --- |
| 外倾性 | 热情、活力、乐群性、寻求刺激、独断性、积极情绪 |
| 宜人性 | 信任、利他主义、坦率、顺从、谦虚、同理心 |
| 尽责性 | 条理性、能力、追求成就、自律、责任感、审慎 |
| 神经质或情绪稳定 | 焦虑、抑郁、愤怒和敌意、冲动性、自我意识、脆弱性 |
| 开放性 | 幻想、感受、审美、思辨、尝新、价值观 |

外倾性：描述人际关系间的舒适感，体现为人际交往的享受程度、数量、密度等，以及获取愉悦的能力。外倾性得分高的人较为乐于助人、自信、善于言谈、合群和善于交际。

宜人性：描述个体对周围人或事物的态度，体现了合作与社会和谐的个体差异。宜人性得分高的人被认为是善良、信任、同情、合作、体贴的。

尽责性：描述个体的谨慎或警惕性。尽责性得分高的人渴望较好地完成任务，并认真对待他人，考虑周全、较为谨慎。

神经质或情绪稳定：描述个体的情绪不稳定性和情绪化的倾向，与情绪调节和承压能力相关。神经质得分高的个体更容易忧郁，并且经历诸如焦虑、担心、恐惧、愤怒、挫折、嫉妒、内疚、抑郁和孤独等情绪，相对更易于情绪化。

开放性：是指个体体验或经历新奇事物，反映了个体对知识的好奇心、创造力以及对新颖性和多样性的偏好程度。

## 二、人格五因素量表中的冲动性维度

人格五因素量表中神经质的冲动性维度和尽责性的自律维度可以用来测量自我控制能力，而冲动性又被认为是缺乏自我控制能力的表现，是一种对内部或外部刺激做出快速、无计划反应的倾向，而不考虑这些反应对自己或他人造成的负面后果。有研究指出，人格五因素模型外倾性的寻求刺激维度和尽责性的审慎维度，也可以作为反映冲动性的人格五因素维度（Whiteside & Lynam, 2001）。综上，人格五因素模型中神经质的冲动性维度、外倾性的寻求刺激维度、尽责性的自律维度、尽责性的审慎维度这 4 个维度反映了冲动性的本质特征，下面将阐述每个维度的具体内容。

（一）神经质的冲动性维度

该维度评估个体屈从于强烈冲动的倾向，特别是当伴随着抑郁、焦虑或愤怒等负面情绪时。高冲动性个体在感受到强烈的诱惑时，不容易抑制，容易追求短时的满足而不考虑长期的后果。具有不能抵抗渴望、草率、自我中心的特点；而低冲动性个体则具有能自我控制的、能抵挡诱惑的特点（罗杰，戴晓阳，2015）。该维度和行为抑制系统有密切联系（Gray & McNaughton，2000）。研究发现，神经质与减少威胁检测、目标冲突、错误检测以及对惩罚的敏感性降低有关（DeYoung et al.，2010）。

（二）外倾性的寻求刺激维度

该维度描述个体寻求快乐而大胆冒险的倾向。高寻求刺激个体在缺乏刺激的情况下容易感到厌烦，喜欢喧嚣吵闹，具有浮华、寻求强烈刺激、喜欢冒险等特点；低寻求刺激个体会避免喧嚣和吵闹，讨厌冒险，具有谨慎、沉静，对刺激不感兴趣的特点（罗杰，戴晓阳，2015）。该维度既与广义冲动模型中的感觉寻求维度相似，也与行为趋近系统有很强的相似性，高水平 BAS 个体往往对奖励敏感，并倾向于寻求奖励。

（三）尽责性的自律维度

该维度描述个体懒惰、做事杂乱无章、不能持之以恒的行为倾向。高自律个体具有尽力完成工作和任务，克服困难，专注于自己的任务，具有有组织、一丝不苟、精力充沛、能干、高效的特点；低自律个体做事拖延，经常半途而废，遇到困难容易退缩，没有抱负，健忘，做事心不在焉（罗杰，戴晓阳，2015）。

（四）尽责性的审慎维度

该维度评估个体在行动前对其行为的潜在后果进行思考的能力。高审慎个体做事三思而后行，不冲动，具有谨慎、有逻辑性、成熟的特点；低审慎个体做事不考虑后果，冲动，想到什么做什么，具有不成熟、草率、冲动、粗心等特点（罗杰，戴晓阳，2015）。

综上所述，人格五因素模型中 3 种特质包含的 4 个人格子维度反映了冲动性的本质特征，分别为神经质的冲动性维度（评估个体屈从于强烈冲动的倾向）、外倾性的寻求刺激维度（评估个体追求新颖、刺激活动的倾向）、尽责性的自律维度（评估个体在无聊或疲劳的情况下坚持完成工作或义务的能力）和尽责性的审慎维度（评估个体在行动之前对其行为的潜在后果进行思考的能力）（表 2.3）。

表 2.3　人格五因素模型中的冲动性维度

| 人格五因素特质 | 反映冲动性的具体维度 | 具体解释 |
| --- | --- | --- |
| 神经质 | 冲动性 | 评估个体屈从于强烈冲动的倾向 |
| 外倾性 | 寻求刺激 | 评估个体追求新颖、刺激活动的倾向 |
| 尽责性 | 自律 | 评估个体在无聊或疲劳的情况下坚持完成工作或义务的能力 |
| | 审慎 | 评估个体在行动之前对其行为的潜在后果进行思考的能力 |

## 第三节　格雷强化敏感性理论

格雷（Gray）强化敏感性理论（RST）尝试从人类神经生理机制的角度来解释人格差异。该理论认为在中枢神经系统内存在一些子系统，分别对奖励和惩罚的刺激信号敏感，并通过强化效应调节人们的行为和动机。本节主要从基本概念、神经生理基础和测量方法等方面对该理论进行介绍。考虑到行为趋近系统的激活被认为是冲动产生的原因，与冲动性密切相关，本节侧重对奖赏敏感性进行介绍。

### 一、强化敏感性的概念

强化敏感性（reinforcement sensitivity）是指个体在呈现强化刺激物时的反应

性，即个体对于奖赏和惩罚的感受性所引发的行为、情绪以及动机的改变趋势及改变程度。强化敏感性包括奖赏敏感性和惩罚敏感性，奖赏敏感性反映人们在呈现奖励信号或撤消惩罚信号时的反应性，而惩罚敏感性反映人们在呈现惩罚信号或撤消奖励信号时的反应性。奖励敏感性高的个体将体验到更多的积极情绪并表现出更多的趋近行为，而惩罚敏感性高的个体将体验到更多的消极情绪并表现出更多的行为抑制。由于奖赏敏感性和惩罚敏感性有着各自独立的生理基础，个体奖赏敏感性水平的高低与惩罚敏感性水平的高低互不相关。

## 二、强化敏感性理论及其神经生理基础

格雷强化敏感性理论认为个体人格和行为的差异反映的是对强化刺激反应的差别，而非艾森克唤醒理论中所提到的唤醒水平：内向的人对危险或惩罚刺激更敏感，而外向的人对奖励刺激更敏感。格雷提出了一套概念性神经系统模型，以解释强化敏感性理论的神经生理基础，并且在描述层面上提出两种敏感性与动机系统相对应。

格雷最初概括出 3 个动机系统，分别是行为 BIS、FFS 和 BAS。BIS 调节对条件性惩罚信号和条件性非奖励挫折信号的反应，前者产生消极的回避行为，后者产生反应消退行为，该系统的激活被视为焦虑产生的原因。BIS 的神经解剖学基础为眶额皮层、隔-海马系统和帕帕兹电路，其激活与上行单胺能通道的活动有关。FFS 对非条件厌恶刺激（即天生的痛苦刺激）敏感，调节愤怒和恐慌的情绪，与（疼痛相关的）负性情感状态有关，格雷推测其与艾森克的精神质特征有关。BAS 调节对条件性奖励信号和条件性非惩罚信号的反应，前者产生趋近行为，后者因解脱于惩罚而产生主动回避行为（主动回避非目标行为、趋向目标行为），该系统的激活被视为冲动产生的原因，并且与积极情绪状态和积极情绪特质有关。BAS 的神经解剖学基础为前额皮层、杏仁核和基底神经节，该系统的激活与集中于伏隔核的中脑边缘多巴胺通道的活动有关。

从强化敏感性理论对 BIS 和 FFS 的定义及描述可以看出，两者之间既有区别又有联系。具体而言，BIS 针对的是条件性厌恶刺激，而 FFS 针对的是非条件性厌恶刺激；但不管是条件性的还是非条件性的，这两个系统针对的都是厌恶刺

激，并且引发相同的情绪反应——害怕或焦虑，因此很难把 BIS 与 FFS 完全区分开。为了澄清概念和功能的重叠部分，在药理学、心理学和行为学方面证据的支持下，研究者对强化敏感性模型进行了修订（Gray & McNaughton，2000）。

  修订后的强化敏感性理论将原有 3 个系统更改为 BIS、BAS、战斗-逃离-僵化系统（FFFS），3 个系统作用关系参见图 2.1。BAS 被认为是由奖励和非惩罚信号激活的，它的激活主要引发趋近或寻求奖励的行为。FFFS 系统被认为对所有厌恶刺激都有反应性，它的激活会导致恐惧或恐慌。BIS 被认为是当个体面对双趋（BAS 激活）、双避（FFFS 激活）或趋避（BAS 和 FFFS 都被激活）冲突时所激活的动态系统，促使个体做出适应性行为以解决这些冲突。在混合激励条件下，奖励与威胁共同存在，为了评估这种情况，BIS 需要增强唤醒、风险评估和考虑使用威胁规避与威胁趋近。可见，BAS 的概念和功能与最初的理论变化不大，在修订后的强化敏感性模型中，BAS 与 FFFS 分别负责对所有欲求刺激和厌恶刺激的反应，BIS 则相较原模型有较大的修改，被看作冲突解决系统。

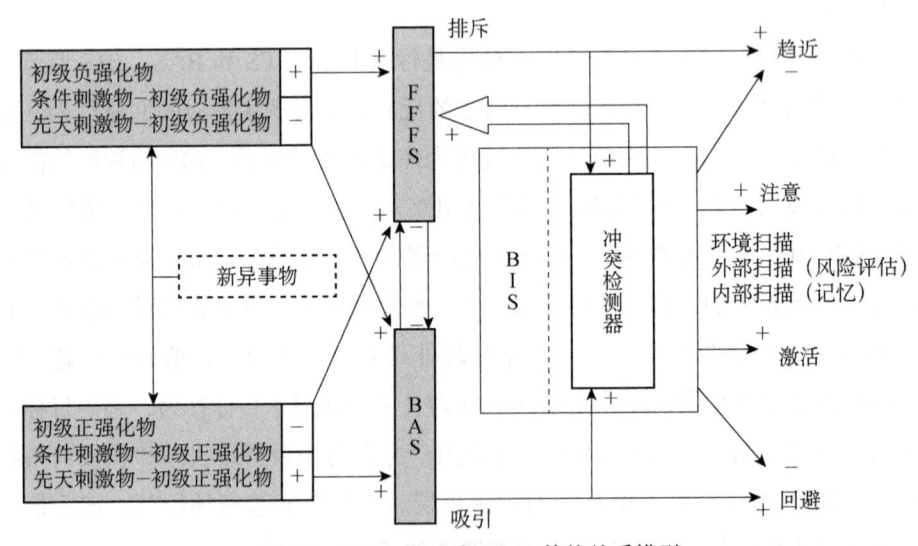

图 2.1 BIS、BAS 和 FFFS 整体关系模型

注：传递：+；不传递：-。当个体面对趋近-回避（或趋近-趋近，或回避-回避）冲突时，会激活 BIS。单一的趋近和回避冲突都会被抑制，从而产生更多的注意力、风险评估和记忆的内部扫描。这些机制都是为了检测消极情感信息，包括选择性地增加厌恶信息的重要性和价值。因此，BIS 会向抑制方向转变。但是，当危险被证明是不存在的时候，会向激活方向转变。图中阴影区域是一般人格因素可以作用的地方。(Stevenson & McNaughton, 2013)

BIS、BAS 和 FFFS 可以被理解为广泛的动机系统，它们构成了人格个体差异的基础。研究者在描述性层面提出了冲动性和焦虑两个新的特质维度来解释个体强化敏感性的差异（Gray，1987）。其中冲动性与 BAS 的活动相关，表现为对奖励的高敏感性和高反应性，个体在奖励环境下有更高效的学习行为。高冲动性个体所表现出的高欲求行为，反映的是高奖励敏感性或者过度活跃。焦虑则与 BIS 的活动相关，表现为对惩罚的高敏感性和高反应性，个体在惩罚环境下的学习更高效。有研究者指出高水平 BAS 个体过于追求奖励，以至于其在追求奖励时，即使遭受惩罚，也依旧保持对奖励的追求力度（Avila，2001）。事实上，的确有证据表明 BAS 活动抑制了对惩罚的反应性。当 BAS 活动水平较高而 BIS 和 FFFS 活动水平较低时，个体专注于追求奖赏而不考虑潜在的惩罚，从而产生鲁莽或冲动的行为（McNaughton & Corr，2004）。一些研究考察了 BIS 和 BAS 如何与人格综合模型以及与鲁莽或冲动行为相关的特质相联系。在将这些结构与使用 NEO PI-R 量表测得的人格五因素模型相关联的研究中，研究者发现 BAS 与神经质维度下的冲动性/负性急迫性、外倾性维度下的兴奋寻求/感觉寻求、尽责性维度下的缺乏审慎（类似于缺乏计划性）（Keiser & Ross，2011）有关。这一发现为 BAS 反映一个广泛的动机维度提供了支持，这一动机维度涉及与冲动行为有关的几种人格特征。

此外，遗传和环境因素都会影响奖赏敏感性。有研究揭示了奖赏敏感性神经递质多巴胺中特定基因在奖赏敏感性中的作用（Bowirrat et al.，2012），且奖赏敏感性遗传的可能性为 31%—51%（Sparks et al.，2014）。成长环境也是个体奖赏敏感性一个重要决定因素，一项功能性磁共振成像技术（fMRI）研究发现父母热情温暖程度与子女的前额皮质、纹状体对奖赏预期的反应强度存在关联（Morgan et al.，2014）。

### 三、奖赏敏感性的测量

奖赏敏感性的测量总体上可以分为 3 类：问卷测量法、行为测量法和神经生理测量法（表 2.4）。

表 2.4 奖赏敏感性的主要测量方法

| 测量方法 | 名称 | 具体描述 |
| --- | --- | --- |
| 问卷测量法 | 惩罚敏感性与奖赏敏感性量表（SPSRQ） | 由 Torrubia 等（2001）编制，包括惩罚敏感性和奖赏敏感性两个分量表，共 48 个项目 |
| | 行为抑制/激活系统量表（BBS） | 由 Carver 和 White（1994）编制，包括行为抑制系统、奖赏反应性、驱力和愉悦寻求这四个分量表，共 20 个项目。其中后三个分量表用于测量奖赏敏感性 |
| 行为测量法 | 卡片整理奖赏反应客观测验（CARROT） | 要求被试将一些卡片进行分类，每张卡片上有 5 个数字，这 5 个数字中有 1 个数字为 1 或 2 或 3，被试将它们分别放入标有 1、2 和 3 的盒子里完成分类，实验由 4 个阶段组成。最终以被试在呈现奖励的情境下与无奖励情境下行为表现的差异作为反映被试奖励敏感性的指标 |
| 神经生理测量法 | 功能性核磁共振成像技术 | 个体在预期或面对奖赏刺激时脑部相应区域反应的任务相关测量；脑部奖赏功能连接性的静息态测量 |
| | 事件相关电位技术 | 个体在预期或面对奖赏时脑电位的变化 |

研究者曾经采用许多问卷试图去测量个体的奖赏敏感性和惩罚敏感性特质，其中最具影响力的两个问卷分别是惩罚敏感性与奖赏敏感性量表（SPSRQ）和 BIS/BAS 量表（BBS），后者使用最为广泛。前者于 2001 年编制，共 48 个项目，由惩罚敏感性和奖赏敏感性两个分量表构成（Torrubia et al., 2001），具有良好的信效度（Caseras et al., 2003），但目前国内尚未形成能够广泛使用的中文修订版。后者于 1994 年编制，共 20 个项目，由 4 个分量表组成：行为抑制系统分量表用于测量惩罚敏感性；奖赏反应性（奖赏反应性测量的是个体对奖励的正向反应）分量表、驱力（反映了个体接近正性刺激的意愿）分量表和愉悦寻求（愉悦寻求表现了个体对新奇体验的开放程度）分量表用于测量奖赏敏感性（Carver & White, 1994），也具有良好的信效度（Gomez & Gomez, 2005）。值得注意的是，在测量不同种族的样本时，需要小心使用这些量表。有研究采用多种族的本科生大样本对 BAS/BIS 原始量表进行检验，发现在使用不同种族的样本时该量表的维度并不相同，而且在结构上缺乏稳定性（Demianczyk, 2014）。以上两个问卷都基于未修订的强化敏感性理论编制，存在 BIS 分量表测量内容既包括 FFFS 所控制的害怕反应，也包括 BIS 所控制的焦虑反应，以及 FFFS 项目不明确的缺陷。目前，只有一个针对修订后的强化敏感性理论的自陈问卷，称为 Jackson-5 量表。该量表包括战斗、逃离、僵滞、惩罚敏感性、奖赏敏感性 5 个分量表，具有良好的内部一致性信度和结构效度（Jackson, 2009）。但该量表也

有一定缺陷，缺乏后续的进一步研究。

行为测量也可用于强化敏感性特质的量化，其中较有代表性的是鲍威尔（Powell）等于1996年设计的卡片整理奖赏反应客观测验（CARROT）。该测验要求被试将一些卡片进行分类，每张卡片上有5个数字，这5个数字中有1个数字为1或2或3，被试将它们分别放入标有1、2和3的盒子里完成分类。整个测验程序分为4个阶段，第一阶段要求被试将60张卡片进行分类，主试记录所用的时间；第二阶段以第一阶段记录到的时间为时限，给被试100张卡片，要求被试在时限内尽可能多地对这些卡片进行分类，主试记录被试完成分类的卡片数目；第三阶段在第二阶段的基础上告诉被试，每正确分类5张卡片即提供一定数量的经济奖励，在被试进行分类任务的时候，主试同时进行记录，一旦分类5张卡片成功，立即将经济奖励放在被试面前，到达时限后，记录被试分类的卡片数目；第四阶段与第二阶段程序一致。测验任务的记分以第三阶段正确分类的卡片数目减去第二和第四阶段成功分类的卡片数目的平均数，所得数据的大小反映了被试在呈现奖励的情境下与无奖励情境下行为表现的差异，即可作为反映被试奖励敏感性的指标。

随着认知神经科学的发展，也有研究者使用fMRI和事件相关电位技术（ERP）来测量奖赏敏感性。fMRI测量包括个体在预期或面对奖赏刺激时脑部相应区域反应的任务相关测量和脑部奖赏功能连接性的静息态测量。目前多数研究将静息时相对较高的左额叶活动与BAS相关的倾向以及冲动联系在一起（Pascalis et al., 2018），将相对较大的右额叶活动与包括BIS和FFFS在内的"回避"动机联系起来（Neal & Gable, 2017），值得注意的是，BAS和左额叶活动之间的关系似乎比BIS和右额叶活动之间的关系更加稳定。ERP技术主要用于测量个体在预期或面对奖赏时脑电位的变化（Stavropoulos & Carver, 2014）。

基于经济性和操作性的考虑，研究者主要以问卷法和行为测量法来评估个体的强化敏感性，而较少使用神经生理指标测量。

## 四、奖赏敏感性的维度

最初，格雷使用"冲动性"一词来描述反映BAS敏感性的人格特质。简单地说，他假设冲动性较强的个体比低冲动的个体对奖励信号更敏感。然而，最近越来越多的研究者质疑奖赏敏感性和冲动性是否指一个相同的特质。例如，冲动性通常与轻率和自发的行为有关，而奖赏敏感性并不一定指轻率和自发的行为（Dawe & Loxton, 2004）。实证研究也支持了这一观点，有研究者指出，奖赏敏感性（使用 BAS 奖赏敏感性量表）是 Iowa 博弈任务表现的一个重要预测因子，这是一种与奖励相关的决策行为度量（Franken & Muris, 2005）。相反，使用迪克曼冲动性量表测量的冲动性并不能预测爱荷华博弈任务的绩效。

有研究者对此提出了一个两成分模型，即奖赏敏感性和轻率冲动，它们是两个相关且独立的系统（Dawe et al., 2004）。奖赏敏感性成分反映了对无条件和条件奖励刺激的高度敏感性，与格雷的 BAS 有很强的相似性；而轻率冲动成分是指从事轻率、自发行为的倾向，其特征是认知特征，使个体容易忽视风险、忽视未来的后果。一项研究使用 BIS/BAS 问卷、SPSRQ 问卷、三维人格问卷（TPQ）、迪克曼冲动性量表对惩罚敏感性和奖赏敏感性的维度进行因子分析，主成分分析表明惩罚敏感性是一个单维结构，而奖赏敏感性则包括奖赏敏感性和轻率冲动。惩罚敏感性与神经质、消极情感呈负相关，而奖赏敏感性与积极情感正相关、与快感缺乏呈负相关，轻率冲动则与外倾性呈正相关（Franken & Muris, 2006）。脑机制的不同也为这两个奖赏敏感性的成分提供了支持，冲动一般被认为与额叶有关并且由血清素能系统调节，而奖赏敏感性被认为依赖大脑的中脑多巴胺系统。因此，将格雷对奖励敏感性的概念分解为轻率冲动和奖赏敏感性，也可以促进对其原始冲动维度的潜在大脑机制的理解。

综上，格雷强化敏感性理论源于对焦虑、恐惧产生机制的动物实验研究，与艾森克人格内外倾理论相似，尝试从人类神经生理机制的角度来解释人格差异。这对人格神经科学的发展做出了重要贡献，目前格雷强化敏感性理论已发展成为人格心理生理学研究领域内最受关注的理论范式之一。该理论包括奖赏敏感性和惩罚敏感性两个重要方面，虽然格雷将奖赏敏感性与冲动性联系起来，但是在"以哪种特质来描述奖励敏感性更为合适"这一问题上仍存在争论。有研究者认为外倾性比冲动性更能反映人们奖励敏感性的差异，冲动性的测量与神经质测量相关更为密切，而那些专门的奖励敏感性测量则与外倾性的测量相关更为密切。因此，今后研究应在为强化敏感性理论匹配最合适的特质维度方面进行进一步探索。

## 第四节　威尔斯风险理论模型中的冲动性

威尔斯和同事（Wills et al., 2011）对将冲动性作为一个组成成分的风险模型进行了广泛的检验。在他们最新修正的模型中，风险被概念化为良好的行为自我控制、不良的行为调节、良好的情绪自我控制和不良的情绪调节，每个维度又包括几个子维度（表2.5）。研究表明，威尔斯风险模型中用来评估行为和情绪调节的低阶特质与冲动性的多维结构密切相关（Cyders & Coskunpina, 2011）。本节主要对基于威尔斯风险模型中的冲动性内容进行阐述。

表2.5　威尔斯风险模型中的冲动性维度

| 维度 | 子维度 | 举例 |
| --- | --- | --- |
| 不良的行为调节 | 注意力分散 | 我在学习时很容易分心 |
|  | 冲动性 | 我经常做事时无法停下来思考 |
|  | 即时满足 | 我往往拿到钱就立刻花掉 |
| 不良的情绪调节 | 情绪不稳定性 | 前一分钟我还好好的，下一分钟我就会紧张不安 |
|  | 易怒性 | 当我有问题时，我会责备并批评其他人 |
|  | 愤怒沉思 | 我经常发现自己在想那些让我生气的事情 |
|  | 悲伤沉思 | 我经常发现自己在想那些让我悲伤的事情 |
| 良好的情绪自我控制 | 可安抚性 | 当我感到兴奋或紧张时，我能很容易平静下来 |
|  | 悲伤管理 | 当我感到悲伤或沮丧时，我能控制我的悲伤并继续做事 |
|  | 愤怒管理 | 当我生气心烦时，我能保持平静并镇定自若 |
| 良好的行为自我控制 | 计划性 | 我喜欢提前计划事情 |
|  | 未来时间洞察力 | 思考未来对我来说很愉快 |
|  | 问题解决 | 当我遇到问题时，我会在做任何事情之前思考各种选择 |
|  | 延迟满足感 | 如果我认为以后会获得回报，我可以做枯燥的工作 |

## 一、不良的行为和情绪调节

威尔斯等对不良的行为调节的评估包含三个结构：①注意力分散（如"我在学习时很容易分心"）；②冲动性（如"我经常做事时无法停下来思考"）；③即时

满足（如"我往往拿到钱就立刻花掉"）。其中，第一个结构与冲动性 UPPS-P 五维模型中缺乏坚持（见第一章第二节）子维度相似，第二个结构与冲动性 UPPS-P 五维度模型中缺乏计划（见第一章第二节）子维度相似。此外，在人格-冲动性的研究中，注意力分散与冲动性这两个结构又被看作是低尽责性特质的核心特征。有研究指出个体的即时满足偏好与冲动性 UPPS-P 五维度模型中缺乏坚持性子维度联系紧密，这一假设关系在后续的元分析研究中得到验证（Cyders & Coskunpina，2011）。由此可以看出，在威尔斯风险模型中，不良的行为调节主要由与冲动性 UPPS-P 五维度模型中缺乏坚持性和缺乏计划这两种结构相联系的特征组成，而这些特征又与低尽责性有关。

威尔斯等对不良的情绪调节的评估包含 4 个结构：①情绪不稳定性（如"前一分钟我还好好的，下一分钟我就会紧张不安"）；②易怒性（如"当我有问题时，我会责备并批评其他人"）；③愤怒沉思（如"我经常发现自己在想那些让我生气的事情"）；④悲伤沉思（如"我经常发现自己在想那些让我悲伤的事情"）。这些结构在某种程度上可能体现了神经质/情绪稳定性特质的组成成分，但尚未涉及负性急迫性所指代的痛苦时采取行动倾向的内容。因此，在威尔斯风险模型中，不良的情绪调节的结构可能没有完全反映出与鲁莽行为相关的情绪倾向。此外，与其他使用消极情绪来测量情绪调节的研究一样，有研究也发现不良的情绪调节与物质使用显著相关（Wills et al.，2011）。

## 二、良好的情绪和行为自控

在研究行为与情绪调节相关特质如何与适应或适应不良功能建立联系时，威尔斯等从不良的情绪调节和不良的行为调节中分别测量了良好的情绪自我控制和良好的行为自我控制。其中，良好的情绪自我控制包含 3 个结构：①可安抚性（如"当我感到兴奋或紧张时，我能很容易平静下来"）；②悲伤管理（如"当我感到悲伤或沮丧时，我能控制我的悲伤并继续做事"）；③愤怒管理（如"当我生气心烦时，我能保持平静并镇定自若"）。良好的行为自我控制包含 4 个结构：①计划性（如"我喜欢提前计划事情"）；②未来时间洞察力（如"思考未来对我来说很愉快"）；③问题解决（如"当我遇到问题时，我会在做任何事情之前思考各种选择"）；④延迟满足感（如"如果我认为以后会获得回报，我可以做枯燥的工作"）。

值得注意的一点是，良好的情绪和行为自我控制并不等同于低水平的不良情绪和行为调节。分别测量良好的自我控制和不良调节具有实际意义，如威尔斯等发现良好的情绪自我控制和不良的情绪调节是相互作用的，对那些低水平的情绪自我控制的个体来说，情绪调节不良与控制障碍问题的相关性更强。同样，对那些缺乏良好的行为控制能力的个体来说，不良的行为调节预示着更多的控制障碍问题（图2.2）。尽管这是一项横断面研究，但是早在2008年威尔斯等（Wills et al., 2008）就已发现良好的自我控制能减少负面生活事件对后续物质使用的影响。

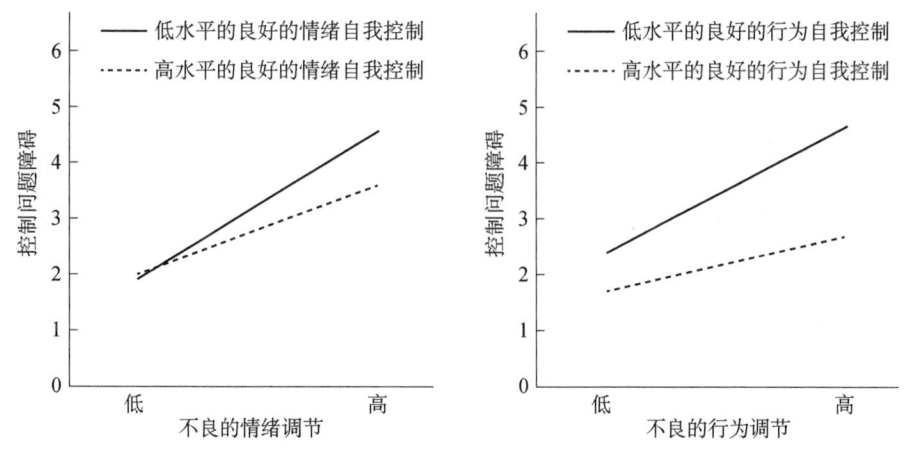

图2.2 良好的情绪和行为自我控制与不良情绪和行为调节交互作用于控制问题障碍（Wills et al., 2011）

辩证行为疗法（dialectical behavior therapy）是针对治疗情绪驱动的鲁莽行为为特征的疾病（如边缘性人格障碍）的最有效方法之一。这种治疗方法及其类似的治疗方法的共同特点是教会个体如何在不立即采取行动（令人满意但有害的行动）的情况下管理其强烈的情感状态，教导人们通过考虑环境来调整他们的情绪反应，学会在不做出反应的情况下体验情绪，并学会通过放松、祈祷和其他舒缓的活动调整反应。其他相关的技能包括学习对引发强烈情绪的事件做出反应的适应性替代行为，以及学习根据长期目标来评估行为的选择。有研究表明这些类型的措施对于药物滥用、酗酒和进食障碍的干预都是有效的（Linehan et al., 2007）。

# 第三章

# 冲动性的生物与环境因素

# 第一节　冲动性的基因基础

和其他人格特质类似，冲动性也具有遗传性。本节首先回顾与冲动性有关的双生子研究，从基因遗传视角来理解冲动性。之后通过系统总结目前人格遗传和分子生物学研究中发现的与冲动性有关的 5-羟色胺（5-HT）递质系统基因、多巴胺递质系统基因以及其他基因，来阐述冲动性的基因基础。

## 一、双生子研究与冲动性

双生子研究可以考察基因与环境对冲动性的相对贡献。行为遗传学研究者运用同卵双生子、异卵双生子和被收养儿童开展研究，尝试为冲动性的基因基础提供证据。

一项对双生子进行的研究发现，在男性中，狭隘冲动、冒险、无计划和活泼的遗传度分别为 40.4%、17.3%、37.7% 和 15.3%，而在女性中这 4 种冲动成分的遗传度分别为 36.6%、35.7%、35.7% 和 16.5%（Eave et al., 1977）。另一项研究对双胞胎青少年在 11—13 岁和 14—16 岁两个年龄段进行跟踪，结果发现冲动性具有中等强度的遗传力：在青春期早期（11—13 岁），基因（包含累加和非累加的基因效应）对冲动性的贡献率是 62%，共享环境的贡献率为 0，非共享环境的贡献率为 38%；在青春期后期（14—16 岁），基因（包含累加和非累加的基因效应）对冲动性的贡献率 50%，共享环境的贡献率为 0，非共享环境的贡献率为 50%（Niv et al., 2012）。最近一项有关双生子和收养研究的元分析研究表明，冲动性有一半的变异是由基因引起的，并且冲动性在男性中的遗传率比在女性中更高（Bezdjian et al., 2011）。这些研究共同说明了冲动性具有较强的遗传性。

## 二、与冲动性相关的基因

（一）5-HT 递质系统基因

5-HT 又名血清素，是人类中枢神经系统中一类重要的神经递质。较低活性的 5-HT 会增加个体的冲动性。

（1）五羟色胺转运体基因与冲动性

五羟色胺转运体（5-HT transporter，5-HTT/serotonin transporter，SERT）是一种对 5-HT 有高度亲和力的跨膜转运蛋白，通过重新摄取突触间隙中的 5-HT 来调节神经信号的传导。编码 5-HTT 的基因即溶质载体家族 6 的 4 号（Solute Carrier Family 6 Member 4，SLC6A4）基因，也称 5-HTT 基因，位于 17 号染色体上长臂 1 区 1 带第 1 亚带 1 区（17q11.1），全长约 35kb，由 14 个外显子组成 5-HTT 基因启动子多态性区域（5-HTTLPR）与冲动性紧密相关。

有研究运用 Barratt 冲动量表（BIS-11）和视觉比较任务（VCT）评估被试的冲动性，结果发现 5-HTTLPR 的 S'等位基因与个体的高冲动性有关（Paaver et al.，2007）。另一项研究发现，S'/S'基因型个体的 BIS-11 总分和注意冲动性分量表得分均显著高于 L/S'和 L/L 基因型个体。5-HTTLPR 基因的 S'等位基因或 S'/S'基因型与个体的高冲动性有关（Sakado et al.，2003）。有研究指出，携带 5-HTTLPR 基因 S'等位基因的个体可能由于其对消极环境的高敏感性而具有高冲动性，且这一效应在女性中更为显著（Paaver et al.，2008）。后续研究进一步发现不同 5-HTTLPR 基因型个体的冲动性不同，冲动性由高到低依次为 S'/S'基因型个体、L/S'基因型个体、L/L 基因型个体（Walderhaug et al.，2010）。

（2）5-HT1 受体基因与冲动性

5-HT1A 受体在突触前作为自身受体，主要分布于中缝核 5-HT 能神经元的胞体和树突中，被激活后可以影响 5-HT 的合成、转运和释放，同时为 5-HT 系统提供了一个负反馈机制。编码 5-HT1A 受体（HTR1A）基因位于 5 号染色体长臂 1 区 1 带第 2 亚带到 1 区 3 带（5q11.2—q13），无内含子。5-HT1A 受体基因的 C（-1019）G 功能多态性（rs6295）单核苷酸多态性位点被认为可调节该基因的表达，即受体浓度的增加和神经元放电的减少可能与 G 等位基因有关。研究者通过艾森克冲动分量表（IVE-I）和 BIS 量表对被试进行评估，结果发现 5-HT1A 受体基因 rs6295 单核苷酸多态性与冲动性之间存在显著关联，与 GC 和 CC 基因型个体相比，GG 基因型个体的冲动性更高（Benko et al., 2010）。另有研究表明，皮下注射 8-OH-DPAT（一种 5-HT1A 受体激动剂）可作用于突触前 5-HT1A 受体而增加个体冲动性（Carli & Samanin，2000）。

5-HT1B 受体（HTR1B）是位于突触前的自身受体，通过局部抑制而调节 5-HT 的合成和释放。编码 5-HT1B 受体（HTR1B）的基因位于 6 号染色体长臂 1 区 3 带（6q13），无内含子，其 1997A/G 多态性会影响冲动性的表达。有研究通过 BIS 量表对被试的冲动性和 5-HT1B 受体基因 1997A/G 多态性的关系进行评估，发现 1997G 等位基因携带者，其冲动性相对于 C 等位基因携带者较低，并且这种相关性可能与多巴胺 D4 受体（DRD4）基因存在叠加效应，且 G 等位基因携带者（AG/GG）的冲动性低于 AA 基因型个体（Varga et al., 2012）。

上述研究结果表明，5-HT1A 受体基因、5-HT1B 受体基因与冲动性存在不同程度联系。

（3）5-HT2 受体基因与冲动性

5-HT2A 受体是 5-HT 的突触后靶点。编码 5-HT2A 受体的基因，即 5-HT2A 受体基因，位于 13 号染色体长臂上 1 区 4 带和 2 区 1 带之间（13q14-q21），全长 64kb，由 3 个外显子和 2 个内含子组成。既往研究显示了 5-HT2A 受体（HTR2A）基因与冲动性之间存在相关性。

有研究者运用 BIS-11 量表和停止信号任务（stop-signal task）评估酒精依赖患者的冲动性和 5-HT2A 受体基因 T102C（rs6313）多态性，结果发现携带 C 等位基因的纯合子个体的冲动性得分显著高于 T 等位基因携带者（Jakubczyk et al., 2012）。以往有研究发现 5-HT2A 受体基因 rs6313 位点 CC 基因型女性比携带 T 等位基因的女性有更高的冲动性水平。5-HT2A 受体基因 rs6313 多态性与 5-HT1B 受体基因对冲动性存在交互影响，即同时携带 5-HT2A 受体基因 rs6313 位点 CC 基因型和 5-HT1B 受体基因 rs6296 位点 GG 基因型的个体的冲动性得分（BIS-11 评估）显著低于携带 5-HT1B 受体基因 rs6296 位点 C 等位基因（CC/CG）的个体。另一项研究表明，5-HT2A 受体基因 rs6313 与儿茶酚-O-甲基转移酶（Catchol-O-Methyltransferase，COMT）基因 Val158Met 多态性交互影响冲动性，同时携带 5-HT2A 受体基因 rs6313 位点 T 等位基因和 COMT 基因 Val158Met 位点 Met 等位基因的个体的冲动性得分显著高于只携带 Val 等位基因的个体（Salo et al.，2010）。

（4）色氨酸羟化酶基因与冲动性

色氨酸羟化酶（TPH）是生物合成 5-HT 的限速酶。研究已知的 TPH 同工酶有两种，即 TPH 1 和 TPH 2。编码 TPH1 的基因，即 TPH1 基因，位于 11 号染色体短臂 1 区 5 带第 3 亚带和 4 带之间（11p15.3—p14），全长 29kb，有 11 个外显子；编码 TPH2 的基因，即 TPH2 基因，位于 12 号染色体长臂 2 区 1 带（12q21），全长 93.5kb，有 11 个外显子。目前有关编码 TPH 的基因与冲动性关系的研究较多，涉及的多态位点也较为多样。

一项评估人格障碍患者的冲动攻击程度和 TPH1 基因多态性关系的研究发现，TPH1 基因含有 LL 基因型的男性患者的 Buss-Durkee 敌意量表总分高于 UL 和 UU 基因型患者（New et al.，1996），提示了 TPH1 基因 LL 基因型与男性人格障碍患者的高冲动攻击性有关。有研究探讨了 TPH1 基因 A218C 多态性与冲动行为倾向（IBT）之间的关系，结果发现在冲动病例组中，冲动行为倾向与 218C 等位基因有关（Staner et al.，2010）。探讨对尼古丁依赖者的 TPH1 基因 A779C 多态性与冲动型人格特质关系的研究，发现 AC 杂合子个体具有较明显的攻击性特质（Reuter & Hennig，2005）。一项关于 TPH2 基因多态性与冲动性和进食障碍关系的研究发现 TPH2 基因 rs1473473 位点和 rs1007023 位点的微小等位基因（minor alleles）在冲动个体中出现的频率较高，由此推断，TPH2 基因可能通过影响个体的冲动性而增加进食障碍的风险（Slof-Op't Landt et al.，2013）。

（二）多巴胺递质系统基因

多巴胺（dopamine，DA）是人类中枢神经系统中另一类重要的神经递质。研究表明 DA 递质系统基因与冲动性存在密切联系。

（1）多巴胺 D2 受体基因与冲动性

多巴胺 D2 受体（dopamine D2 receptor，DRD2）是位于中枢突触后多巴胺能神经元的一种 G 蛋白偶联受体（G Protein-Coupled Receptors，GPCRs）。通过 DRD2 发出的信号影响运动控制、物质滥用、激素分泌等多种生理功能。目前最新研究发现，编码 DRD2 的基因，即 DRD2 基因，位于 11 号染色体长臂 2 区 3 带第 2 亚带（11q23.2），全长约 65kb，由 9 个外显子组成（Tsou et al., 2019）。

多项研究结果显示 DRD2 基因 A1 等位基因可能与高冲动水平有关（Esposito-Smythers et al., 2009）。但也有研究得出了相反的结论。对酒精依赖患者的研究发现，A1 等位基因与个体的低冲动水平有关（Limosin et al., 2003），其认知机制（即，感知控制受损）与 DRD2 基因 TaqlA 位点 A1 等位基因的多态性无关（Gullo et al., 2014）。这些研究表明，样本类型、冲动性测量工具可能是造成 DRD2 基因 A1 等位基因与个体冲动性关系研究结论不一致的重要因素，因此后续研究仍然需要对二者关系做进一步验证。

（2）多巴胺 D4 受体基因与冲动性

多巴胺 D4 受体（Dopamine D4 Receptor，DRD4）主要分布于额叶皮质，编码 DRD4 的基因位于 11 号染色体短臂 1 区 5 带第 5 亚带（11p15.5），全长约 3.4kb，极具多态性。其编码区和非编码区的多态性可改变蛋白的氨基酸组成从而影响多巴胺 D4 受体功能，从而影响转录启动频率，使基因表达水平升高或降低。目前研究表明 DRD4 基因第 3 外显子 48 个碱基对的可变重复序列多态性（DRD4 exon III 48-bp VNTR）和 DRD4 基因 7 次重复（7 repeat，7R）等位基因与冲动性相关。

有研究同时采用延迟折扣任务和自陈冲动量表（巴瑞特冲动性量表和艾森克冲动性问卷）评估冲动性，结果表明 DRD4 基因 7 次重复等位基因（DRD4-7R 等位基因）和 DRD2 基因 A1 等位基因携带者在延迟折扣任务中表现出最明显的即时满足倾向，这一结果提示 DRD4 基因 48-bp VNTR 和 DRD2 基因 TaqlA 对个体冲动性的交互影响，而以巴瑞特冲动量表评估被试冲动性时未发现这一效应。另一研究发现携带 DRD4-7R 等位基因的男性比非携带者有更高的冲动性，而女性中则无这一差异（Reinerv & Spangler，2011）。但也有研究发现 DRD4-7R 等位基因与个体的低冲动性有关（Varga et al., 2012），因此，DRD4 基因中的 7R 等位基因与冲动性的关系尚需要进一步的研究验证。

（3）多巴胺转运体基因与冲动性

多巴胺转运体（dopamine transporter，DAT）是溶质载体家族 6（Solute Carrier Family 6，SLC6）家族中的一员，其通过将多巴胺从细胞外迅速转运到突触前神经元胞质内，来维持神经元内外多巴胺的稳态（杨璇等，2017）。编码 DAT 的基因（DAT1）即溶质载体家族 6 的 3 号（Solute Carrier Family 6 Member 3，SLC6A3）基因，位于 5 号染色体短臂 15 区 3 带（5p15.3）。

目前关于 DAT1 基因多态位点的研究主要关注 9 次重复（9 repeat，9R）等位基因（DAT1-9R 等位基因）和 10 次重复（10 repeat，10R）等位基因（DAT1-10R 等位基因），且大多探讨 DAT1 基因多态性与 ADHD 的关系。一项研究发现 DAT1-9R 等位基因与 ADHD 儿童的高冲动性有关（Kim et al.，2006）。另一项以有 ADHD 家族史的儿童为被试的研究发现，DAT1-10R 等位基因与高冲动性存在相关。此外，一项探讨 DAT1 基因多态性与破坏性行为障碍（disruptive behavior disorder，DBD）关系的研究发现 DAT1-9R 和 DAT1-10R 等位基因均与活动过多和高冲动性相关，提示 DAT1 基因中的 9R 和 10R 等位基因可能对破坏性行为障碍产生共同影响（Lee et al.，2007）。

## 三、其他基因

（一）脑源性神经营养因子基因与冲动性

脑源性神经营养因子（BDNF）属于神经营养因子家族，在神经元发育、分化和成熟等过程中起重要作用。编码 BDNF 的基因位于 11 号染色体短臂 1 区 3 带（11p13），有 11 个外显子和 9 个功能启动子。

有研究发现携带 Met 等位基因的个体 BIS 注意冲动性得分明显高于 Val/Val 基因型携带者（Su et al.，2014）。另一项研究对精神障碍患者进行 BDNF 基因的浓度含量检测并使用 BIS-11 评估冲动性，发现患者的 BDNF 血清水平越高，冲动性评分越高（Martinotti et al.，2015）。但也有研究发现冲动性得分不受 BDNF 基因调节的影响（Jiménez-Trevio et al.，2017）。

（二）儿茶酚-O-甲基转移酶基因与冲动性

儿茶酚-O-甲基转移酶（COMT）是脑内重要的多巴胺代谢酶，主要作用是降低多巴胺活性。COMT 受 COMT 基因的调控，COMT 基因位于 22 号染色体长臂 1 区 1 带 2 亚带（22q11.2）（王美萍，张文新，2014）。COMT 基因

Val158Met（rs4680）多态性与 COMT 酶活性有关，其中 Met 等位基因可降低酶活性。

一项以巴瑞特冲动量表评估健康受试者冲动性与 COMT 基因 Val158Met（rs4680）单核苷酸多态性关系的研究发现，Met/Met 基因型个体在无计划冲动性得分高于 Val/Val 基因型个体，提示了 COMT 基因 Val158Met 位点 Met 等位基因与高冲动性有关（Soeiro-De-Souza et al.，2013）。此外，冲动性是 ADHD 的核心特征，而 COMT 基因 Val158Met（rs4680）多态性与 ADHD 风险增加相关，可以预测冲动性不同方面的表现。相关研究发现相比于携带 Val 等位基因患者，携带 Met 等位基因纯合子患者的自控能力更低，冲动性得分更高（Paloyelis et al.，2010）。

（三）维生素 D 受体基因与冲动性

维生素 D 受体（Vitamin D Receptor，VDR）是类固醇激素/甲状腺激素受体超家族成员（郑敏，2013），编码的 VDR 基因，即 VDR 基因，位于 12 号染色体长臂 1 区 3 带第 1 亚带（12q13.1），由 11 个外显子和 8 个内含子组成。有研究证明 VDR 基因多态性与冲动性存在相关性。

有研究者探讨了 VDR 基因 rs2228570 多态性与酒精依赖患者冲动性的关系，结果发现在男性酒精依赖患者中，CC 基因型个体的 Barratt 冲动性量表总分及注意冲动性分量表得分均高于 CT 和 TT 基因型个体，该研究结果提示 VDR 基因 rs2228570 位点 C 等位基因与酒精依赖患者的高冲动性有关（Wrzosek et al.，2014）。

（四）单胺氧化酶基因与冲动性

单胺氧化酶（monoamine oxidase，MAO）是一种分解酶，调节中枢神经系统的单胺递质（5-HT、DA、NE 等）水平。有研究发现单胺氧化酶活性与 BIS-11 冲动性量表得分显著负相关（Paaver et al.，2007）。

编码人类单胺氧化酶 A 型和 B 型的基因（MAOA 基因和 MAOB 基因）位于 X 染色体短臂 1 区 1 带 2 亚带 3 次亚带和 4 亚带之间（Xp11.23～Xp11.4）。

有研究证明了 MAOA 基因多态性与冲动性之间的联系。一项研究使用 UPPS-P 冲动性量表评估冲动性的研究发现，相对于携带高活性单胺氧化酶 A（MAOA）基因（3.5 次重复等位基因，4 次重复等位基因和 5 次重复等位基因，简称等位基因 3.5R，4R，5R），携带低活性单胺氧化酶 A（MAOA）基因（3 次重复等位基因，简称等位基因 3R）的可卡因严重吸食者具有较高的正性急迫性和感觉寻求水平（Verdejo-García et al.，2013）。但也有研究发现携带不同单胺氧化酶 A 基因串联重复序列（Monoamine Oxidase A Variable Nucleotide Tandem Repeat，MAOA-VNTR）基因型个体（携带 2 个低活性等位基因 3R/3R、携带 2 个高活性等位基因 4R/4R、同时携带 1 个低活性等位基因 3R 和 1 个高活性等位基因 4R）的冲动性（BIS-11 量表评估）没有显著差别（张芸等，2015）。

综上所述，冲动性可能与 5-HTT 基因、5-HT1 受体基因、5-HT2 受体基因、TPH 基因、DRD2 基因、DRD4 基因、DAT 基因、BDNF 基因、COMT 基因、VDR 基因和 MAO 基因有关。其中，5-HTTLPR 基因、5-HT1B 受体（HTR1B）基因、5-HT2A 受体（HTR2A）基因、DRD2TaqlA 基因、DRD4 48-bp VNTR 基因与冲动性关系的证据相对一致。但是有关冲动性与基因多态性的关系也存在许多不一致的研究结果，这可能与样本类型和大小、入组标准、冲动性评估方式的差异有关，未来的研究仍然需要进一步探讨遗传因素在冲动性中的重要作用。

## 第二节　冲动性的神经生理基础

巴瑞特冲动性特质理论是当前最能全面反映冲动性的理论之一，当前学者主要以巴瑞特冲动性量表为冲动性的测评工具，探讨冲动性的中枢神经生理基础、外周神经生理基础。中枢神经生理基础研究包括与冲动性有关的脑区活动、脑电变化以及神经递质传导，外周神经生理基础研究主要包括静息和应激状态下的外周生理活动与冲动性的关系。

## 一、冲动性的中枢神经基础

（一）脑神经机制研究

目前研究者主要以巴瑞特冲动性量表为基础，探讨冲动性不同维度的功能脑区的活动特点。以下从动作冲动性、无计划冲动性和注意冲动性这3个维度梳理与冲动性有关的功能脑区和脑区的功能连接。

**1. 动作冲动性**

冲动行为的神经机制主要涉及行为去抑制的过程，即无法有效抑制行为的能力或者失败抑制。目前研究主要集中在脑神经机制和神经递质两方面，而脑神经机制又可概括为皮层结构和皮层下结构的异常激活，以及二者之间的异常连接。

（1）脑区结构的异常激活

参与行为去抑制的脑区结构包括皮层结构和皮层下结构。皮层结构包括前辅助运动区、辅助运动区、前运动皮层、顶叶皮层、腹外侧前额叶皮层和额下回皮层。其中，腹外侧前额皮层又包括额下回或脑岛以及前扣带回皮层。额下回皮层又包括BA44区（后部，岛盖部）、BA45区（中部，三角部）、BA47/12区（前部，眶额叶/额下回）。皮层下结构包括（新）纹状体、苍白球（也称旧纹状体）、丘脑底核等构成的基底神经节。其中，纹状体由背侧、腹侧两部分组成：背侧纹状体包括负责控制习惯行为的输出，它接收来自大脑感觉和运动皮层的信息输入，其激活伴随着个体行为抑制的发生；而腹侧纹状体与即时获得奖励时的满足有关（应福仙等，2020）。研究发现，不同的脑区大致分为三种功能：抑制反应、失败抑制的错误检测和与奖赏有关的冲动行为。

右侧额下回皮层、前辅助运动区、丘脑底核与抑制反应有关（应福仙等，2020）。关于右侧额下回皮层，当其活动受到干扰，个体会表现出冲动行为。例如，有研究者采用经颅磁刺激技术干扰了右侧额下回皮层的神经活动后发现个体抑制行为能力受损（Cai et al., 2012）。前辅助运动区接收右侧额下回皮层的指令来抑制个体动作，当其受到干扰或激活程度较低时，个体会产生冲动行为。例如，不同学者用不同方法干扰了前辅助运动区的活动后，发现个体的行为准备功能受到干扰，由此导致行为抑制失败（Cho et al., 2013）。另一项研究也发现前辅助运动区在成功抑制中激活程度更高（Schel et al., 2014）。丘脑底核也是参与行为抑制的皮层下结构之一，其具体功能可能在于阻断运动指令的中继。研究发现丘脑底核的损伤也会导致个体在停止信号任务中的停止信号反应时（Stop-Signal Reaction Time, SSRT）延长（Jahanshahi et al., 2015）。

左侧额下回皮层、额叶皮层内侧的前扣带回皮层顶叶内侧的后扣带回皮层/楔前叶、左侧脑岛等脑区虽不直接负责抑制行为，但却负责与之紧密联系的错误检测（即对抑制失败的检测）及之后的行为校正（应福仙等，2020）。一项相关研究发现，前扣带回皮层在抑制失败及之后的行为校正过程中的激活程度强于抑制成功的激活程度（Garavan et al., 2002）。同样，顶叶内侧的后扣带回皮层/楔前叶、左侧脑岛均只在失败抑制过程中激活（Deng et al., 2017）。

腹侧纹状体与即时获得奖励时的满足有关，腹侧纹状体的激活程度越大则个体获得延迟奖赏满足的能力越差（Korponay et al., 2017），另外一项研究发现腹侧纹状体在行为抑制发生时激活减弱，这表明个体为获得奖赏而往往做出冲动行为，而行为抑制会导致个体减少冲动（Behan et al., 2015）。

综上，腹侧纹状体的过度反应，或者丘脑底核和/或右侧额下回皮层、前辅助运动区的反应不足，均可能导致个体产生冲动行为。而前扣带回皮层、左侧脑岛以及后扣带回皮层/楔前叶等脑区的活动不足则可能导致错误检测能力不足，使得个体无法对当前抑制失败的冲动行为做出校正。

（2）行为抑制网络的功能连接

目前研究发现，部分脑区在行为抑制任务中的功能连接也和动作冲动性有关，这些功能连接包括体现抑制功能的皮层-纹状体-丘脑功能连接和体现错误检测功能的额叶-顶叶功能连接。

在皮层-纹状体-丘脑系统中，主要存在眶额叶/额下回（BA47/12）、额下回皮层的岛盖部（BA44）与前辅助运动区，右侧额下回皮层、眶额叶与纹状体（尾状核），右侧额下回皮层与顶叶，丘脑底核与额下回皮层、初级运动皮层、辅助运动区前部和尾状核等脑区之间的功能连接（应福仙等，2020）。不同的研究者对这些脑区的功能连接进行研究，有关研究发现，相比抑制失败的个体（具有冲动性），抑制成功的个体具有更强的额下皮层和辅助运动区前部的功能连接，同样的规律也适用于右侧额下皮层与顶叶皮层之间的功能连接、右侧额下皮层与腹侧纹状体之间的功能连接、辅助运动区前到纹状体（尾状核头部）的功能连接、丘脑底核与额下皮层以及丘脑底核与苍白球之间的功能连接（Behan et al., 2015）。

顶叶皮层不仅通过参与皮层-纹状体-丘脑功能连接网络来抑制个体的行为，而且和额叶皮层的右侧额下回皮层、双侧前扣带回皮层、双侧前脑岛、双侧背外侧前额叶皮质共同构成了行为检测功能网络，负责检测个体行为的抑制过程，当个体在行为抑制过程中检测到错误时，该网络的参与度变弱（Cai et al., 2014），此外，它还与辅助运动区、壳核以及运动皮层组成的运动回路之间存在功能连接，当下顶叶皮层与辅助运动区、壳核以及运动皮层组成功能连接变弱时，个体产生反应抑制（Lavallee et al., 2014）。

综上，行为抑制网络的功能连接具有不同的功能，即抑制冲动行为和产生冲动行为。皮层-纹状体-丘脑反应抑制网络内的功能连接和额叶-顶叶检测网络的功能连接具有抑制冲动行为的功能，当其活动变弱才会导致个体冲动行为；而下顶叶皮层与运动回路之间的功能连接则是产生冲动行为，当其活动增强时则会直接导致冲动行为。

### 2. 无计划冲动性

无计划冲动性是个体产生冒险行为的基础。当个体认知控制能力不足时，会导致其不能抵御强烈的奖赏寻求冲动，即无法做出对个体有利的长远的决策，而认知控制能力的不足可能是由前额叶皮层区发育的滞后和不成熟导致的（Steinberg, 2008）。从以下两种模型（即双系统模型和三角模型）来探讨无计划冲动性的认知神经机制。

（1）双系统模型

斯滕伯格（Steinberg, 2010）提出双系统模型，其结构包括社会情感神经网络、认知控制神经网络和不同脑区间的功能连接，这些系统综合作用来解释青少年风险决策的神经机制。

社会情感神经网络又称作热系统，主要位于大脑边缘区域，涉及的主要脑区有杏仁核、腹侧纹状体、眶额叶皮层和内侧前额叶皮层。杏仁核与情绪、奖赏加工密切相关。研究发现，相较于杏仁核完好的老鼠，杏仁核受损的老鼠会更多地选择较小的、及时性奖赏，从而表现出更多的冲动性选择；同样的杏仁核受损的患者也会表现类似的冲动性（Mchugh et al., 2008）。并且杏仁核的过度激活可以解释个体的冲动性行为（张颖，冯廷勇，2014）。腹侧纹状体和个体对奖赏信息的敏感性有关，研究发现，腹侧纹状体的过度激活会使青少年对奖赏信息的敏感性水平上升，对奖赏信息的敏感性和个体的风险行为有密切的关系，所以腹侧纹状体是青少年高风险行为产生和维持的重要神经基础（Bjork et al., 2011）。眶额叶皮层与无计划性冲动有关（陈海燕，姚树桥，2012）。一方面，左右两侧眶额叶皮层对个体产生无计划性冲动行为的作用不同；例如，健康个体的右侧眶额叶皮层的灰质体积越大，其越不容易产生无计划性冲动行为（Matsuo et al., 2009）；另一项研究发现，健康个体的左侧眶额叶皮层的活动越强，其越容易产生无计划性冲动行为（Lee et al., 2011）。另一方面，内侧眶额叶皮层对奖赏信息较为敏感，其活动强度与奖赏大小呈正相关。

认知控制神经网络包含的脑区主要有背外侧前额叶皮层和顶叶皮层。斯滕伯格认为大脑认知控制神经网络的发育提高了个体自我调节的能力，从而使个体青春期到成年期的冒险行为减少。其中，背外侧前额叶皮层与自我调节有关，背外侧前额叶皮层的发育使得个体有更好的情绪和认知协调（Steinberg, 2008）。有研究表明，青少年背外侧前额叶皮层区活动越强，其越不容易产生风险行为（Eshel et al., 2007）。顶叶皮层与认知控制有关，顶叶皮层的发育与成熟使得个体青春期的各项执行功能都有所改善，例如反应抑制、提前计划、权衡风险和回报，以及同时考虑多种来源的信息等（Steinberg, 2010）。

功能脑区的连接与个体的控制能力的强弱也具有密切的关系。一方面，个体的自我控制能力和脑区的功能连接都随着年龄的增长而发展。一项相关研究表明，在7—31岁期间，随着年龄的增加，个体前额皮层—纹状体回路结构连接更加紧密，并且伴随个体冲动控制能力的增加（Liston et al., 2006）。另一方面，不同的功能连接具有不同的侧重点，例如，有研究者发现杏仁核—腹侧前额叶皮层的功能连接与个体情绪信息加工有关，其激活程度越高，个体控制能力越强（Hare et al., 2008）。

（2）三角模型

三角模型同样用于解释青少年的风险行为（Ernst & Fudge, 2009）。"三角"分别代表三个神经系统：①杏仁核及其相关回路，涉及的脑区有：前额皮层传入神经、基底外侧杏仁核、中央杏仁核，主要作用是情绪加工；②纹状体及其相关回路，涉及的脑区有前额皮层传入神经、前侧纹状体、后侧纹状体，其主要作用是奖赏加工；③前额皮层回路（调节回路），涉及的脑区有背外侧前额皮层、内侧眶额叶皮层和外侧眶额叶皮层，其主要作用为认知控制并且协调纹状体及杏仁核的活动。这三个系统间的激活程度与个体当时所处的社会环境密切相关。当个体面对积极信息时，三角模型中的纹状体回路将会被显著激活，同时个体将倾向于表现出"趋近"行为（即风险行为）；而个体面对消极信息时，其杏仁核回路激活显著，同时个体倾向于表现"回避"行为；当个体面对的信息既有积极又有消极时，其调节回路将被显著激活；那么当个体的前额皮层发育不良时，其自我控制能力低下，从而使得纹状体回路可以发挥良好的作用，但杏仁核回路却受到抑制，也就导致风险行为的产生。

### 3. 注意冲动性

注意冲动性是指缺乏对手头任务的关注。研究发现，在患 ADHD 的成年人中，注意冲动性或许与注意的神经机制有关（Malloy-Diniz et al.，2007）。因此，有研究者认为，注意冲动性的功能脑区具有注意控制的功能，其功能脑区包括外侧前额叶皮层、外侧眶额叶皮层、前扣带回、外侧顶叶皮层、颞叶皮层和丘脑（Lee et al.，2011）。但是，目前还缺乏关于注意冲动性的系统研究，研究的部分观点得到了一些实证研究的支持，但有些也仍然停留在理论上的推测。

许多研究者从注意力控制、监控和工作记忆表现的研究推断，注意冲动性的功能脑区位于背外侧前额叶皮层及其与外侧颞顶叶皮层的连接。也有学者从不同角度得到相似的结果。相关研究结果显示，对于精神病患者，注意冲动性与外侧眶额叶皮层的左侧体积呈负相关，而在对照组中，注意冲动性与左侧颞上回的体积呈负相关（Lee et al.，2011）。

此外，关于前扣带回皮层与注意控制功能的联系，研究者进行了大量的研究，经更新的冲突监控理论（Botvinick et al.，2004）认为：①特定的大脑结构，特别是前扣带皮层，会对不同类型的冲突（包括 response override[①]、

---

[①] 超控响应，冲突体现在要求抑制优势反应，表现为正确反应和被抑制反应之间的竞争。

underdetermined responding[①]和 error commission[②]）的发生做出反应；②前扣带皮层对冲突做出的反应会触发认知控制中的策略调整，从而避免冲突的继续产生。具体来说，前扣带回皮层不仅会对冲突做出反应，且会对反应结果进行评估并基于反应结果选择适合的策略应对冲突。当前扣带回皮层激活程度较高时，个体表现出注意力相对集中的行为；而在前扣带皮层回激活程度较低的情况下，个体则表现为注意力不集中的行为。目前，该理论说明了前扣带回皮层在注意控制方面的作用，但缺乏实证研究支持注意冲动性和前扣带回的联系。

综上，一些研究从不同冲动性维度探索了与冲动性相关的功能脑区和脑区功能连接（表3.1），可以发现不同冲动性维度的脑神经机制有一定的差异，也有一些研究同时比较了不同维度冲动性的脑神经机制差异。例如，一项研究发现 BIS 总分、无计划冲动性分数、注意冲动性分数与内侧前额叶灰质体积呈正相关，但与动作冲动性无显著相关关系，无计划冲动性与左膝前/膝下扣带回皮层（BA 32）、背外侧前额叶皮层（BA 47）、双侧中扣带回皮层（BA 24/32）和右侧眶内侧额叶皮层（BA 11）的灰质体积呈正相关，而左侧背外侧前额叶皮层（BA 10/46）和双侧额叶内侧皮质（BA 10/11）的灰质体积与注意冲动性呈正相关（Cho et al., 2013）。

表 3.1 与动作、无计划和注意冲动性相关脑区的总结

| 冲动性维度 | 相关脑区 |
| --- | --- |
| 动作冲动性 | 前辅助运动区、辅助运动区、前运动皮质、顶叶皮层、腹外侧前额叶皮层、额下回皮层 |
| 无计划冲动性 | 杏仁核、腹侧纹状体、左右侧及内侧眶额叶皮层、内侧前额叶皮层、背外侧前额叶皮层、顶叶皮层 |
| 注意冲动性 | 外侧前额叶皮层、外侧眶额叶皮层、前扣带回皮层、外侧顶叶和颞叶皮层、丘脑 |

（二）脑电研究

1. 冲动性的 EEG 研究

有大量研究探讨了静息状态下的 EEG 活动与冲动性的关系。较早的研究发现冲动性较高的人在 θ 波段和 α 波段表现出更多的活动。冲动性人群的 θ/β 比值

---

[①] 欠定响应，冲突体现在被允许的多个正确反应的选择。
[②] 错分误差，冲突体现在执行中的错误反应和延迟激活的正确反应的竞争。

更低，其抑制能力会更差（Lansbergen et al., 2007a），有研究者认为，这种异常的低 θ/β 比值大脑活动模式与皮层觉醒不足有关（Barry et al., 2003）。后来更多研究探索冲动性与大脑各个皮层之间的关系之后发现，冲动性的不同维度与大脑皮层的活动也有独特的关联。比如，一项研究通过博弈任务发现，在面对损失时，被试 θ 波振幅的变化与巴瑞特量表的运动冲动性维度得分呈负相关，α 波振幅和低频 β 波振幅的增大与感觉寻求的各维度呈正相关；而在面对收益时，高频 β 波振幅的增加与感觉寻求的各维度呈正相关（Leicht et al., 2013）。此外，也有研究以非健康群体为被试探讨冲动性与大脑皮层的关系，发现 β 功率的降低与注意力不集中和冲动有关（Snyder & Hall, 2006）；此外，一项关于赌博障碍人群的研究表明，相比冲动性得分低的患者，冲动性得分较高的患者在额叶中央区域的 α 功率降低，这可能与他们的前额叶皮质功能障碍有关（Lee et al., 2017）。

## 2. 冲动性的 ERP 研究

关于冲动性的 ERP 研究主要是基于任务的方法，即通过比较不同水平冲动性的个体在完成任务时表现出来的脑电成分的差异，从而在生理指标上比较冲动性对不同的个体所带来的影响。比较常见的任务范式是测量个体抑制控制能力的范式，如 Go/NoGo 任务、信号停止任务等，研究者认为 NoGo 试次与停止信号试次可能在抑制控制上存在同一种加工机制，个体在这两种试次下的各脑电成分常是研究的重点。常见的与抑制控制相关的 ERP 成分有 N2 和 P3。N2 通常在刺激呈现后 200—350ms 出现，反映了抑制过程中在需要反应抑制时，N2 的振幅将会增加且在前额叶中央部位反应最大。同时，N2 也被认为是各种认知控制过程的指标（包括冲突监控和注意力控制），反映了认知控制中涉及的许多过程，包括对多个反应之间进行选择。P3 是在停止信号呈现后 300—500ms 出现的最大正波，被认为是反映自发的注意力控制的一个重要生理指标，通常在中央部位或前额-中央部位反映最大，顶骨部位最大反应的电位通常被称为 P3b，它与自上而下的注意力以及工作记忆的更新有关。有研究使用艾森克的冲动性分量表筛选出低冲动性组和高冲动性组两组被试，结果发现相对于低冲动被试，高冲动被试在停止信号试次中表现出更大的 P3 振幅（Dimoska & Johnstone, 2007）。由于研究者普遍认为 P3 与成功抑制有关，因此较大的 P3 振幅表明冲动性得分较高的被试需要更有效的抑制控制从而达到与低冲动被试相同的任务表现水平。但也有研究结果与此相反，有研究报告了与低冲动被试者相比，高冲动被试的在NoGo试次中的P3振幅更小，这证明了高冲动被试具有较差的抑制控制能力（Justus et al.，2001）。另一项研究通过巴瑞特冲动性量表评估边缘型人格障碍患者的冲动性水平，患者所得分数越高，其在NoGo试次中的P3振幅越小，这也证明了冲动性水平较高的个体有较差的抑制控制能力（Ruchsow et al.，2008a）。基于以上研究，冲动性与P3振幅之间的关系仍然存在争议。此外，通常认为女性比男性更能抑制不良行为和控制不必要的冲动（Weafer & Wit，2014）。对此，相关的ERP研究表明，相比于女性，高冲动性的男性在Go和NoGo试次中的N2振幅均增大（Knežević，2018），结果表明与女性相比，男性似乎表现出较差的抑制能力，N2振幅增大反映了高冲动男性个体在进行反应抑制时需要更多的认知努力。

以上ERP成分主要代表需要意识参与的抑制控制，涉及自上而下的认知过程；也有少数研究涉及自下而上的认知过程，该过程通常不需要意识的参与，比如，一种典型的ERP成分—失匹配负波（MMN）。MMN通常是在无意识的情况下引起的，并且是自动生成的一种与P3相反的非自发的注意力控制的指标，反映了大脑对刺激变化的自动探查。有研究采用听觉Oddball范式进行研究发现，高冲动性个体在任务中表现出的MMN振幅比低冲动性个体大（Franken et al.，2005），这表明冲动性与非自发的注意加工处理有关，高冲动性个体在加工不依赖注意的刺激时处理能力增强。

综上，关于冲动性的ERP研究表明，冲动性与自上而下的控制有关，一些研究表明高冲动性个体在任务中需要付出更多的努力去抑制冲动，以达到正常水平，因此表现出的P3振幅更大。但也有一些研究表明高冲动性个体的抑制控制能力受损，因此表现出的P3振幅更小，对此，研究尚未达成一致。此外，也有研究表明，相比于女性，男性的冲动倾向表现为N2振幅的增大。除了自上而下的控制，冲动也与自下而上的过程有关，这方面主要表现为高冲动性个体的MMN振幅增大。

（三）神经递质

**1. 动作冲动性**

关于动作冲动性的神经递质的研究主要集中在DA和5-HT。神经递质的研究主要探讨神经递质的浓度或神经递质的受体功能对个体行为的影响、受体拮抗剂和兴奋剂对受体功能的影响以及神经递质的相关药物对其浓度的影响。

对于神经递质多巴胺，主要研究其 D1 受体和 D2 受体的功能。研究发现，D1 受体和 D2 受体具有相反的功能（王志燕，崔彩莲，2017）。例如，不同研究者使用 5 孔选择序列反应任务[①]（5-CSRTT），研究不同脑区对 D1 受体拮抗剂和 D2 受体拮抗剂的反应，结果发现伏隔核核部、伏隔核壳部和眶额叶皮层内微注射 D1 受体拮抗剂均抑制了动物的过早反应（Winstanley et al., 2010），伏隔核核部中 D2 受体的拮抗抑制了大鼠的过早反应，伏隔核壳部中 D2 受体的拮抗则增加动物的过早反应（Besson et al., 2010）。在另一项研究中，也发现了相似的结果，研究者使用停止信号反应任务，拮抗背内侧纹状体的 D2 受体，大鼠对停止信号的反应时延长，即反应抑制受损；而拮抗该脑区 D1 受体则增加了反应抑制（Eagle et al., 2011）。

脑内 5-HT 及其受体也与个体的动作冲动性显著相关（王志燕，崔彩莲，2017）。增加突触间隙 5-HT 的浓度，动物在 5 孔选择序列反应任务中的过早反应会减少，而降低脑内 5-HT 的浓度则产生相反的作用（Carli & Samanin, 2000）。此外，研究还发现，5-HT 的受体亚型可能具有不同的功能（王志燕，崔彩莲，2017）。

综上，一般来说，对于多巴胺受体，D1 受体不利于反应抑制，而 D2 受体有利于反应抑制。而对于 5-HT，高浓度的 5-HT 会抑制个体冲动，而低浓度则效果相反；并且不同受体亚型具有不同功能，5-HT2A 受体有利于抑制冲动，然而 5-HT2C 受体相反。但是神经递质的研究具有复杂性，其对冲动性的影响来自神经递质的浓度、受体类型以及受体所在脑区。当神经递质在突触具有不同浓度时，当其作用不同的受体亚型或者作用于不同脑区的相同受体时，都可以对冲动性产生效果相反的作用。

### 2. 无计划冲动性

关于无计划冲动性的神经递质的研究，目前研究成果集中在去甲肾上腺素

---

[①] 5-CSRTT 是公认的可用于检测啮齿动物持续性主动注意力的行为检测方法。该实验通过训练动物对随机呈现在 5 个位置中的 1 个短暂且不可预测的视觉信号做出响应，经药物或其他实验手段干预，可反映药物或者实验操作对动物注意力水平、行为控制能力和响应速度等的影响。

（norepinephrine，NA）和 DA。

中枢 NA 及其受体与个体的决策冲动性有关（王志燕，崔彩莲，2017）。研究发现，NA 重摄取抑制剂可减少大鼠对即刻小奖赏的偏爱（Robinson et al.，2008）和 5 孔选择序列反应任务（5-CSRTT）中的过早反应（Economidou et al.，2012）；而另一项研究发现，给予背侧前边缘 NA 重摄取抑制剂降低了个体的停止信号反应时，而给予 NA α-2A 受体的激动剂则可延长个体停止信号的反应时（Robinson et al.，2008）。

关于多巴胺的研究，对于选择冲动性来说，不同脑区的多巴胺受体激活在选择冲动性中的作用不一致（王志燕，崔彩莲，2017）。例如，眶额叶皮层给予 D1 受体的拮抗剂增加了大鼠的选择冲动性（Zeeb et al.，2010），内侧前额叶皮层或伏隔核则出现相反的结果，激动 D1 受体也促进了选择冲动性（Loos et al.，2010）。

综上所述，与无计划冲动性相关的神经递质有甲肾上腺素和多巴胺，NA 浓度增大，有利于抑制决策冲动；而该效果可能受到脑区的调节。与之类似，多巴胺的 D1 受体在不同脑区，其活跃程度与冲动性的关系相反。

## 二、冲动性的外周神经基础

外周神经包含自主神经系统，自主神经分为交感神经和副交感神经（也称迷走神经）。研究者也开始探索冲动性和自主神经活动的关系，研究主要集中在冲动性的自主神经反应模式，以下将分别从静息与应激状态两种条件简要梳理相关的研究进展。

（一）冲动性与静息状态的自主神经系统功能

尽管有些研究发现在基线状态时，冲动性个体有显著区别于非冲动性个体的自主神经生理表现，可反映在心率、血压等方面。有研究表明，高冲动性个体（通过 BIS-11 评估）在静息状态下，拥有更慢的心率和更高的高收缩压水平（Allen et al.，2009）。也有研究并没有发现冲动性对心率、心率变异性或皮肤电导水平的影响（Herman et al.，2019）。

此外，作为反映个体自我调节能力的生物学指标，呼吸性窦性心律不齐是指由于呼吸而引起的心率节律性振动，它反映了与呼吸周期有关的心率变异性，反映了副交感神经对心脏活动的影响（秦荣彩等，2011）。在以往的研究中被用来探究与冲动性交互影响健康适应结果。在我们课题组近期的一项研究成果中，个体的冲动性根据 BIS-11 评估，且依据个体完成 Go/NoGo 任务时的正确率高低评估其反应抑制能力，同时该研究还测量了个体静息状态下的呼吸性窦性心律不齐。这项研究揭示了 Go/NoGo 任务 NoGo 条件下的反应正确率与 BIS 量表各维度及总分的关系，即个体在 Go/NoGo 任务 NoGo 条件下的反应正确率越高，个体的运动冲动性及 BIS 总分越低，但与其他两维度得分无关。当呼吸性窦性心律不齐作为反映个体差异的调节变量被考虑在内时，在低基线呼吸性的个体中，运动冲动性可负向预测个体的反应抑制能力，而对于高基线呼吸性个体则没有发现这一关系，这表明呼吸性窦性心律不齐确实可以缓解冲动性，尤其是运动冲动性对反应抑制能力不足的不良影响（Xing et al.，2020）。

（二）冲动性与应激状态的自主神经系统

当个体处于应激状态时，冲动性作为个体差异性变量，会影响个体对应激产生的各种生理反应，包括心率、血压、呼吸性窦性心律不齐等。多项研究发现，相比于正常个体，冲动性得分高的个体（通过 BIS-11 评估）在应激任务中表现出更快的心率（Maniaci et al.，2018）。也有其他学者利用不同测量冲动性的工具开展研究，比如，经格雷和麦克诺顿（McNaughton）修订的强化敏感性模型包括 3 个动机系统，即 BAS、BIS、FFFS，这些动机系统构成了人格个体差异的基础，其中，BAS 与个体的冲动性有关。基于此模型，有研究者探讨了个体的 BIS 和 BAS 与实验室应激任务中自主神经及心脏反应模式的关系，结果发现，BAS 敏感性预测应激任务期间较大的心率反应和较大的副交感神经撤出反应（Heponiemi et al.，2004）。但有研究得出了不同的结果，即冲动性和钝化（过低的）的应激反应有关儿童在面对实验室应激诱发任务时，所产生的应激生理反应呼吸性窦性心律不齐撤出（即相较于基线更低的呼吸性窦性心律不齐水平）、呼吸性窦性心律不齐恢复性（即呼吸性窦性心律不齐由应激状态恢复至基线状态）与儿童冲动性显著负相关，是儿童冲动性显著负向预测因子（张润竹等，2018）。

综上所述，本节从中枢神经和外周神经系统两方面梳理了冲动性的神经生理基础，关于中枢神经，有关动作冲动性和无计划冲动性的研究相对广泛，而注意冲动性则缺乏细致全面的研究。当前研究支持这一观点：不同维度的冲动性具有不同的神经生理机制（Lee et al., 2011）。但是需要注意的是目前的研究结果存在不一致性，没有形成完整的理论从神经生理角度揭示冲动性发生发展的规律。未来研究可以进一步探索冲动性的脑区和功能连接模式，以揭示冲动性的动态神经网络模型。另外，关于冲动性的脑电研究，揭示了冲动性的生理特征为大脑皮层相对激活不足，同时探索了不同冲动性在不同事件中独特的电位变化规律。此外，关于冲动性的神经递质研究，需要考虑其他因素的影响，如浓度、受体类型、受体分布脑区等。关于自主神经的研究，揭示了当个体处于静息或应激状态时，冲动性对个体生理反应的影响。虽然目前累加了许多研究结果，但关于冲动性的神经生理基础还需进一步研究，以形成完整的理论说明。

## 第三节　环境与生物因素对冲动性的交互影响

冲动性的形成受到生物学因素和环境因素的共同影响。一项元分析研究表明，冲动性的遗传力为20%—62%（Bezdjian et al., 2011），先前研究也表明冲动性与多巴胺和5-羟色胺神经递质系统的功能有关。而负性家庭环境如虐待、家庭暴力等，以及成长过程中的压力性生活事件等环境因素也与冲动性密切相关（Shin et al., 2018）。目前越来越多的研究开始探讨环境与生物因素对冲动性的交互影响，本节主要围绕多巴胺能系统以及血清素能系统与环境因素的交互作用，以探讨环境与生物因素如何交互影响冲动性。

### 一、多巴胺能系统与环境因素对冲动性的交互影响

冲动行为很可能受到几种脑神经递质系统的调节，包括5-羟色胺能、去甲肾上腺素能、胆碱能和多巴胺能系统，其中纹状体和额叶多巴胺能异常最常见。背侧纹状体中D2受体阻断会损害反应抑制任务中的表现，纹状体中与奖励相关的

多巴胺活动与健康个体自我报告的冲动性有关。遗传研究为多巴胺能神经传递在冲动性中的作用提供了进一步的证据。纹状体和前额叶多巴胺受体的可用性、多巴胺释放和细胞外多巴胺水平相关的基因变异（例如多巴胺受体 D2 编码基因 DRD2-141C 缺失等）与冲动性有关。

目前已有研究探讨了多巴胺能失调和环境因素对冲动性的交互影响。一项研究发现，DRD2 rs6277 多态性与早期生活压力或虐待对冲动性具有交互影响，在 15 岁之前经历过压力性生活事件或家庭虐待的 CC 纯合子（具有降低纹状体 D2 受体可用性的作用）个体在 15 岁时自我报告出更高的非功能性冲动水平（Klaus et al., 2021），这一结果在快速视觉信息处理测验（RVP）中也得到了验证（Klaus et al., 2017）。另一项研究还发现 DRD2 rs6277 多态性与支持性环境因素交互影响冲动性，具有低家庭支持的 CC 纯合子基因型个体在冲动性的缺乏考虑（thoughtlessness）维度得分较高，在停止信号任务中表现出较多的替代错误和较长的反应时（Klaus et al., 2021）。此外，DRD2 Taq1A（rs1800497）多态性与童年期性虐待交互影响感觉寻求水平，携带 A1 等位基因（A1A1/A1A2）且经历童年期性虐待的暴食症个体在感觉寻求维度得分更高（Groleau et al., 2012）。也有研究发现了多巴胺 D4 受体基因多态性位点（即 DRD4 48 bp VNTR）与出生季节对冲动性的交互影响，在冬季出生且携带 DRD4 48 bp VNTR 长等位基因的个体在艾森克冲动性量表中的冒险维度得分最高，而不在冬季出生的 DRD4 48 bp VNTR 短等位基因个体在艾森克冲动性量表中的冒险维度得分最低。此外，在实验室诱导的压力环境条件下也发现了 DRD2 rs6277 多态性与环境的交互影响，相比于静息状态和压力情境下的携带其他基因型的个体，携带 CC 纯合子的个体在压力情境下表现出较高的奖赏反应，在延迟折扣任务中做出更快的反应。这些研究表明多巴胺能系统在与个体经历的环境因素的相互作用中，可能影响冲动性的各个方面。

## 二、5-HT 神经递质系统与环境因素对冲动性的交互影响

5-HT 神经递质系统与冲动性密切相关，较低的 5-HT 水平与较高的冲动性水平有关。影响 5-HT 神经递质系统功能的基因是与冲动性相关的候选基因，如 5-

HT 转运体基因、5-HT 受体基因等，与冲动性或以冲动性为特征的精神疾病密切相关。

虽然 5-HT 相关基因在冲动性中的作用得到了理论和实证研究的支持，但需要注意的是基因通常不会单独起作用，而是与环境因素协同作用。一些研究已经探讨了 5-羟色胺系统基因与环境的交互作用。例如，5-HT 转运体基因启动子区域的 5-HTTLPR 二等位基因多态性与家庭关系交互影响冲动性，经历较少家庭温暖且携带 S 等位基因的女孩在缺乏考虑和去抑制（disinhibition）方面得分较高，而不良家庭关系对 LL 基因型女孩的冲动性没有影响（Paaver et al., 2008）。经历了较高水平童年逆境的携带 S 等位基因的健康个体对情绪的冲动反应更大（Carver et al., 2011）。然而，另一项研究发现三等位基因 5-HTTLPR 功能多态性与童年创伤交互影响自我报告的冲动性，经历严重童年创伤的 $L_AL_A$ 基因型个体在 Barratt 冲动性人格量表（BIS-11）的动作冲动性维度得分最高，而童年创伤经历的严重程度对携带 S 或 $L_G$ 等位基因的个体的冲动性没有显著影响。这说明 5-HTTLPR 多态性对冲动的影响可能具有情境依赖性。此外，另一项研究采用 Go/NoGo 惩罚反馈任务以探讨 5-羟色胺转运体基因多态性对冲动行为的影响（Nomura et al., 2015）。结果表明，在惩罚性的 NoGo 条件下 SS 基因型的个体比 SL 基因型的个体冲动反应更少，而在奖励性的 NoGo 条件下两组基因型没有明显差异，这一结果表明 5-HTTLPR 多态性可能不直接影响行为调节过程本身，而是对潜在环境风险的评估产生影响，这也为 5-羟色胺与环境的交互影响提供了进一步的证据。

## 三、其他生物因素与环境因素对冲动性的交互影响

### （一）MAOA

人类大脑中的 MAO 有 A、B 两种类型，其中 A 型是参与 5-羟色胺降解的主要酶，B 型则与调节多巴胺有关。在患有多动症的男性中，MAOA 的基因多态性与冲动有关（Liu et al., 2011）。

MAOA-uVNTR 多态性（位于 MAOA 基因启动子区上游 1.2Kb 处的一个重要可变串联重复序列）与环境因素交互影响个体的冲动性。研究发现仅在自我报

告较多童年期虐待的健康成年男性中，高表达的 MAOA-uVNTR 多态性与较低的冲动性有显著的相关性（Huang et al., 2004）。此外，MAOA-uVNTR 多态性对以冲动性为特征的暴力犯罪风险的影响受到童年期躯体虐待的调节，携带 MAOA-H 等位基因且经历童年期躯体虐待的酗酒暴力罪犯，累积的冲动性暴力犯罪的风险更高。

（二）神经元一氧化氮合酶

一氧化氮合酶 1（nitric oxide synthase1，NOS1）是调节 5-羟色胺能神经传递的基因，NOS1 缺失的个体表现出冲动、好斗的行为方式。NOS1ex1f-VNTR 是人类 NOS1 基因第一外显子 1f 启动子区的二核苷酸重复多态性，NOS1ex1f-VNTR 的短等位基因 SS 与冲动行为有关（Reif et al., 2011）。

当考虑不良生活事件的影响时，NOS1ex1f-VNTR 短等位基因的部分正效应被转化为增加的非适应性冲动。研究发现，在不利的家庭环境条件下，携带 S/S 基因型的个体一般冲动性水平较高，而且也具有较高的非适应性冲动和冲动行为。相反，压力性生活事件仅调节 L/L 基因型携带者的非适应性冲动性水平：当不存在压力性生活事件时，L/L 基因型个体的非适应性冲动水平较低；当存在一个或多个压力性生活事件时，L/L 基因型个体的非适应性冲动水平增加到与 S 等位基因携带者相当的水平（Reif et al., 2011）。这种基因和环境相互作用的机制尚不清楚，需要进一步的实验研究。

（三）神经肽受体基因

神经肽 S（neuropeptide S，NPS）可作为神经调节剂，可以通过其受体基因（neuropeptide S receptor 1，NPSR1）影响啮齿动物的唤醒和焦虑相关行为。NPSR1 是一种 G 蛋白偶联受体，在 NPSR1 基因的单核苷酸多态性中，rs324981 是碱基 A 被碱基 T 所取代的变异，NPS 在 T 等位基因编码的 NPSR1 处的激动剂效力大约高出 10 倍，从而导致更高的信号传导效率。

神经肽 S 及其受体 NPSR1 作为活动和唤醒的调节因子可能会影响冲动和其他多动症相关症状。有研究者探讨了 NPSR1 多态性和环境如何影响冲动性人格和冲动行为。结果发现暴露于较高压力性生活事件的 TT 基因型个体的冲动性得分、多动症相关症状得分较高；而家庭关系对 AA 基因型的影响更大，即经历较少虐待的 AA 型基因个体具有较高的适应性冲动和较低的非适应性冲动，经历较高虐待的 AA 型基因个体具有较低的适应性冲动和较高的非适应性冲动，而 TT 基因型个体的冲动性得分不受家庭关系质量的影响，一直保持在较高水平（Laas et al.，2014）。

（四）大麻素受体 1 基因

冲动性被认为是将内源性大麻素系统与不同的精神疾病联系起来的中间表型（Schroeder et al.，2012）。增强的内源性大麻素信号与典型的青少年行为特征有关，如冒险行为、冲动性、新奇寻求、自我控制等（Buchmann et al.，2015）。CNR1 外显子 4 中的 rs1049353 和大麻素受体 1（Cannabinoid receptor 1 gene，CNR1）基因内含子 2 中的 rs806379 是 CNR1 最常研究的多态性位点中的两个（Benyamina et al.，2011）。

有研究发现 CNR1 常见的功能多态性与早期不利环境交互影响个体的冲动性（Buchmann et al.，2015）。就 CNR1 基因 rs806379 多态性而言，在高心理逆境条件下 AA 基因型个体的冲动性水平显著高于 TT 基因型个体，而在低心理逆境条件下不同基因型个体的冲动性水平均低于高逆境条件下且不存在明显差异。就 CNR1 基因 rs1049353 多态性而言，在高心理逆境条件下 TT 基因型个体的冲动性水平显著高于 CT 和 CC 基因型个体，而在低心理逆境条件下不同基因型个体的冲动性水平均低于高逆境条件下且不存在明显差异。这说明暴露于早期社会心理逆境的个体冲动性增强，并且这种增强取决于 CNR1 基因型。

综上所述，越来越多的研究表明冲动性以及以冲动性为特征的精神疾病受到生物学因素和环境因素的交互影响，主要表现在基因多态性与早期不良环境（如童年期创伤、压力性生活事件、家庭关系质量等）的交互影响方面。但是这些研究结果之间存在许多不一致之处，这可能受样本特征、不同环境逆境类型、冲动性不同维度以及评估方法等的影响，未来研究仍需要更多的证据进一步探讨环境与生物因素如何交互影响冲动性。

# 第四章

# 冲动性青少年的发展性问题

# 第一节 冲动性与学业和社会适应

良好的学业适应和社会适应对青少年身心健康发展具有重要的意义，而具有冲动性的青少年往往伴随一系列学业和社会适应问题。本节将主要介绍冲动性与学业适应和社会适应的关系。

## 一、冲动性与学业适应

学业适应是个体在学习过程中，能够克服各种困难、满足需要、适应环境改变，取得较好学业成就的一种倾向（Yang et al., 2015）。学业适应不仅仅要求学生取得良好的学业成就，遵守学术规范，还需要适应周围的学习环境以及遵守学校的纪律。这些表现与个体的冲动性具有密切的联系，个体需要在上课时间遵守课堂纪律，控制注意力和冲动，抑制不恰当的行为和想法，遵循多个任务指令，在任务之间切换，并将他们的注意力导向学习任务，忽略外部干扰（Hirvonen et al., 2015）。

具有不同程度冲动性的人群也有不同的表现。相比正常个体，患 ADHD 的人群不能良好地适应学习生活，可能出现更多的学术问题与抑郁（Rabiner et al., 2008）。对于患 ADHD 的青少年，不仅存在学业方面的问题，还存在人际交往方面的问题。例如，在学习方面，94%患 ADHD 的青少年被诊断同时患"学习障碍"，34%的患者报告存在严重的学业压力；在人际方面，患者也常常报告其具有较低的社会功能（Breaux et al., 2020）。

从学业成就的角度看，高冲动性水平个体表现出更差的学业成绩（Vigil-Colet & Morales-Vives, 2005; Valiente et al., 2013）。有研究者发现个体的冲动性水平和学业成绩的关系是非线性的，即冲动性对学业成绩的斜率随着冲动性的增加而逐渐减小（Valiente et al.，2013）。马里奥特等（Marriott et al.，2019）探索了中学生的冲动性和科学学科成绩的关系，结果发现，冲动性显著负向预测个体对科学、技术、工程和数学学科的兴趣，自我效能感和学习技能。洛萨诺等（Lozano et al.，2014）发现，冲动性和智力与学业成绩均呈负相关，智力和冲动性交互影响个体的学业成绩表现，在不同冲动水平下，智力与学业成绩的关系也不相同。个体的冲动性得分越低，智力和成绩之间的关系就越强。此外，学业适应不良的个体容易产生违反学术规范的行为。

## 二、冲动性与社会适应

关于社会适应，目前缺乏一个相对一致的界定和研究工具。邹泓等（2012）总结前人的概念时认为，社会适应是指个体与环境交互作用的过程中取得和谐与平衡的状态，并进一步从"领域-功能"的角度提出社会适应的结构。领域分为自我、行为、人际和环境4个领域，由此产生自我适应、行为适应、人际适应和环境适应，并且按照功能又可分为积极适应和消极适应。

研究者从社会功能角度探讨不同人群冲动性和社会适应的关系。对于临床人群，已确定冲动性是损害个体社会功能的风险因素（Dawson et al.，2012）。对于正常人群，冲动性也与较差的社会功能显著相关（Dawson et al.，2012）。叶青珊等（2018）研究了服刑人员冲动性、自我控制和社会适应的关系，结果发现服刑人员的冲动性和自我控制能力与他们的社会适应总分及其4个子维度（遵守规范、工作适应、回归社会前的准备和人际适应）得分均呈显著负相关，研究还发现服刑人员的自我控制能力在冲动性对社会适应的关系中起部分中介作用。

此外，研究者更多从人际适应的角度探讨冲动性的社会适应的关系。人际适应的个体通常与他人建立密切的关系，冲动性间接预示孤独和糟糕的人际关系（Ryu et al.，2018；Savci & Aysan，2016）。道森等（Dawson et al.，2012）探讨了冲动性和执行功能对个体社会功能的作用，研究发现，冲动性和执行功能都显著预测了个体的社会功能，冲动性个体的社会功能的表现可能与执行功能有关（Roth et al.，2005）。

在人际交往过程中，具有冲动性的个体也会做出一些不利于人际关系的建立的冲动行为。一些研究发现，冲动性是人际暴力的显著预测因素（McMahon et al., 2018），研究者认为冲动性个体可能由于其执行认知功能不能良好地抑制冲动行为而产生攻击行为（Hoaken et al., 2003），这些行为将增加个体建立并保持温暖、友爱的关系的难度。

另外，还有研究者从其他的角度探索冲动性与人际适应的关系。萨维奇和艾桑（Savci & Aysan, 2016）的研究发现，冲动性显著正向预测了社交媒体使用，社交媒体使用显著正向预测了孤独感，冲动性也显著正向预测了孤独感。该结果表明，一方面，具有冲动性的个体缺乏耐心，不擅长计划，不易控制冲动，容易对社交媒体上瘾，花大量时间用于社交媒体（Wu et al., 2013）；另一方面，过度使用社交媒体会使个人脱离社交环境而感到孤独（Chou & Hsiao, 2000），这会导致个体不能有效地与他人建立关系，造成个体的人际适应不良。

综上所述，冲动性青少年个体更容易出现学业适应和社会适应问题（表 4.1），目前文献虽然揭示了冲动性和学业适应以及社会适应的关系，但还存在学业适应和社会适应概念界定不统一、测量工具不一致的问题，还缺乏对其机制系统的深入探讨，未来研究可以进一步从神经、心理和环境等层面对其进行探索，以加深对冲动性和学业适应、社会适应关系的理解。

表 4.1　高冲动性个体在学业适应和社会适应的主要行为表现

| 适应 | 高冲动性个体的主要行为表现 |
| --- | --- |
| 学业适应 | 更多的学术问题与抑郁，更多的学习障碍和学业压力，更差的学业成绩、自我效能感以及学习技能，更少的学习兴趣 |
| 社会适应 | 较差的社会功能，孤独和糟糕的人际关系，更多的冲动行为、争吵行为以及更少的随和行为，更多的社交媒体使用和孤独感 |

# 第二节　冲动性与内外化问题

纵观已有文献，有很多因素导致青少年产生内外化问题，并且这些因素间相互作用，共同影响着结果。一方面，青少年内外化问题的形成与人格、认知方式、生理、遗传等自身因素密切相关；另一方面，社会环境因素如（教育、家庭环境、同伴关系等）在青少年内外化问题的形成中发挥着重要作用。本节重点探讨冲动性与内外化问题的关系，以及冲动性与环境因素如何交互影响青少年内外化问题的形成。

## 一、内外化问题

内化问题和外化问题是基于问题行为的表方式现而划分的。阿亨巴赫（Achenbach，1966）最早提出将青少年心理行为问题分为内化问题和外化问题。这种分类方式至今仍然是在研究行为问题时比较常用的分类方法之一。

内化问题主要指个体遭受的一些不愉快和消极的情绪，即以消极情绪和情感为主的情绪失调，包括抑郁、忧虑、孤独等（Zahn-Waxler et al.，2000）。内化问题也被称为"抑制过度的""反应过度的"行为问题。个体通常会把所遇到的问题内化，指向内部，从而出现一系列情绪与躯体症状。因此，具有内化问题的个体常伴有较严重的内心痛苦经历。目前，研究者一致认为内化问题主要包括各种焦虑、抑郁以及躯体主诉等（Achenbach，1991；Lewis et al.，2011）。不同于外化问题，内化问题一般情况下不易被他人察觉，也不会给别人带来直接的损失和伤害，但却是个体内部心理健康的隐患（McLeod et al.，2007）。内化问题会使青少年处在风险之中，如学业成绩不佳和社交能力不足（Villodas et al.，2015）。

外化问题是指表现于外在行为上的指向外部环境和他人的行为问题（Rubin et al.，2003），反映了个体对外部环境的消极态度，具有违抗、攻击或破坏等特点（Chhangur et al.，2017）。外化问题通常也被称为"抑制不足的""反应不足的"行为问题。根据不同的标准，不同学者对外化问题的分类也不同。阿亨巴赫（Achenbach，1991）将外化问题分为品行问题和活动过度，其中品行问题分为违规和攻击行为。而弗里克（Frick）根据破坏-非破坏、公开-隐蔽两个维度将品行问题分为四类：对抗、攻击、财产侵犯和身份违反行为。在美国精神病协会的《精神障碍诊断和统计手册（第4版）》中，外化问题包括三种行为障碍：对立违抗性障碍、品行障碍和注意力缺陷/活动过度障碍。

青少年内外化问题存在显著的性别差异，表现为女生内化问题发生的比率高于男生，而男生外化问题发生的比率高于女生（崔丽霞，郑日昌，2005）。除此之外，内外化问题还会受亲子关系、父母教养行为、同伴关系等的影响（田菲菲，田录梅，2014；王明忠等，2016）。研究发现，良好的亲子关系和同伴关系预示青少年较少的违纪、犯罪行为（Williams & Steinberg，2011），较少的攻击、退缩行为，以及较低水平的抑郁、焦虑（Han et al.，2012）、孤独感（Gentzler et al.，2011）和更多的亲社会行为（王振宏等，2004）等。

## 二、冲动性与外化问题

尽管冲动性可以预测人们许多行为，但大量研究集中于考察冲动性与攻击行为之间的关系（Hatfield & Dula，2014；Piko & Pinczés，2014）。研究显示，无论是在正常人群还是在精神疾病患者群体（如精神分裂症患者）（Moeller et al.，2001），冲动性人格与攻击行为均存在正相关关系。研究发现，冲动性个体具有较高水平的威胁敏感性，认为大多数情境具有威胁性，从而导致对模糊刺激的过度解释，将其视为威胁的情境和刺激（Carli et al.，2013），进而增加攻击行为。

大部分研究确定了冲动性和外化问题的联系，如雷维尔等（Revill et al.，2020）提出的生物社会认知理论（BSCT）探索了与冲动相关的外化问题的认知机制。该理论将外化行为分为奖励驱动的外化行为和鲁莽冲动的外化行为，鲁莽冲动的外化行为常常与以敌意为中心的负性自动化思维相关。实证研究发现，具有冲动性的个体通过以敌意为中心的负性自动化思维产生了鲁莽冲动的外化行为。此外，还有研究者发现冲动性和外化问题的生理机制。库恩等（Kuhn et al.，2018）用静息状态下的呼吸性窦性心律不齐指标作为自我调节的外周生理指标，研究冲动性、基线呼吸性窦性心律不齐和外化行为的关系，结果发现基线呼吸性窦性心律不齐可以调节冲动性和外化问题的关系，对于低基线呼吸性窦性心律不齐的个体，随着冲动性的增强，外化行为的风险也会增大；而对于高基线呼吸性窦性心律不齐的个体，随着冲动性的增强，外化的风险没有显著变化。

此外，因冲动而导致外化问题的青少年常常缺乏情绪调节的能力，情绪调节能力的缺失对具有冲动性的青少年的外化行为的产生具有不利影响。例如，研究发现，冲动性强的个体伴有强烈的消极情绪，并经历更多的同伴拒绝（Trentacosta & Shaw，2009）。艾森伯格等（Eisenberg et al.，1993）的研究发现，对愤怒诱导事件具有高水平冲动性的个体可能更具有攻击性，并且更不善于使用有助于应对愤怒的策略（注意力控制、回避和工具性应对等），因为其冲动性水平高，对情绪的自我管理能力较低，因而往往容易产生较多的外化行为。

### 三、冲动性与内化问题

高水平冲动性的个体在产生攻击行为的同时，常常伴有焦虑、抑郁等内化症状。盖笑松等（2007）在探讨父母离异对子女心理发展的影响时，通过元分析发现，父母离异的子女在出现焦虑、抑郁等内化问题的同时，往往伴随着高水平冲动性。周建松等（Zhou et al., 2014）对一批拘留的少年犯研究发现，被试在冲动性量表（BIS-11）得分高的同时，也表现出较高的抑郁和焦虑得分。有研究发现冲动性的确能够预测个体的抑郁症状和攻击行为（Piko & Pinczés, 2014）。

此外，研究者还探讨了冲动性和内化问题的机制。研究者发现冲动性对内化问题的作用会受到心境不稳定性（mood instability）的影响。彼得斯等（Peters et al., 2015）发现冲动性预测了抑郁患者未来 7 年的内化症状，但在回归模型中加入心境不稳定后，这种影响不再显著。以上结果表明，冲动性与内化问题的联系很大程度上与心境不稳定有关。

综上所述，冲动性与内外化问题间存在密切联系（表 4.2），具有高水平冲动性的个体容易产生攻击行为，同时伴随抑郁、焦虑等症状。未来研究仍需要进一步探讨冲动性在内外化问题上的具体表现以及冲动性与这些因素对内外化问题的交互作用。

表 4.2 冲动性个体与内外化问题之间的关系

| 问题 | 定义 | 与冲动性的关系 |
| --- | --- | --- |
| 内化问题 | 内化问题是指向个体内部的，表现为个体经历的一些不愉快或消极的情绪，也被称为"抑制过度"问题 | 冲动性与内化问题（如抑郁和焦虑）呈正相关；内在机制：冲动性与内化问题之间的关系与心境不稳定有关 |
| 外化问题 | 外化问题定义为指向个体外部环境或他人的行为问题，以违抗、攻击、违纪、多动或破坏等行为特征出现，也被称为"抑制不足"问题 | 冲动性与外化问题（如攻击）呈正相关；内在机制：较高的威胁敏感性、以敌意为中心的负性自动化思维、基线呼吸窦性心律不齐都影响了冲动性和外化问题的关系 |

## 第三节 冲动性与成瘾行为

成瘾行为（addictive behavior）是指个体不可自制地反复渴求从事某种活动或滥用某种药物，一般分为物质成瘾（如吸烟、饮酒、吸食大麻等）和行为成瘾（如网络成瘾、病理性赌博、购物成瘾等）。成瘾行为是一种较为常见的心理社会问题，它会对个体的身心健康和社会适应造成不利影响（Shoukat，2019；Zamani et al.，2009）。在成瘾行为影响因素研究领域，研究者普遍认为人格是引起成瘾行为的重要因素之一。近年来，随着研究的深入，很多研究发现冲动性及其子成分在成瘾行为形成与发展的过程中发挥着关键作用。本节主要介绍不同冲动性理论视角下的冲动性与物质成瘾和行为成瘾这两类成瘾行为之间的关系。

### 一、冲动性与物质成瘾

物质成瘾是指个体对于物质的使用失去控制、强迫性的物质寻求和使用，并且不顾及不良后果（Nestler，2001）。从法律的角度，成瘾物质通常被分为合法成瘾物质（包括香烟、酒精等）和非法成瘾物质（即毒品，包括海洛因、大麻等）。大量研究指出物质成瘾与冲动性密切相关，高冲动性通常被看作是各种物质成瘾的核心特质之一（O'Brien et al.，2006）。

在吸烟成瘾方面，一些研究发现感觉寻求与青少年烟草消耗量呈显著正相关（Pokhrel et al.，2010；Urbán & Urbán，2010），另一些研究发现高感觉寻求青少年更有可能启动吸烟行为（Wellman et al.，2016）。此外，研究证据初步显示高急迫性（包括正性急迫性和负性急迫性）或缺乏计划的大学生有更大的烟草消耗量（Balevich et al.，2013；Lee et al.，2015；Reynolds et al.，2007）和更严重的尼古丁依赖（Spillane et al.，2010）。

在酒精成瘾方面，一项有关 UPPS-P 冲动性与酒精使用的元分析发现，正性急迫性和负性急迫性与问题酒精使用具有显著正相关关系，该研究还发现缺乏坚持性是饮酒量的最强正向预测因子，高负性急迫性和缺乏计划与高酒精依赖有关

（Coskunpinar et al.，2013）。茜恩等（Shin et al.，2012）探讨了 UPPS 冲动性的不同成分与成年早期酒精成瘾的不同方面之间的关系，结果发现在控制父母和同伴酒精使用、心理困扰等因素后，冲动性的急迫性和感觉寻求子成分是酒精使用频率、问题酒精使用、酗酒以及酒精使用障碍的显著正向预测因子。目前研究也探讨了 BIS 冲动性与青少年酒精使用之间的关系。斯马维等（Smaoui et al.，2017）的研究发现，高注意冲动性和动作冲动性与青少年更多的酒精消耗量有关，青少年酒精依赖与动作冲动性呈显著正相关。此外，研究发现高 BIS 冲动青少年开始饮酒的年龄明显小于低冲动个体（von Diemen et al.，2008）。

在大麻成瘾方面，大量研究表明 UPPS 冲动性的感觉寻求子成分与青少年大麻使用密切相关（Castellanos-Ryan et al.，2013；Felton et al.，2015），高感觉寻求青少年的大麻使用频率更高（Martin et al.，2002；Stanton et al.，2001）。此外，多尔蒂等（Dougherty et al.，2013）的研究采用 BIS-11 冲动量表评估冲动性，结果发现大麻成瘾组青少年的注意冲动性、动作冲动性以及无计划冲动性水平均显著高于对照组。近期一项有关冲动性和青少年大麻使用关系的元分析表明，UPPS-P 冲动性中除了缺乏坚持性，其余子成分（包括感觉寻求、缺乏计划、正性和负性急迫性）均与大麻使用有不同程度的显著相关关系；此外，感觉寻求、缺乏计划、正性急迫性和正性急迫性与不良大麻使用后果呈显著相关（VanderVeen et al.，2016）。

以上证据充分表明，物质成瘾与高冲动性人格联系紧密，不同冲动性成分与不同物质成瘾类型的联系不同。这一观点可能对临床工作者有益，探索各种能够降低冲动性水平的方法对于预防物质成瘾具有重要意义。

## 二、冲动性与行为成瘾

行为成瘾也被称为非物质成瘾（non-substance addiction），是指个体控制不住地反复进行产生不良后果的冲动行为，行为实施后会出现愉快感、放松感甚至兴奋感等积极情绪体验（Zou et al.，2017）。其中网络成瘾、手机成瘾、消费成瘾以及赌博成瘾是几种较为常见的行为成瘾。以往研究表明，冲动性与行为成瘾也存在关联，是导致行为成瘾的高风险人格特质。以下对冲动性与上述 4 种行为成瘾之间关系的研究进行总结。

网络成瘾是指个体不能控制地、过度地和/或强迫性地使用网络而造成生理、心理及社会功能受损（Beard & Wolf，2001）。以往研究表明冲动性作为重要的个体因素，与网络成瘾关系密切。曹枫林等（Cao et al.，2007）的研究发现，网络成瘾组青少年的冲动性总分及其子成分（动作冲动性和注意冲动性）的得分显著高于非网络成瘾组青少年。大量研究表明 UPPS 冲动性中的感觉寻求子成分也是影响网络成瘾的重要个体因素。一些研究发现高感觉寻求青少年网络成瘾的风险更高（Li et al.，2016；Ko et al.，2007；Velezmoro et al.，2010），即使控制了影响网络成瘾的其他风险因素（如焦虑、抑郁症状以及缺乏自信），感觉寻求也是网络成瘾的稳定预测因子（Dalbudak et al.，2015）。此外，研究还发现网络成瘾组青少年比非网络成瘾组青少年报告了更高的感觉寻求水平（Lin & Tsai，2002）。除了感觉寻求，目前研究也发现在控制性别、民族、家庭居住地等人口学变量后，UPPS-P 冲动性的缺乏坚持性和负性急迫性子成分依然显著正向预测大学生网络成瘾（严万森等，2016）。

手机成瘾也被称为手机依赖、问题性手机使用或智能手机成瘾，是指个体由于某种动机过度地滥用手机而导致心理和社会功能受损的痴迷状态（Park，2005）。手机成瘾也被发现和冲动性存在紧密联系。比利厄等（Billieux et al.，2008a）的研究发现，冲动性显著正向预测手机成瘾，并且冲动性的不同成分在手机成瘾中所起的作用不同，其中急迫性对手机成瘾的预测作用最强。除了急迫性，感觉寻求也被发现是青少年手机成瘾的显著正向预测因子（Wang et al.，2018）。

消费成瘾又称强迫性购物，是指由不可抗拒、无法控制的冲动引发过度消费，并在购物上花大量时间，通常由负面情感引起，最终导致社会、人际和经济上的困难（McElroy et al.，1994）。比利厄等（Billieux et al.，2008b）的研究发现，缺乏坚持性、缺乏计划以及急迫性子成分与强迫性购物显著正相关；在控制性别、年龄、受教育水平等人口学变量后，急迫性是强迫性购物的唯一显著正向预测因子。一项研究发现 UPPS-P 冲动性中除了感觉寻求外，其余的子成分（包括缺乏坚持性、缺乏计划、正性急迫性、负性急迫性）均与强迫性购物量表总分呈显著负相关（Williams & Grisham，2012）。也有研究发现高巴瑞特冲动性的个体会表现更多的强迫性购物行为（Davenport et al., 2012；Paula et al., 2015）。

赌博成瘾又称病理性赌博，是赌者对赌博活动产生向往和追求的愿望，并产生反复从事赌博活动的强烈渴求心理和强迫性赌博行为（Raylu & Oei, 2002）。高冲动水平青少年有更严重的赌博行为（Secades-Villa et al., 2016）。研究还发现 BIS 冲动性及其子成分（包括注意冲动性、动作冲动性和无计划冲动性）与青少年问题赌博行为呈显著正相关（Cosenza & Nigro, 2015）。有关 UPPS 冲动性模型中和问题赌博关系的元分析表明，负性急迫性和缺乏计划子成分是问题赌博的显著正向预测因子（MacLaren et al., 2011）。

本节通过回顾冲动性与成瘾行为的相关文献，发现虽然不同研究采用了不同的量表来评估冲动性，但这些研究结果共同说明了高冲动性作为一种人格特质，与成瘾行为（包括物质成瘾和行为成瘾）增加存在密切联系（表 4.3）。未来研究可以进一步探讨冲动性影响个体成瘾行为的内部机制。

表 4.3 成瘾行为与冲动性的关系

| 成瘾行为 | | 测量冲动性的工具 | |
| --- | --- | --- | --- |
| | | UPPS | BIS |
| 物质成瘾 | 吸烟成瘾 | 所有子成分（包括感觉寻求、缺乏坚持性、缺乏计划、正性急迫性和负性急迫性）均与青少年烟草消耗量具有显著的正向关联 | 注意冲动性和无计划冲动性均对尼古丁依赖具有显著的正向预测作用 |
| | 酒精成瘾 | 急迫性和感觉寻求子成分是酒精使用频率、问题酒精使用、酗酒以及酒精使用障碍的显著正向预测因子 | 高注意冲动性和动作冲动性与青少年更多的酒精消耗量（酒精依赖）有关 |
| | 大麻成瘾 | 除缺乏坚持性，其余子成分（包括感觉寻求、缺乏计划、正性和负性急迫性）均与大麻使用以及不良大麻使用后果显著相关 | 注意冲动性、动作冲动性以及无计划冲动性均与大麻成瘾相关 |
| 行为成瘾 | 网络成瘾 | 感觉寻求水平、缺乏坚持性和负性急迫性子成分显著正向预测大学生网络成瘾 | 冲动性总分及其子成分（动作冲动性和注意冲动性）与网络成瘾正相关 |
| | 手机成瘾 | 冲动性显著正向预测手机成瘾，其中急迫性对手机成瘾的预测作用最强 | 冲动性总分与大学生手机依赖之间存在正向联系 |
| | 消费成瘾 | 除感觉寻求外，其余的子成分（包括缺乏坚持性、缺乏计划、正性急迫性、负性急迫性）均与强迫性购物量表总分显著负相关 | 高冲动性个体会表现出更多的强迫性购物行为 |
| | 赌博成瘾 | 负性急迫性和缺乏计划子成分是问题赌博的显著正向预测因子 | 冲动性总分及其子成分分数（包括注意冲动性、动作冲动性和无计划冲动性）与青少年问题赌博行为显著正相关 |

## 第四节 冲动性与冒险行为

### 一、冒险行为的概念和分类

冒险行为（risk-taking）是指个体在面对不确定性情景且没有稳妥的应急计划时，采取可能导致负面结果的行为（Balogh et al., 2013）。冒险行为具有不确定性、有风险和收益、是否考虑当下决策可能带来的负性后果等行为特点（刘晓婷等，2019）。

冒险行为分为积极冒险行为和消极冒险行为两类，其中积极冒险行为是指那些被社会广泛接受和认可的，经过一定训练、采取一定保护措施、能够促进身心健康发展的冒险行为，主要指带有冒险性的体育运动，如登山、跳伞、潜水、滑雪、皮划艇、漂流等；消极冒险行为也常被称为问题行为、危险行为等，是指那些带有犯罪性质或不被社会所接受和认可的冒险行为，如入店行窃、吸烟、酗酒、吸毒、酒后驾车、发生不安全性行为、欺骗等（Hansen & Breivik, 2001；张明，陈丽娜，2003）。

### 二、冲动性和冒险行为的关系

有研究发现感觉寻求作为冲动性的子成分，可以正向预测青少年的积极冒险行为和消极冒险行为（Hansen & Breivik, 2001）。也有研究表明，冲动性（而非感觉寻求）是现实情境中冒险行为发生的主要人格特征（Lauriola et al., 2014）。但巴尔特鲁沙特等（Baltruschat et al., 2020）的研究指出，冲动性和感觉寻求是冒险行为中重要的人格特征。情感决策的冒险行为可能与冲动性在某些方面重叠（如不反思的行为），但冲动性的总体结构与冒险行为是截然不同的。冲动性追求眼前的回报而不是长期的回报，这种偏好会导致回报率降低（Madden & Bickel, 2010）。之所以造成这种偏好，可能是因为未能成功抑制刺激驱动的反应，或者是因为对未来回报和眼前回报的错误估计。因此由情感决策的冒险行为可能是冲动性的，经过深思熟虑决策的冒险行为则可能与冲动性无关（Nigg & Nagel，2016）。

青少年阶段是从儿童向成人过渡的转折期，是冒险行为的高发期（Willoughby et al.，2013），在这一发展阶段，冒险行为会不断增加（Steinberg，2008），同样也伴随着冲动性的增强（Panwar et al.，2014）。研究表明冲动性是青少年消极冒险行为的稳定预测因素（Lauriola et al.，2014）。强化敏感性理论（Gray & McNaughton，2000）提供了关于可能影响冒险行为的生物过程的见解，即个体之所以产生冒险行为，可能是由于对惩罚的不够敏感或对奖励的过于敏感。

危险性行为作为消极冒险行为的一种，一项关于 UPPS 冲动性与青少年风险性行为的元分析研究发现，感觉寻求是一个有效的预测因子；对于消极和积极急迫性来说，青少年会被强烈的消极或积极情绪所影响而做出危险行为；在缺乏计划和坚持性维度，两者导致危险性行为的过程可能是多样的。

综上所述，冒险行为与冲动性之间存在重合的部分，但也存在差异，且大量研究表明两者呈正相关。

### 三、冲动性和冒险行为关系的脑机制

冲动性和感觉寻求与冒险有着千丝万缕的联系，并在大脑中共享大脑的一些功能网络。研究显示，其中的冲动性建立在 UPPS 模型中，发现在风险易感个体中，缺乏计划增强了腹侧注意与边缘网络的耦合。同时，情感寻求增加了额顶网络与默认模式网络的耦合。缺乏坚持性对边缘网络的前颞叶节点的耦合有积极的影响，而对额顶网络与默认模式网络的一些节点有消极的影响（Baltruschat et al.，2020）。

对于工作记忆来说，冲动性和冒险行为可能在与工作记忆相关的神经上有一些重叠部分。工作记忆包括 3 个不同的阶段：编码、复述和识别。冲动性和冒险行为都与复述阶段的脑区活动有关，复述阶段的脑区包括额叶脑回、腹外侧前额叶皮层、背外侧前额叶皮层、前扣带皮层、运动前皮层、丘脑、顶叶皮层和尾状核（Panwar et al.，2014）。

综上所述，冲动性与冒险行为之间虽然是有明显差异的，即冲动性是个体产

生冒险行为的重要人格特征之一，但在一些实验研究的结论中也表明两者之间有显著正相关关系，同时在与两者相关的大脑神经系统中也存在相同的神经系统结构，但两者在个体发展过程中具有不同的变化模式（表4.4）。

表4.4 冲动性与冒险行为的关系

| 比较项 | 具体内容 |
| --- | --- |
| 联系 | 冲动性是个体产生冒险行为的重要人格特征之一，也是青少年冒险行为的稳定预测因素 |
|  | 感觉寻求、急迫性、缺乏计划和坚持性是危险性行为的有效预测因子 |
|  | 冲动性和冒险行为在大脑神经系统中存在相同的神经系统结构 |
| 区别 | 由情感决策的冒险行为可能是冲动性的，而经过深思熟虑决策的冒险行为则可能与冲动性无关 |
|  | 冲动性和冒险行为在个体发展过程中具有不同的变化模式 |

# 第五节　冲动性与其他心理病理障碍

冲动性是反映人类正常和病理性行为和特质的一个重要心理结构，多种心理病理障碍涉及冲动性，如酒精使用或物质使用障碍、品行障碍、注意缺陷多动障碍、反社会人格障碍、自恋人格障碍、边缘型人格障碍、睡眠障碍、进食障碍等（Kamarajan & Porjesz，2012）。

## 一、冲动性与睡眠障碍

睡眠障碍（sleep disorder）是指睡眠量不正常以及睡眠中出现异常行为的表现，也是睡眠和觉醒正常节律性紊乱的表现（徐佩茹，艾比拜，2014）。睡眠障碍表现为睡眠不足、睡眠过多或睡眠期间的异常运动（Pavlova & Latreille，2019），可能对个体的健康和生活质量产生严重影响。在健康个体、亚临床个体或者临床个体中的研究都表明，冲动性可能是导致睡眠问题的潜在因素。

在以成年人和青少年为被试的研究中都发现冲动性水平越高，睡眠状况越差（Moore et al.，2011；宋玉婷等，2017；Yaugher & Alexander，2015）。冲动性水平高的个体更容易出现嗜睡现象（Grant & Chamberlain，2018）。也有研究发现高冲动性个体表现出阶段性延迟的睡眠模式，总睡眠时间和睡眠效率下降，昼夜节律功能中断（McGowan & Coogan，2018）。施密特等（Schmidt et al.，2018）的研究发现，UPPS 模型中的急迫性、缺乏坚持性与失眠相关，即急迫性与失眠严重程度和睡眠障碍的日间功能相关，缺乏坚持性只与睡眠障碍的日间功能相关。进一步分析表明，急迫性与消极调节认知活动有关，急迫性通过入睡时的胡思乱想影响入睡困难，而急迫性与睡眠维持困难之间的关联由睡眠期间的噩梦介导，这些结果表明冲动性的各个方面与失眠有不同的联系（Schmidt et al.，2018）。由此可见，冲动性与睡眠障碍密切相关。值得注意的是，冲动性不仅直接预测睡眠障碍，还通过学业成绩、手机成瘾（Li et al.，2020）、物质成瘾（Miller et al.，2017）等因素间接影响睡眠障碍。

睡眠障碍与冲动性之间的关系在临床样本中（如人格障碍、注意缺陷多动障碍、进食障碍等）也得到了证实（De la Fuente et al.，2001）。在人格障碍患者（反社会或边缘型人格障碍）被试中，睡眠质量差和慢性失眠都与自我报告的高冲动性呈显著相关，特别是与注意冲动性有关（Van Veen et al.，2017）。此外，睡眠障碍在注意缺陷多动障碍儿童中非常普遍（Owens，2005）。注意缺陷多动障碍是以冲动为核心的一种心理病理障碍（Fayyad et al.，2007），以注意缺陷多动障碍患者为被试的研究发现冲动性与睡眠持续时间缩短、睡眠效率低下、睡眠时相延迟（睡眠时间段后移，主要表现为入睡晚）和更长时的日间觉醒有关（Coogan & McGowan，2017）。研究指出有 4 种睡眠障碍在注意缺陷多动障碍儿童中尤为常见，即睡眠呼吸障碍、不宁腿综合征（restless legs syndrome，RLS）（又称不安腿综合征、Ekbom 综合征，指双下肢于休息时出现难以忍受的不适）周期性肢体运动障碍和失眠。在注意缺陷多动障碍成人的样本中也发现睡眠时间短、时相延迟与冲动性增强有关。

## 二、冲动性与进食障碍

进食障碍（eating disorders，ED）主要指以反常的进食行为和心理紊乱为特征，并伴有显著体重改变和（或）生理功能紊乱的一组慢性难治的精神障碍。主要包括神经性厌食症（anorexia nervosa，AN）、神经性贪食症（bulimia nervosa，

BN）和暴食症（binge eating disorder，BED）。冲动与进食障碍的发生与发展密切相关（Racine et al.，2013）。

冲动性是一种与进食障碍有关的人格特质，但由于冲动性是一个多维度的心理结构，目前尚不清楚冲动性的哪些方面最能预测饮食失调问题。有研究发现，负性急迫性、缺乏坚持性、缺乏计划与贪食症状呈正相关（Fischer et al.，2008）。神经性厌食症患者的特点为情绪低落，多伴情绪不稳，易冲动、易爆发、发泄性（Mccabe et al.，2005），尤其在进食问题上情绪难以平静。患者把控制进食行为作为应对紧张、焦虑的一种方式。神经性厌食症患者通过限制进食获得苗条身材来达到情绪满足，神经性贪食症患者通过大量进食来达到情感宣泄，但大量进食仅能暂缓焦虑，之后他们会对自己的暴食行为产生罪恶感和抑郁等消极情绪。冲动性的其他维度与进食障碍之间的关系并未得到相对一致的结果。

此外，暴饮暴食不仅发生在暴食症和神经性贪食症患者中，健康个体中也存在暴饮暴食的现象。研究发现，冲动是饮食失去控制的根源（Loxton，2018），行为学和神经生物学的相关研究都为这一观点提供了证据。在行为学方面，暴食症和神经性贪食症患者中的肥胖个体都被发现具有较高的冲动性水平，尤其表现在注意冲动性和运动冲动性这两个子维度上（Oliva et al.，2020）。在神经生物学方面，暴食症和神经性贪食症都与皮质-纹状体回路（cortico-striatal circuits）的改变，以及前额叶皮层、前扣带皮层、纹状体、脑岛的功能变化有关（Donnelly et al.，2018）。

综合以上的研究结果，我们推测负性急迫性可能是所有进食障碍的常见易感性因素。考虑到冲动性的多维特性，进食障碍患者在冲动性不同维度的差异仍需要进一步澄清。

## 三、冲动性与人格障碍

人格障碍是一种明显地偏离了个体所属文化预期的内心体验和行为的持久模式，这种持久模式是顽固的且遍及个人情境和社交情境的各方面（DSM-Ⅳ[①]）（American Psychiatric Association，1994）。这种持久的模式使患者形成了一贯的

---

① DSM-Ⅳ 即 *Diagnostic and Statistical Manual of Mental Disorders-Ⅳ*，《精神疾病诊断和统计手册》第四版。

反映个人生活风格和人际关系的异常行为模式，造成对社会环境的适应不良。

（一）冲动性与反社会型人格障碍

反社会型人格障碍是一种以行为不符合社会规范为主要特点的人格障碍，患者常常表现出忽视或侵犯他人权益的普遍行为模式，例如不遵守社会准则、欺诈、好攻击、不负责任、冲动、易激惹、缺乏悔改之意等。冲动性是诊断反社会人格障碍的标准之一。

心理测量学研究和实验室研究一致发现，被诊断为反社会人格障碍的个体表现出高度攻击性和冲动性。关于反社会人格障碍中冲动的定量测量的信息相对较少，对其冲动性的测量通常使用 BIS-11。反社会人格障碍个体在巴瑞特冲动量表上的总分显著高于健康对照组（Swann et al., 2009），BIS-11 子维度中的运动冲动性在反社会人格障碍个体中表现出增加的水平（Fossati et al., 2004）。还有一些研究使用 UPPS 模型探讨冲动性的不同维度与反社会人格障碍的关系，相对一致地表明感觉寻求和缺乏计划性与反社会人格障碍密切相关（Deshong & Kurtz, 2013），但也有研究发现缺乏坚持性（Miller et al., 2003）、负性急迫性（Whiteside et al., 2005）与反社会人格障碍之间有关联。由此可见，反社会人格障碍与冲动性不同维度之间的相关存在差异，尚没有较为统一的结果。

此外，脑电相关研究发现了反社会个体 ERP 成分的异常。"反社会谱系"是指包括反社会人格障碍在内的一系列行为（Raine, 1993；Rhee & Waldman, 2002），P3 成分的波幅减小被视为"反社会谱系"的神经生物学标记（Gao & Raine, 2009）。巴瑞特等（Barratt et al., 1997）的研究发现，与非囚犯对照组相比，有反社会人格障碍的囚犯表现出 P3 波幅减小、冲动性增强。

（二）冲动性与边缘型人格障碍

边缘型人格障碍（BPD）是一种以情绪不稳定、反复自伤自杀、易冲动攻击、易与其他精神障碍共病为特征的严重精神障碍（Leichsenring et al., 2011）。《美国精神障碍诊断与统计手册（第 4 版）》（Diagnostic and Statistical Manual of Mental Disorders Ⅳ, DSM-Ⅳ）将其定义为从成年早期开始的人际关系、身份识别、冲动性、情感都极不稳定的普遍行为模式，其中自伤或自杀倾向是最重要的指标。

此外，研究也支持了边缘型人格障碍患者具有更高水平的冲动（Moeller et al., 2001）。多尔蒂等（Dougherty et al., 1999）的研究发现，边缘型人格障碍患者在巴瑞特冲动性量表上的得分高于健康对照组。林克斯等（Links et al., 1999）的研究发现，在不同时间点测量的行为冲动具有高度相关性，多元回归结果显示行为冲动分量表最能预测随后 2 年和 7 年的边缘型人格障碍。

考虑到冲动性是一个多维结构，边缘型人格障碍与冲动性的关系受到冲动性不同方面的影响。巴克等（Barker et al., 2015）的研究发现，边缘型人格障碍患者和健康个体在动作冲动方面不存在显著差异，但边缘型人格障碍患者的无计划性冲动水平明显高于健康个体，说明边缘型人格障碍患者的一个核心特征是无计划冲动而非动作冲动，另外该研究也没有发现边缘型人格障碍患者和健康个体在巴瑞特冲动性量表总分上的显著差异。对边缘型人格障碍潜在的人格特质的研究表明，情绪失调/消极情绪性和冲动行为被诊断为边缘型人格障碍个体的行为特征（Gurvits et al., 2000），这些特征与负性急迫性特质有很大重叠，边缘型人格障碍患者具有经历负性情绪的生物易感性，他们的负性情绪更容易被触发、反应更强烈、持续时间更久。负性急迫性也被描述为边缘型人格障碍的核心症状（Zapolski et al., 2010），研究显示负性急迫性与边缘型人格障碍之间呈显著正相关（Deshong & Kurtz, 2013），但也有研究者仅在女性个体中发现了这一结果（Miller et al., 2003）。也有研究表明缺乏坚持性、缺乏计划与边缘型人格障碍有关。

除此之外，冲动性似乎是边缘型人格障碍患者自杀企图的一个重要因素。有研究表明更高水平的冲动攻击、绝望或者边缘型人格障碍的诊断预示着更多的自杀企图（Soloff et al., 2000），且有自杀企图史的边缘型人格障碍患者比那些没有自杀企图史的患者有更多的冲动行为、反社会人格障碍共病（Soloff et al., 1994）。

综上所述，冲动性作为一种人格特质，可能是导致心理病理障碍的重要因素，如睡眠障碍、进食障碍和人格障碍（表 4.5）。这些心理病理障碍都以冲动为特征，但是由于冲动性的多维特征，冲动性的哪个方面在这些心理病理障碍中起核心作用尚有待进一步探究。此外，值得一提的是，这些以冲动性为特征的心理病理障碍之间具有高共病率，这可能在很大程度上与冲动以及这些心理病理障碍的生物基础之间的联系有关。因此，未来研究可以进一步探究冲动性相关障碍共病背后的机制，这能够为这些心理病理障碍的评估、研究和治疗带来好处。

表 4.5　以冲动性为核心特征的重要心理病理障碍与冲动性的关系

| 心理病理障碍 | 与冲动性的主要关系概括 |
| --- | --- |
| 睡眠障碍 | 冲动性越高，睡眠状况越差[如睡眠持续时间缩短、睡眠效率低下、睡眠时间延迟（即入睡晚）、嗜睡]；<br>冲动性维度中的急迫性、缺乏坚持性、注意冲动与睡眠障碍之间均存在正相关关系 |
| 进食障碍 | 负性急迫性与贪食症状具有独特的正相关关系，它可能是进食障碍的常见易感性因素；<br>冲动性的其他维度与进食障碍之间的关系并未得到相对一致的结果 |
| 人格障碍 | 反社会人格障碍主要与运动冲动、感觉寻求、缺乏计划性显著相关；<br>负性急迫性被认为是边缘型人格障碍的核心症状，而冲动性的其他维度与边缘型人格障碍的关系也未得到一致的研究结果 |

## 第六节　冲动性与青少年心理危机

　　教育部印发的《中小学心理健康教育指导纲要（2022 年修订）》指出："中小学生正处在身心发展的重要时期，随着生理、心理的发育和发展、社会阅历的扩展及思维方式的变化，特别是面对社会竞争的压力，他们在学习、生活、人际交往、升学就业和自我意识等方面，会遇到各种各样的心理困惑或问题。"本节聚焦具有冲动性的青少年与自我伤害和暴力伤人这两类常见的可能引发严重负面后果的心理危机之间的关系，通过梳理这些研究，为针对冲动性青少年的心理危机的识别、预警与干预提供借鉴。

### 一、心理危机概述

**（一）心理危机的概念**

　　20 世纪 50 年代，美国心理学家卡普兰（Caplan）首次提出"心理危机"（psychological crisis）的概念，即心理危机是个体面对重大困难情景时（如亲人死亡、婚姻破裂或自然灾祸等），个体以往的处理方式不能帮助自己应对当前情景而产生的暂时性心理失衡状态，其特征是伴随着焦虑、挫折和迷茫感的高度紧张（Caplan，1964）。青少年处于从童年期到成年过渡的重要阶段，具有思想敏感偏执、冲动性强、情绪两极化等特点，感受来自各方面心理冲突与压力，这些心理冲突和压力长期淤积就可能形成普遍的心理问题和许多严重的心理危机。边玉芳和蒋赟（2006）结合青春期这一特殊时期的特点，将青春期心理危机界定为：青少年在其学习和生活中，自身已有的资源和应对机制无法承受一些突发事件对自身心理的冲击而造成的一种心理失衡状态。由此青少年会产生一系列心理危机信号，包括在生理方面（头痛、失眠、食欲不振、呼吸困难、肠胃不适等）、情绪方面（无助、恐惧、紧张、易怒、过分敏感等）、行为方面（无精打采、坐立不安、止不住哭泣、无法集中注意力、做出伤害自己的行为等）和人际关系方面（社交退缩与回避、人际关系恶劣、无法与人建立信任关系、自我封闭等）。

心理危机只是一种过渡状态，短者仅1小时，长者则可达4—6周，人是不可能长久地停留在危机状态之中的。在此过程中，由于个体存在应对方式、人格、认知评价等差异，最终导致个体心理危机的结果也不尽相同。一般来说，个体心理危机所产生的结果分为顺利度过危机、暂时度过危机（留下后遗症）、未能度过危机（产生心理障碍）以及自杀。

关于心理危机演变过程，卡普兰在其心理危机理论中讲述了心理危机的演变过程，他认为处于危机中的个体要经历4个阶段。

第一阶段：当个体感受到自己的生活突然发生了变化或即将出现变化时，其内心的基本平衡被打破，进而表现出警觉性提高并开始体验到紧张。于是为重新获得平衡，个体尝试采用其惯常使用的策略做出反应。在这一阶段，个体一般不会向他人求助，也可能不喜欢他人干涉自己应对问题的策略。

第二阶段：经过一段时间的尝试和努力，个体会发现自己惯常的策略无法解决问题，于是焦虑程度开始上升。为了找到新的解决办法，个体开始尝试采取各种办法解决问题。但高度紧张的情绪多少会妨碍个体冷静地思考，从而影响其采取有效行动。

第三阶段：如果尝试各种方法均不能有效地解决问题，个体内心的紧张程度会持续上升，并想方设法地寻求和尝试新的解决办法。在这一阶段中，个体求助的动机最强，常常不分时间地点和场合地发出求助信号，甚至尝试自己曾经认为荒唐的方式，例如占卜。同时，个体会采取一系列无效方法来宣泄负性情绪，例如酗酒、熬夜等。这些行为不仅不能有效地解决问题，反而会损害个体的身体健康，提升其紧张程度和挫折感，也会降低个体对自我的评价。在这一阶段，个体最容易受到别人的暗示和影响。

第四阶段：若个体经过前三个阶段仍未能有效地解决问题，就易产生习得性无助。此时，个体会失去信心和希望，甚至对自己整个生命意义产生怀疑和动摇。很多人正是在这个阶段企图自杀以求解脱痛苦。同时，强大的心理压力可能触发以前未能完全解决的、被各种方式掩盖的内心深层冲突，有的人会由此而走向精神崩溃和人格解体。这个阶段个体特别需要外援性的帮助才有可能度过危机。（Caplan，1964）

（二）心理危机的相关理论

（1）基本危机理论

林德曼（Lindemann，1944）提出的基本危机理论认为，悲哀的行为是一种明确的具有心理和躯体症状的综合征，这种综合征可能在危机发生后立即出现或推迟出现；它可能是夸张的，也可能是安静的。主要包括：①总是想起死去的亲人；②认同已死去的亲人；③表现出内疚和敌意；④日常生活出现某种程度的紊乱；⑤某些躯体诉述。卡普兰将其结构扩展补充到整个创伤事件。他认为危机是一种状态，出现这种状态可能是因为是生活目标的实现受到阻碍，但用常规行为无法克服。这种阻碍的来源既可以是发展性的，也可以是境遇性的。卡普兰和林德曼的工作为在咨询中使用危机干预策略和短期心理治疗起到了推动作用。

（2）危机系统理论

危机系统理论强调危机的出现是由于人与人、人与事件的相互关系和相互影响，而不是由于个体的内部反应。该理论采用了人际系统的思维方式，是对传统理论的一种转变。传统理论只关注个人身上发生的变化，而危机干预系统考虑人际互动的影响。

（3）危机适应理论

危机适应理论认为个体适应不良的行为、消极的想法和破坏性的防御机制均是导致心理危机的风险因素。该理论推测，当适应不良的行为转变为适应性行为时，危机就会消退。在危机干预工作者的帮助下，个体可以学会用新的、更积极的行为取代旧的、更消极的行为。这种新的行为可以直接用于危机情况，并最终使个体成功解决危机或提升解决危机的能力。

（4）危机人格理论

临床心理学普罗考普（Prokop）提出的危机人格理论认为，危机心理的产生与情景有着密不可分的关系，同时涉及个体人格特征方面的问题。也就是说，容易陷入危机状态的个体，其人格具有一定的特异性，主要表现在以下4个方面：①注意力无法集中；②性格上过分内向、沉默寡言，做事瞻前顾后；③情绪情感的不稳定性，不自信，做事总是需要他人的帮助；④行为的冲动性。

（5）应用危机理论

每个个体和每次危机都是不同的。因此，危机干预工作者须将每个个体和造成危机的每一件事都看作是独特的。在此基础上，综合卡普兰提出的成长性危机和境遇性危机两种危机类型，布拉默（Brammer）提出应用危机理论，把心理危机分为（吉利兰，詹姆斯，2000）：①发展性危机，又称为成长性危机或内源性危机，即把人生看作是一系列的发展阶段，当个体由某一发展阶段进入下一个发展阶段时，个体原有能力和资源不足以解决遇到的新问题，而新的能力和资源还未建立起来，在这种情况下，使得个体的行为和情绪常处于一种混乱无序的状态。例如升学、毕业、结婚等生活结构的重大转变。发展性危机被认为是正常的、可预见的，且每个人所遇到的发展性危机都是独特的。②境遇性危机，又称为外源性危机、环境性危机或者适应性危机，是指个体无法预测和控制时出现的危机。境遇性危机具有随机性、突然性、震撼性、强烈性和灾难性的特点。境遇性危机事件主要包括环境事件（如地震、火灾、雪灾、疫情等）、周遭生活事件（如疾病、亲人死亡等）和亲身遭遇伤害事件（如遭遇欺凌、强奸、绑架等）。③存在性危机，是指个体伴随着重要的人生问题而出现的内部冲突和焦虑，如关于人生的价值、目的、意义与责任等。存在性危机既可以是基于现实的，也可以是基于深层次的关于人生意义的追问和思考，它是潜藏于心并伴随个体终身的课题。

## 二、冲动性增加青少年心理危机风险

正如危机人格理论指出的，一些特定的人格特征（如高冲动性）与青少年心理危机的发生有密切联系。具有冲动性的青少年情绪波动程度较大，伴有意识狭窄、认知片面等特点，且自身原有资源和应激机制无法承受危机事件对心理带来的冲击。因此，冲动性青少年更容易以极端的方式处理问题，更容易引发心理障碍以及心理危机。基于心理危机的性质，本节主要梳理冲动性与青少年群体两大类心理危机（暴力伤人和自我伤害）的关系，指导心理危机干预工作者重点关注冲动性青少年，预防其心理危机的发生，及时采取干预措施，减少心理危机可能造成的负面后果。

（一）冲动性与青少年暴力伤人

暴力伤人行为是一种极端形式的攻击行为，主要是指心理应激或心理紊乱情况下发生的，并非以蓄意伤害他人为目的的、冲动性暴力伤人行为，例如对他人打耳光、推搡或朝他人扔东西、敲打、踢、烧，以及使用枪刀或钝器攻击他人。青少年的心理发展与生理变化不相适应，其心理水平可能不足以调节过剩的能量，如果找不到正确的排解方式，容易在冲动状态下受到外界不良因素影响，进而实施暴力行为。青少年暴力伤人给自己和被害人双方及其家庭带来极其重大伤害。青少年心理不成熟，规则意识淡薄，青少年往往不考虑为冲动驱使暴力伤人行为的后果，这严重影响公众安全，需要引起社会的全面关注。

冲动性攻击以高水平的应激性冲动和生理唤醒为特征，伴有愤怒、恐惧或不稳定的情绪，存在自我控制力低下、抑制控制能力不足等问题。先前研究发现约81%的暴力伤人者均属于冲动性攻击（Jin et al.，2016）。邱昌建等（2014）的研究发现，相比于没有暴力伤人经历的青少年，那些有过严重暴力伤人经历的青少年自我报告的冲动性水平（BIS-11）更高。此外，实证研究表明，有暴力伤人经历的青少年相比于健康对照组在抑制控制任务中的表现更差。乔亚尔等（Joyal et al.，2018）的研究发现，有暴力伤人经历的青少年在抑制控制任务中的反应时显著长于健康对照组。在临床样本中也得到了类似的结果，反社会人格障碍个体往往具有高水平的冲动性（Chamberlain et al.，2016），有研究者（Guan et al.，2015）发现，有严重暴力伤人经历的反社会人格障碍青少年在Go/NoGo任务的早期冲突监测阶段和晚期反应抑制阶段都表现出反应抑制能力不足。

## （二）冲动性与青少年自我伤害

非自杀性自我伤害行为（NSSI，以下简称"自伤行为"）主要是指个体在没有明确自杀意图的情况下，故意、重复地改变或伤害自己的身体组织，这种行为不被社会所认可，如用利器割伤/划伤、打火机烧伤、以头撞墙等，但不具致死性或致死性水平较低（Gratz，2001）。调查数据显示，青春期是自伤行为的高发时期并迅速发展至顶峰（Gandhi et al.，2018），我国青少年自伤行为发生率超过25%（于丽霞等，2013）。实证研究表明，冲动性会导致青少年自伤行为的增加，同时存在性别差异。于丽霞等（2013）的研究发现，冲动性水平对自伤行为有显著正向预测作用，相对于低冲动性水平组，高冲动性水平组的青少年自伤行为的概率将增大14—30倍；其中具有高冲动性水平的女生更容易发生自伤行为。

自我伤害行为中最严重的当属自杀。美国国家心理卫生研究院自杀防治中心（NIMH）以自杀的意图、致命性及方法将自杀行为分为：①自杀意念（suicide ideation），指一个人内心有自杀的想法或计划，但尚未付诸实施；②自杀企图（suicide attempt），指一个人已做了确实会或似乎会对其生命有威胁的行为同时会有对生命表达厌倦的意念，但这些行为并没有造成死亡的结果；③自杀成功（completed suicide），指所有出于自愿及自为的伤害自己生命行为而导致死亡结果的事件。自杀意念通常出现在青少年早期阶段（11—13岁），到青少年后期（15—16岁）逐渐转换为自杀行为（Glenn & Klonsky，2010）。自杀的应激-易感模型（stress-vulnerability model）认为，自杀行为是个体易感素质和外界刺激共同作用的结果（Brodsky，2016）。冲动性是目前被公认用于识别自杀风险的重要易感特质之一（Cole et al.，2019），个体的自杀行为是由冲动性与应激事件交互作用而引发（Mann et al.，1999）。高冲动性水平个体因一时兴起就行动且压力承受力较差，而引起强烈的情绪波动且无法得到有效调节，进而体验到更多的负面情绪，在这种情况下更容易产生自杀意念（林琳等，2018）。王晨旭等（Wang et al.，2022）的研究发现，青少年冲动性水平呈现逐渐上升的趋势，自杀意念水平呈先下降后上升的趋势。研究结果发现在横向水平上，冲动性可以显著正向预测青少年自杀意念；在纵向水平上，冲动性对青少年自杀意念具有正向延时预测作用（时间点 1 的冲动性与时间点 2、时间点 3 的自杀意念呈显著正相关，时间点 2 的冲动性与时间点 3 的自杀意念呈显著正相关）。分别随访 3 年（Conner et al., 2004）和 14 年（Maser et al., 2002）的两项纵向研究同样证明了具有冲动性的青少年显著预测自杀风险。青春期女孩的冲动性与自杀意念和自杀企图有关，青春期男孩的冲动性则与自杀导致的过早死亡有关（Alasaarela et al., 2017）。

综上所述，冲动性与青少年心理危机之间紧密关联，主要表现在伤害他人和自我伤害两种。冲动性作为一种多维结构，其不同维度与心理危机之间的关系以及两者关系之间的潜在作用机制未来值得进一步探讨，为危机预防和干预提供积极有效的方法，具有重要的理论和实践意义。

本章主要梳理了冲动性与青少年发展性问题包括社会与学业适应、内外化问题、成瘾行为、冒险行为、心理病理障碍、心理危机等的联系。未来研究者可以进一步深入挖掘冲动性与相关发展性问题的潜在机制，并为相关问题的预防和干预提供对策建议。

# 第五章

# 冲动性与青少年抑制控制功能

# 第一节　抑制控制的概念及类型

抑制控制是个体为了做出恰当的反应对自身注意、行为、想法和情绪进行控制的心理过程。在个体出生后第二年，抑制控制功能开始发展，在 4 岁左右迅速发展，最初的 6 年是抑制控制功能发展的重要时期。抑制控制对个体发展具有重要意义。抑制控制不仅能使个体在一定程度上摆脱习惯和反射对个体的控制作用，使个体可以按照自己的主观意愿行动；并且与工作记忆、认知灵活性等紧密联系，在复杂认知任务中对其他认知过程进行控制与调节；还能预测个体未来的学业成就、数学能力、语言能力、消极情绪理解、人际技能等。当个体抑制控制功能发展不完善或者出现损害时，会产生各种各样的行为问题。本节介绍抑制控制功能的概念和类型。

## 一、抑制控制的概念

执行功能（executive function，EF）是指对各种认知过程进行控制和调节的高级认知功能，包括抑制控制、工作记忆以及认知灵活性等成分（Diamond，2013）。抑制控制（inhibitory control）作为执行功能的核心成分，是指个体为避免与当前任务无关的刺激对认知过程干扰而将其抑制的能力。一些研究者认为抑制控制是个体对与当前任务无关的或者优势反应的抑制能力。戴蒙德（Diamond，2013）认为抑制控制是指个体为了抵制强烈的内在倾向或外在诱惑做出恰当的行为而对自己的注意、行为、想法或情绪来进行控制的心理过程。

抑制控制从个体出生后第二年开始发展，6 岁之前是个体抑制控制发展的重要时期。研究者用不同范式发现 4 岁左右，幼儿的抑制控制能力发展最快。抑制控制对个体具有十分重要的意义，它可以使个体在一定范围内摆脱习惯的控制，例如冲动、旧有的思维或行为习惯（条件反射），以及/或环境刺激，可以让个体自由选择如何反应和如何行动。此外，抑制控制能力与工作记忆、流体智力、阅读能力等高级认知功能关系密切，并且与工作记忆、认知灵活性构成执行功能，对其他认知过程进行控制与调节。研究发现抑制控制可以显著预测个体问题解决能力（Senn et al.，2004），数学计算、语音意识和词汇知识等学业成就（Blair & Razza，2007）、消极情绪理解（田园等，2019）和人际技能（谢庆斌等，2020）。对于抑制控制能力较低的个体，其容易产生攻击行为（Barker et al.，2007）等问题。此外，研究还发现抑制控制和许多心理障碍有密切联系，例如注意缺陷多动障碍（Barkley，1997）、害羞焦虑（Albano et al.，1996）、酗酒和药物滥用（Sher & Trull，1994）、反社会行为（Newman & Wallace，1993）等。

## 二、抑制控制的类型

许多研究者把抑制控制视为多维结构。不同研究者采用不同方法对抑制控制的结构进行研究，如表 5.1 所示。

表 5.1 抑制控制的分类方式总结

| 研究者 | 分类 |
| --- | --- |
| Wöstmann（2013） | 动作反应抑制（motor response inhibition） |
|  | 反射抑制（reflex inhibition） |
|  | 干扰抑制（interference inhibition） |
| Harnishfeger（1995） | 对干扰有意识的认知抵抗（intentional cognitive resistance to interference） |
|  | 有意识的认知抑制（intentional cognitive inhibition） |
|  | 有意识的行为抑制（intentional behavioral inhibition） |
| Nigg（2000） | 干扰控制（interference control） |
|  | 认知抑制（cognitive inhibition） |
|  | 行为抑制（behavioral inhibition） |
|  | 眼球运动抑制（oculomotor inhibition） |
| Friedman & Miyake（2004） | 优势反应抑制（prepotent response inhibition） |
|  | 分心物干扰抑制（response-distractor inhibition） |
|  | 前摄干扰抑制（proactive interference） |
| Braver（2007） | 主动性控制（proactive control） |
|  | 反应性控制（reactive control） |
| Diamond（2013） | 干扰控制（interference control） |
|  | 自我控制（self-control） |

一些研究者认为抑制控制是指个体抑制优势反应的能力或者抑制不恰当、与当前任务无关或不再需要被激活的行为的能力（Wöstmann et al., 2013）。抑制具有不同的形式，可被分为动作反应抑制、反射抑制和干扰抑制。动作反应抑制是指个体抑制不恰当或者不符合当前需要的反应的能力，反射抑制是指个体对自动的反射行为的抑制能力，干扰抑制是指个体对干扰和占用目标刺激的工作记忆资源的竞争刺激进行抑制的能力。

从自动/有意、认知/行为、抑制/对干扰的抵抗3个维度对抑制过程进行分析：针对第1个维度，研究者发现抑制控制分为自动抑制和有意抑制。自动抑制发生于注意过程之前，即信息在进入意识之前就已经被抑制，这类抑制过程不需要意识参与。例如要求个体根据上下文线索选择多义词的恰当含义，在这个过程中，个体自动抑制了多义词不恰当的含义。有意抑制是指个体对来自内部或外部的信息进行有意识的选择，例如定向遗忘等。针对第2个维度，根据抑制控制作用的心理结构将其分为认知抑制控制和行为抑制控制。认知抑制控制是指个体对认知内容或认知过程进行有意识或无意识的抑制或内省，例如有意识地控制意识中加工的认知内容，从记忆中清除不正确的推理，或者抑制多义词的不恰当含义等；行为抑制控制是指个体对外显行为的有意识的控制，例如抵制诱惑、延迟满足、动作抑制、冲动控制等。针对第3个维度，研究者区分了两个容易混淆的抑制过程，其中，抑制是指对个体工作记忆的内容主动抑制的过程，而干扰的抵抗是指限制无关信息或引起分心的刺激进入工作记忆的过程。因此，哈尼什费格（Harnishfeger, 1995）根据这3个维度，将抑制控制分为3类：对干扰有意识的认知抵抗、有意识的认知抑制、有意识的行为抑制。

尼格（Nigg, 2000）将抑制控制过程划分为4类：干扰控制、认知抑制、行为抑制和眼球运动抑制。干扰控制是指对让个体分心或引起竞争反应的干扰刺激的抵御，或者对干扰当前工作记忆操作的内部刺激的抑制；认知抑制是指个体对无关的或者不想要的想法的抑制；行为抑制是指个体根据不同的环境线索对优势反应的自动地或有意地抑制；眼球运动抑制是指个体抑制眼球的反射性扫视。

弗里德曼和米亚克（Friedman & Miyake, 2004）发现，哈尼什费格或尼格提出的不同类型的抑制控制对应信息加工过程的不同阶段。干扰控制（或者干扰的有意识的认知抵抗）对应信息加工过程的知觉阶段，在这个阶段，个体选择相关信息，忽略无关信息；认知抑制（或者有意识的认知抑制）对应信息加工阶段的中间阶段，在这个阶段，信息进入个体的工作记忆；行为抑制（或者有意识的行为抑制）对应信息加工阶段的后期输出阶段，个体在这个阶段中必须选择相关的回应，抑制不正确的反应。因此弗里德曼和米亚克发现存在 3 种抑制控制成分：优势反应抑制、分心物干扰抑制、前摄干扰抑制。优势反应抑制是指个体有意识地抑制显性、自动或优势反应的能力；分心物干扰抑制是指个体对与当前任务无关的信息的抑制能力；前摄干扰抑制是指对工作记忆中不再与当下任务相关的信息的抑制能力。其中，优势反应抑制和尼格的行为抑制及眼球运动抑制对应，分心物干扰抑制和尼格的干扰控制对应，前摄干扰抑制和尼格的认知抑制对应。

还有研究者从信息加工的角度将抑制控制分为主动性控制和反应性控制。主动性控制指在任务前期准备阶段，个体仅选择注意与任务相关的线索信息，并把这些信息在工作记忆中进行表征和存储，形成相应的反应准备，准备做出反应。主动性控制是一种线索驱动的控制，是自上而下的信息加工方式。反应性控制指在个体在将要做出反应的阶段，灵活运用即时出现的任务相关信息或者先前的线索信息来指导或者修正当前的反应。反应性控制是一种探测驱动的控制，是自下而上的信息加工方式。

戴蒙德（Diamond，2013）将抑制控制划分为干扰控制和自我控制。干扰控制又分为注意水平的干扰控制和认知抑制。注意水平的干扰控制是指个体抑制无关刺激把注意集中于目标刺激的心理过程，这个过程可以分为自下而上的过程和自上而下的过程。自下而上的过程强调个体的注意被外界的新异刺激所吸引，而自上而下的过程则强调个体根据自己的目标或意图对刺激进行选择。认知抑制是指个体对外来的或与当前任务无关的想法或记忆的抑制，包括定向遗忘（Anderson & Levy，2009）、对前摄干扰的抑制（Postle et al.，2004）和对倒摄干扰的抑制（Isurin & Mcdonald，2001）。自我控制是指个体对自己行为和情绪的控制，主要分为两类：抵抗诱惑避免冲动反应（包括不违反规则来满足自己的需求、不欺诈或盗窃等）和避免分心坚持完成任务（强调在被分心的情况下坚持完成某事，例如延迟满足等）。

抑制控制对个体的发展具有重要意义，并受到研究者普遍关注。虽然目前抑制控制尚无统一的定义和分类，但这些定义和分类存在共性。总体来说，抑制控制过程可以自动或有意识地产生,也可以发生在信息加工的不同阶段(知觉阶段、记忆阶段、反应阶段);可以是对认知内容的抑制,也可以是对优势反应的抑制,还可以是不同的抑制过程,如干扰的抵抗和主动抑制过程。

## 第二节 抑制控制的理论模型

抑制控制一直是众多研究者关注的重点,它不仅可以解释不同个体之间的差异和发展变化,如智力、注意、记忆等。此外,它还涉及情绪调节和社会能力的发展。关于抑制控制的理论和模型有很多,这些理论从不同角度解释了抑制控制的机制、结构和作用等,本节主要对其中一些重要的理论模型进行介绍。

### 一、赛马模型

洛根和科万(Logan & Cowan,1984)最先提出了抑制控制的赛马模型(Horse-Race Model),认为在抑制控制的加工过程中存在两个相互独立且相互竞争的认知过程:反应过程(对刺激进行反应)和反应抑制过程(对停止信号进行反应)。行为最终能否被抑制则取决于这两个过程完成的相对时间,即这两个过程谁最先达到反应的阈限值。具体而言,如果反应过程于反应抑制过程之前完成,那么个体表现为做出了反应;如果反应抑制过程在反应过程之前完成,那么个体则实现了对行为的抑制。两个过程完成的时间受三个因素影响:停止信号延迟、无信号反应时、对停止信号反应的平均反应时。该模型不仅提出了抑制控制过程的认知机制,还提出了抑制过程潜伏期的计算方法,即停止信号反应时可作为抑制控制的有效指标,对抑制过程的潜伏期进行估计。

随着研究深入,神经生理学家发现激活行为的神经网络与抑制行为的神经网络间存在相互作用(Munoz et al.,2004)。也就是说,反应过程和抑制过程的神经基础并不是相互独立的。因此,研究者又进一步提出了交互赛马模型(Interactive Horse-Race Model)。该理论模型假设反应和反应抑制加工在开始阶段是相互独立的,但是抑制过程被激活后,两者便产生了交互作用,即抑制过程对反应过程产生暂时且强烈的干扰，从而实现抑制控制（Boucher et al.，2007）。具体而言，当刺激呈现时，反应过程被激活；当停止信号呈现时，抑制过程被激活；抑制过程激活后会对反应过程进行抑制。如果反应过程完成前抑制过程对其产生抑制作用，则个体会成功抑制行为的产生，若反应过程完成前抑制过程没有对其产生影响则行为产生。

## 二、低效抑制模型

哈尼什费格认为抑制是一个主动的压抑过程，它能防止无关信息进入并保存在工作记忆中进而保证认知过程的完整性。在此基础上，比约克伦德和哈尼什费格（Bjorklund & Harnishfeger，1990）提出了低效抑制模型（Inefficient Inhibition Control Model）。该模型把认知资源看作有限的、固定的，因此认知个体的认知加工能力的提高不是认知资源容量的扩大，而是加工效率的提高，其中加工效率的提高包括操作效率和抑制效率这两个进程的提高。此外，该模型认为，随着儿童年龄的增长，主动抑制能力增强，抑制过程会变得更有效率，儿童能够逐步减少进入工作记忆的无关信息量，进而增大工作记忆的容量，认知加工效率在成年时达到最高水平。许多基于 Stroop 任务、停止信号任务实验范式的研究都证实了抑制效率的发展性变化。对这一发展性变化的可能性解释是，加工效率和抑制的发展性变化与髓鞘化的形成有关，髓鞘化会增加神经细胞团之间的线性传递，同时减少侧传递。线性传递速度的提高和其他细胞团之间干扰的减少，可增进短时记忆储存信息、执行策略任务的能力（周玫，周晓林，2003）。

## 三、双重认知控制理论

抑制控制的双重认知控制（dual mechanisms of cognitive control account，DMC）理论，由布劳韦尔和伯吉斯（Braver & Burgess，2007）提出，是近期受到关注的关于抑制控制的一个新理论（Braver，2012；向玲等，2020）。该理论提出认知控制包含两种不同的控制模式，即主动性控制（proactive control）和反应性控制（reactive control）。主动性控制是指在任务前期准备阶段，有选择地对任务相关的线索信息进行注意加工，以目标驱动的方式优化注意和知觉，这与多数认知控制理论中所提出的"个体对自身思想和行为的控制是通过主动地抑制不恰当行为、激活与任务相关的行为偏向、形成与规则相一致的表征方式来实现的"观点一致（徐雷等，2012）。主动性控制是一种线索驱动的控制，受自上而下的信息加工影响较大（Braver & Burgess, 2007）。反应性控制指在将要做出反应时，灵活运用即时出现的任务相关信息解决冲突，并在需要运用先前的线索解决当前的冲突时，通过检索重新激活先前的线索信息，以指导当前的反应并修正可能存在的错误反应倾向，只在有需求时适时被调动（徐雷等，2012）。反应性控制是一种探测驱动的控制，受自下而上的信息输入影响较大（Braver & Burgess, 2007）。

双重认知控制理论指出，主动性控制和反应性控制这两种认知控制方式相互独立，可以同时被个体运用，而非两者择其一。人们在执行任务过程中，可以根据任务情况同时运用两种冲突控制策略，个体在认知任务中需要对这两种认知控制进行权衡，使用其中一种更适合当前任务情景的控制策略来解决冲突。具体而言，主动性控制通过在反应前维持线索信息的表征来阻止冲突，是一种早期选择加工，能更有效地控制行为。反应性控制在反应前期准备阶段信息的表征较少，反应相关的准备不多，不会有太大的认知负载，是一种晚期修正加工。与主动性控制相比，反应性控制具有适应性更好、资源消耗更低、更利于向自动化转变的优点，但其控制效果不够理想。因此在任务操作要求较高（如高正确率）、当前刺激提供的信息不足时，不适合运用这一策略。研究者指出，影响这一认知控制权衡的因素有任务要求（如奖励）、周围环境、自身状况（如年龄、智力、期望）等（Burgess & Braver, 2010; Chatham et al., 2009; Czernochowski et al., 2010; Friedman et al., 2009; Jimura et al., 2010）。

## 四、抑制控制的数学模型

莱曼等（Lyman et al., 2010）在一项关于抑制控制的研究中发现，在停止信号任务中，被试对当前任务反应的正确与否会影响其之后反应的正确率。因此，莱曼等认为个体能否成功地抑制当前行为会影响个体抑制之后行为的能力，并且这种抑制是一种自上而下的控制。基于这一发现，莱曼等提出了抑制控制的数学模型。

该模型认为个体行为能否产生由抑制控制资源的使用量来决定。成功抑制行为需要尽可能多的抑制资源，并且尽量少地对之前刺激做出反应。抑制活动会引起前额皮层的周期性激活，从而影响个体对之后行为进行抑制的程度。因此，该模型假设存在一个由执行监控和下行控制组成的网络系统，这个网络可以用来解释抑制后效应现象。在反应条件下，反应神经组群激活水平达到某一固定阈限时就会产生行为；在抑制条件下，抑制神经组群逐渐被激活，但是最终的行为产生与否则还取决于停止信号延迟。抑制神经组群被激活的同时位于前扣带回区域负责监控的神经组群也被激活，该神经网络的作用是对抑制神经组群和反应神经组群不同时间进程的冲突进行调节。而前扣带回的激活导致前额叶皮层的激活，前额叶皮层周期性激活会影响个体之后的行为。该理论可用于解释个体由于老化所引起的行为抑制能力减弱，以及诸如精神分裂症等疾病所导致的行为抑制障碍（Lyman et al., 2010）。

综上所述，研究者从不同角度提出了抑制控制的理论模型（表5.2），这些抑制控制理论有的是建立在实验研究基础上的理论模型，有的是研究者独自提出的假设，为今后的相关实证研究提供了可供参考的理论框架。

表 5.2 抑制控制的重要理论模型

| 理论模型 | 提出者 | 主要观点 |
| --- | --- | --- |
| 赛马模型 | Logan & Cowan（1984） | 独立模型：抑制控制加工过程中存在反应过程和反应抑制过程两个相互独立且相互竞争的认知过程，行为最终能否被抑制则取决这两个过程完成的相对时间 |
|  | Boucher et al.（2007） | 交互模型：反应过程和反应抑制过程在开始阶段相互独立，当抑制过程被激活后两者产生交互作用 |
| 低效抑制模型 | Bjorklund & Harnishfeger（1990） | 认知资源是固定的、有限的，因此个体的认知加工能力的提高是加工效率（操作效率和抑制效率）的提高。抑制过程效率随儿童年龄的增长而提高，在成年时达到最高水平 |
| 双重认知控制理论 | Braver & Burgess（2007） | 认知控制包含主动性控制和反应性控制两种相互独立的控制模式，个体可以根据任务情况选择一种更适合的策略或同时运用这两种冲突控制策略 |
| 抑制控制的数学模型 | Lyman et al.（2010） | 抑制控制资源的使用量决定行为产生与否。成功抑制行为需要尽可能多的抑制资源，并且尽量少地对之前刺激做出反应。抑制活动会引起前额皮层的周期性激活，从而影响个体对之后行为进行抑制的程度 |

## 第三节 抑制控制的测量

目前有关抑制控制功能的测量主要在实验室条件下进行。本节旨在介绍针对不同抑制控制成分（反应抑制、干扰抑制、延迟折扣）的实验范式。

### 一、反应抑制的测量

（一）Go/NoGo 任务

Go/NoGo 任务是测量反应抑制最常见的范式，包含两种刺激，一种是出现次数较多的 Go 刺激（高频刺激），另一种是出现次数较少的 NoGo 刺激（低频刺激）。当 Go 刺激出现时，要求被试快速进行按键反应；当 NoGo 刺激出现时，要求被试不做出任何反应（Menon et al., 2001）。对 NoGo 刺激不做出反应即克制已经形成的操作习惯可以用来评估个体抑制优势反应的能力。实验过程中通常将个体在 Go 刺激上的反应时和在 NoGo 刺激上的正确率作为反应抑制水平的测量指标，该任务所涉及的内在认知加工过程都包含对优势（或主导）反应倾向的抑制过程。

（二）停止信号任务

停止信号任务（stop signal task，SST）是另一种用来测量反应抑制的常见范式。停止信号任务包括反应任务（go task）和停止任务（stop task）两种任务类型。反应任务是指仅有反应信号（如方形或圆形）出现的任务，被试需要对反应信号做出快速而准确的选择反应（如方形按左键，圆形按右键），此任务一般占总试验次数的 75%—80%。停止任务是指反应信号出现后间隔一定时间，伴随出现了一个停止信号（视觉信号或听觉信号），被试需要立即停止当前进行的按键反应。相比 Go/NoGo 任务，停止信号任务的反应任务类似于选择反应时任务，相当于 Go 信号触发的"执行加工"；而当被试在检测到停止信号后必须停止反应，相当于 NoGo 信号触发的"停止加工"。"执行加工"和"停止加工"是两个相互独立进行的过程，个体的停止信号反应时（stop signal reaction time，SSRT）是相对稳定的（Logan & Burkell，1986）。在停止信号任务中，如果个体的停止加工先于执行加工完成，那么个体就能够成功抑制当前行为；反之，若执行加工先于停止加工，则说明反应抑制失败（Logan，1994）。

停止信号任务通常包括几个重要的测量指标：停止信号反应时、反应信号反应时、停止信号延迟时间、成功抑制率或失败抑制率。

1）停止信号反应时：指从停止信号出现至被试完成停止任务的时间，即被试成功抑制一个动作冲动的反应时间。SSRT 是停止信号任务中最重要的指标。SSRT 值越大，表明被试对停止信号的反应时越长，反应抑制能力越弱；SSRT 值越小，表明被试抑制反应冲动的速度越快，反应抑制能力越强。

2）反应信号反应时（Go task reaction time，Go RT）：指被试对反应信号的反应时间。它代表了被试对刺激的一般反应速度，是判断被试一般性认知控制功能是否受损的一个辅助性指标。Go RT 通常与 SSRT 一起使用，能够在一定程度上揭示反应抑制能力不足的类型。

3）停止信号延迟时间（stop signal delay，SSD）：指反应信号与停止信号之间的时间间隔。研究者通常用固定法和跟踪法来设置 SSD。固定法是将 SSD 设置为几个固定值（如 100ms、250ms、400ms），在停止任务中固定值通常按一定比例随机出现且每个固定值出现次数相等。跟踪法是通过自动调整 SSD 的时长来适应不同反应速度的被试，是目前研究中采用较多的方法。具体来说，当被试在某个停止任务中成功抑制按键反应后，下一个 SSD 将增加 50ms，以加大被试成功抑制的难度；反之，减少 50ms 以降低被试的抑制难度。

4）成功抑制率（inhibition/signal）或失败抑制率（response/signal）：指被试在停止信号任务中能够成功抑制的概率。在其他条件相同的情况下，被试的成功抑制率越高，表明其反应抑制能力越强。成功抑制率与失败抑制率之和恒等于 1。

（三）双选择 Oddball 范式

双选择 Oddball 范式（two-choice Oddball task）中有两种出现概率差异较大的刺激。一种是出现概率大的刺激称为标准刺激，另一种是出现概率小的刺激称为偏差刺激。一般而言，偏差刺激的出现概率小于 30%，通常为 20% 左右；标准刺激的出现概率大于 70%，通常为 80% 左右。在双选择 Oddball 范式中，被试需要尽可能快速准确地对短时呈现的大概率标准刺激和小概率偏差刺激做出不同的按键反应。由于标准刺激的出现频率远高于偏差刺激，被试会对标准刺激形成优势反应冲动，在低频率的偏差刺激出现时，被试需要抑制自己想要按下标准刺激反应键的冲动，从而对偏差刺激做出正确的按键反应。该范式可提供被试在标准与偏差两种条件下的反应时和正确率。反映抑制控制的行为指标包括偏差刺激与标准刺激的反应时之差（即反应时代价）和反应正确率的降低（即准确率代价）。

## 二、干扰抑制的测量

（一）Stroop 任务

Stroop 任务是在研究干扰控制中最常用的实验范式。经典的词—色 Stroop 任务在实验过程中会向被试呈现颜色词，但词的颜色与词义之间会相互干扰。被试需要在忽略词义的情况下对词的颜色进行判断。Stoop 任务范式依据颜色加工和词义加工属于两个独立的加工系统，词义加工是自动化加工，而颜色加工是意识加工，因此当词义与颜色一致时会加快个体的反应，当词义与颜色不一致时词义会干扰个体对颜色的判断，即一致条件下的反应时短于不一致条件下的反应时，这种现象称为 Stroop 效应。目前 Stoop 任务存在图-词 Stroop 任务、空间位置 Stroop 任务、情绪 Stroop 任务等变式。

（二）Flanker 任务

Flanker 任务又称侧抑制任务，实验过程中会向被试呈现两种刺激：目标刺激和干扰刺激。目标刺激位于屏幕中央，干扰刺激出现在屏幕的左右两侧，被试需要对目标刺激做出按键反应。在 Flanker 任务中，被试对目标刺激朝向的识别和判断会受到两侧干扰刺激的影响，这种影响称为冲突效应（conflicting effect），目标刺激与干扰刺激朝向一致时的反应时通常短于不一致时的反应时。

## （三）Simon 任务

在 Simon 任务中，被试需要快速准确地对靶刺激按照其特征（如位置在左或左朝向的箭头）与左右手是否匹配做出反应。Simon 任务包括一致与冲突两种条件。一致条件是指靶刺激的特征与所要求的反应匹配，如用左手对朝向左的箭头进行反应，用右手对朝向右的箭头进行反应；冲突条件是指靶刺激的特征与所要求的反应不匹配，如用右手对位置在左的箭头反应，用左手对位置在右的箭头反应。一般情况下，冲突条件下的反应时长于一致条件下的反应时，错误率更高；一致条件下会产生较快较准确的反应。冲突条件和一致条件下反应时或错误率上的差异称为 Simon 效应。

## 三、延迟折扣的测量

延迟折扣任务（delay discounting task，DDT）要求被试在计算机屏幕上选择代表金钱奖励的卡片，屏幕左右两侧的卡片分别代表给予被试的即时奖赏和延迟奖赏。在实验过程中，被试需要在立即获得但价值较小的选项（例如现在获得 10 元）和延迟获得但价值较大的选项（例如 6 个月后获得 1000 元）间做出选择。通过改变即时奖赏的额度和延迟奖赏的时间，测量这两种数额不同的奖赏在特定延迟时间的无差异点（indifference point），即主观价值相等点。常用的实验范式是在譬如 10 000 元的延迟奖赏条件下，被试可获得的即时奖赏在 10—10 000 元分设 30 个等级，每种等级条件下对应的延迟奖赏时间包括 8 个水平，即 25 年、5 年、1 年、6 个月、2 个月、1 周、1 天和 6 小时。每种延迟奖赏时间条件均有 30 次选择，通过选择可以求出被试的主观相等点，即立即奖赏和延迟奖赏近似相等的值。该值代表延迟奖赏在某个特定延迟时间上所能代表的主观价值。根据每个延迟奖赏时间的无差异点可以绘制出无差异曲线（indifference curve），该曲线说明延迟奖赏的主观价值随延迟奖赏时间的增加而下降的情况，曲线的形状反映个体对延迟奖赏的折扣速度，即延迟折扣率 $k$。因此，延迟折扣率 $k$ 被看作评价被试行为冲动性的核心指标，它可通过双曲线方程 $V=A/(1+kD)$ 求得。其中参数 $V$ 代表延迟奖赏的主观价值，即无差异点；$A$ 代表延迟奖赏值；D 代表延迟奖赏的时间。k 值越大，说明延迟奖赏随着延迟折扣时间的增加，其主观价值越小，即其价值下降的速度越快，被试更倾向于做出选择即时奖赏的冲动行为。

综上所述，抑制控制功能的不同成分可以通过不同类型的抑制控制任务进行测量（表 5.3），未来研究者可以根据研究需要，对现存的任务范式进行改编，从而丰富抑制控制功能的测量范式。

表 5.3　抑制控制测量的实验范式

| 抑制控制成分 | 实验范式 | 实验刺激 | 测量指标 |
| --- | --- | --- | --- |
| 反应抑制 | Go/NoGo 任务 | Go（高频）刺激、NoGo（低频）刺激 | Go 刺激上的反应时<br>NoGo 刺激上的正确率 |
|  | 停止信号任务 | 反应任务（Go task）<br>停止任务（Stop task） | 停止信号反应时、反应信号反应时<br>停止信号延迟时间<br>成功抑制率或失败抑制率 |
|  | 双选择 Oddball 范式 | 标准刺激、偏差刺激 | 偏差刺激与标准刺激的反应时的差异（即反应时代价）<br>反应正确率的降低（即准确率代价） |
| 干扰抑制 | Stroop 任务 | 一致刺激、不一致刺激 | 反应时 |
|  | Flanker 任务 | 目标刺激、干扰刺激 | 反应时 |
|  | Simon 任务 | 一致条件、冲突条件 | 反应时或错误率 |
| 延迟折扣 | 延迟折扣任务 | 奖赏额度延迟奖赏时间 | 无差异点（主观价值相等点） |

## 第四节　冲动性与反应抑制和干扰抑制的联系

抑制控制能力不足可能是高冲动性个体冲动控制失败的原因。本节主要从反应抑制和干扰抑制两个方面介绍冲动性与抑制控制功能的关系。

### 一、冲动性与反应抑制

反应抑制即行为抑制，是指个体抑制不符合当前需要或不恰当行为反应的能力，它能帮助人们产生灵活的、目标指向的行为，以适应不断变化的任务环境

（Logan & Cowan，1984）。反应抑制主要采用的研究范式包括 Go/NoGo 任务和停止信号任务，常用的冲动性人格特质问卷包括 BIS-11 和艾森克冲动性问卷。

在以健康人群为被试的停止信号任务中，关于反应抑制行为表现和冲动性的关系尚无一致结果。高冲动水平被试对停止信号需要更长时间进行反应抑制，表明了高冲动性水平个体抑制控制能力不足（Marsh et al.，2002）。有研究发现 BIS-11 的无计划冲动性与停止信号任务中反应抑制能力不足相关（Shen et al.，2014），即相对于低冲动性水平组，高冲动性水平组在反应任务中存在较低的正确率，而两组的停止任务反应时无显著差异。也有研究发现停止信号反应时与巴瑞特冲动性（总分、无计划分量表）的相关较弱（Skippen et al.，2019）。威尔贝茨等（Wilbertz et al.，2014）在研究中使用 UPPS 冲动量表，结果发现急迫性子维度得分较低的被试在信号停止任务上表现较好。同样，元分析的结果也表明高冲动性水平组在反应抑制任务中表现更差（Jauregi et al.，2018）。然而，有些研究在正常人群中并没有发现冲动性与停止信号反应时间之间存在显著相关关系（Castro-Meneses et al.，2015）。有研究者对此进行了解释，认为一般人群中的高冲动性水平不够极端，不足以揭示高低冲动性水平在反应抑制方面的差异（Lijffijt et al.，2005）。

在以健康人群为被试的 Go/NoGo 任务中，关于反应抑制行为表现和冲动性的关系也尚无一致结果。一些研究发现 BIS-11 与 Go/NoGo 任务错误率呈显著正相关（Aichert et al.，2012）。同样，韦达克等（Weidacker et al.，2016）和雷诺兹等（Reynolds et al.，2006）的研究也发现 BIS-11 得分越高的个体，预示着其 Go/NoGo 任务的抑制能力越差。然而，凯尔普等（Keilp et al.，2005）发现 BIS 无计划冲动性与 Go/NoGo 反应抑制任务的表现没有相关关系，而动作冲动性与 Go/NoGo 任务的反应抑制能力关系更为密切。斯万等（Swann et al.，2002）在健康成人样本中研究发现，在连续表现任务上的反应抑制与巴瑞特冲动性显著相关。但另外一些研究没有发现类似的关系（Bernoster et al.，2019；Meda et al.，2009）。

## 二、冲动性与干扰抑制

干扰抑制是指当人们反应目标与反应动作不一致，或占用和干扰目标相关工作记忆资源的内部刺激时，压抑无关干扰刺激的过程（Logan & Cowan，1984）。干扰抑制涉及的两个过程是响应冲突的检测和控制的实现（Lansbergen et al.，2007b）。

长期以来，干扰抑制作为执行功能障碍的关键过程之一，研究者一直以 Stroop 任务作为研究干扰抑制的主要范式。冲动性与干扰抑制之间的相关研究并未发现一致的研究结果。例如，恩蒂科特等（Enticott et al.，2006）和波斯纳等（Posner et al.，2002）的研究发现，在健康被试中，BIS-11 得分与 Stroop 任务表现之间存在显著相关关系。有研究（Portugal et al.，2018）同样发现采用巴瑞特冲动量表测量的被试的冲动性水平越高，Stroop 效应越明显。但在艾歇特等（Aichert et al.，2012）和帕普等（Paap et al.，2020）的研究中没有发现 BIS-11、UPPS 冲动行为量表与 Stroop 任务表现之间的相关性。

此外，维瑟等（Visser et al.，1996）的研究发现，高社会性冲动儿童的负启动效应减弱，但在 Stroop 任务上的表现则没有显著差异。在另一项中发现，即高低水平的冲动性个体在实验过程中都没有受到刺激产生的干扰影响（Dickman，1985）。

综上所述，个体的冲动性与抑制控制功能之间联系的研究结果均存在不一致，这可能受到冲突水平和情绪加工等各方面因素的影响，此外，未来研究可以进一步探讨冲动性与抑制控制背后的影响因素。

## 第五节　冲动性青少年抑制控制与发展性问题

本章前几节重点介绍了冲动性与抑制控制功能的关系。研究者指出，抑制控制能力不足可能是冲动性导致青少年发展性问题的内在机制，包括学业和社会适应、内外化问题、成瘾行为以及心理病理障碍等。本节主要介绍抑制控制在冲动性与青少年发展性问题关系中的作用。

### 一、抑制控制在冲动性与学业和人际适应关系中的作用

青少年往往伴随一系列学业和社会适应问题，这些表现与个体的冲动性具有

密切的联系，高冲动性水平个体会表现出更差的学业成绩，并且在人际交往过程中，具有高冲动性水平个体也会做出一些不利于人际关系建立的冲动行为，而抑制控制功能在其中起到了非常关键的作用。有研究发现，自我报告的执行功能量表得分与学业成绩成反比，即执行功能越差，学习成绩越低，学习成绩低的学生在执行功能，包括工作记忆和有意识地监督他们的行为方面有更大的困难（Ramos-Galarza et al., 2019）。

在人际交往过程中，具有冲动性的个体可能由于其抑制控制能力较差而不能很好地抑制冲动行为，从而做出一些不利于人际关系建立的冲动行为。道森等（Dawson et al., 2012）的研究发现，个体自我报告的冲动性（由 BIS-11 测量）和自我报告的执行功能（执行功能行为评定量表）都显著预测了个体的社会功能，且冲动性与执行功能呈显著相关，这表明冲动性个体的社会功能表现可能与执行功能有关。此外，也有研究对临床人群进行研究。例如，叶青珊等（2018）的研究发现，服刑人员的冲动性和自我控制能力与他们的社会适应总分及其 4 个子维度（遵守规范、工作适应、回归社会前的准备和人际适应）得分均呈显著负相关；服刑人员的自我控制能力在冲动性与社会适应的关系中起部分中介作用。根据以上研究可以看出，具有冲动性的个体，其抑制控制功能较差，其无法有效控制自己的行为，更容易表现出学业适应问题和人际适应问题。

## 二、抑制控制在冲动性与内外化问题关系中的作用

冲动性与内外化问题存在着密切联系，具有高冲动性的个体容易产生攻击行为，同时伴随抑郁、焦虑等症状。而执行功能障碍，特别是抑制控制能力不足，是外化问题产生的风险因素。通常抑制控制水平较低或工作记忆存在问题的儿童冲动性水平较高，无法对社会信息进行充分的存储和及时的加工处理，这使得儿童在社会交往过程中很难迅速找到恰当的问题解决策略来合理地解决矛盾冲突。因此，儿童在面对冲突性情境时会做出冲动性的不恰当行为或破坏性行为。艾森伯格等（Eisenberg et al., 2009）的研究发现，外化问题（纯粹的或与内化问题同时发生的）与较低水平的努力控制、较高水平的冲动性和消极情绪有关。对于只存在内化问题的儿童（没有外化问题）与低冲动性水平之间存在关联。与内化

问题相关的低冲动性水平可能反映出抑制、僵化的行为（即反应性过度控制）。过度控制型个体由于过于压抑，往往更容易出现内化问题，具体表现为较低的自尊以及较高的孤独感、抑郁等。

总之，抑制行为冲动的能力对于避免个体的内外化问题具有重要意义。外化问题（或与内化问题同时发生的）与较低的努力控制、较高冲动性水平有关，而内化问题则与较低的冲动性水平有关，这些结果也提示加强对冲动倾向控制的干预可能有助于减少青少年的内外化问题。

## 三、抑制控制在冲动性与成瘾行为关系中的作用

前文中的研究表明高冲动性作为一种人格特质，与成瘾行为（包括物质成瘾和行为成瘾）增加存在密切联系。接下来我们将着重探讨抑制控制在冲动性与成瘾行为之间的关系中的作用。

就成瘾行为而言，冲动性表现为成瘾个体无法自我控制而造成的持续性药物使用行为。当个体的抑制控制能力不足时，其就会呈现冲动性用药反应。抑制控制能力不足与青少年酒精使用障碍（alcohol use disorder）以及其他药物成瘾等有关。研究发现，物质成瘾者比没有用药的健康对照组具有更高的冲动性水平，主要表现为感觉寻求、注意冲动、无计划性、低水平抑制控制以及负性急迫感（Zeng et al., 2013）。低水平抑制控制是指难以取消已经发动的动作反应，表现为动作性冲动，通常采用 Go/NoGo 或者停止信号任务来测量。周振和等（Zhou et al., 2014）的研究发现，网络成瘾组和酒精依赖组的巴瑞特冲动性量表得分显著高于正常对照组，在测量反应抑制控制的 Go/NoGo 任务中的误报率也显著高于正常对照组，但命中率显著低于正常对照组，而网络成瘾组和酒精依赖组的误报率和命中率无显著差异。这些结果表明，网络成瘾与物质相关成瘾相似，低效的自我控制可能导致不适应行为和无法抵抗网络使用。

由此可见，抑制控制在冲动性与成瘾行为之间起桥梁性作用，具体来说，冲动性水平较高的个体，由于缺乏计划性和行为结果的前瞻性，其抑制冲动的能力较弱，因此其更容易表现出较强的成瘾倾向。抑制控制可能构成冲动性增加个体成瘾行为的内部机制。

## 四、抑制控制在冲动性与冒险行为关系中的作用

冲动性是个体产生冒险行为的重要人格特征之一，也是青少年冒险行为的稳定预测因素，先前的研究表明，高冲动性水平的人比低冲动性水平的人更容易参与危险行为。冲动性与冒险行为和危险的摩托车驾驶有关。与低冲动性水平的摩托车手相比，高冲动性水平的摩托车手会有更多的冒险行为，而且其抑制反应能力也较低。中等冲动性水平和高冲动性水平的摩托车驾驶员比低冲动性水平的摩托车驾驶员更容易发生摩托车事故。因此，与冲动性水平较低的人相比，冲动性水平较高的通勤摩托车手会承担更多风险，表现出更少的反应抑制。同样，研究也表明，在 Go/NoGo 任务中，具有违规驾驶行为的人表现出更低的抑制控制能力（O'Brien & Gormley，2013）。

因此，冲动性水平较高的人常常表现出较差的反应抑制能力和更强的冒险意愿。这些发现有利于对具有危险行为的人进行研究，并设计干预措施，以改变他们的认知行为特征。

## 五、抑制控制在冲动性与心理病理障碍关系中的作用

前文系统介绍了冲动性可能是导致心理病理障碍的重要因素，如睡眠障碍、进食障碍和人格障碍等。临床研究发现，高冲动性水平是多种精神疾病和心理障碍的一个重要表现，这些精神疾病和心理障碍患者，往往比正常人具有更高水平的冲动性（Bornovalova et al.，2005），而反应抑制能力不足则是当前各种精神病理理论的核心。在这些理论中，反应抑制能力不足被认为是精神类疾病的认知功能特征，即调节不良行为和冲动行为。

在 ADHD 患者中，高冲动性水平和抑制控制能力不足都被视为核心问题，且在结构上存在重叠（Aichert et al.，2012）。研究表明 ADHD 患者比健康对照组有更高的 Go/NoGo 任务错误率（Mahone et al.，2009），在停止信号任务中，主要表现为对停止信号的反应时更长（Lijffijt et al.，2005）。在 BPD 患者中，劳伦斯等（Lawrence et al.，2010）使用延迟折扣任务测量 BPD 患者和健康群体的选择偏好，研究结果发现 BPD 患者更倾向于即时满足；另外一项研究发现，与健

康人群相比，BPD 患者在 Go/NoGo 任务中犯错误的概率更大（Rentrop et al.，2008）。然而，兰普等（Lampe et al.，2007）的研究没有发现 BPD 患者的认知功能受损。有研究（Liu et al.，2011）发现，与对照组相比，SUD 患者的延时记忆任务错误率和 BIS-11 评分更高，表明 SUD 患者的抑制控制能力受损、冲动性增强，这与以往的研究结果一致；另外一项使用停止信号任务的研究也发现 SUD 患者表现出抑制控制能力不足，表现为停止信号反应时的增长（Fillmore & Rush，2002）。

许多认知理论认为抑制控制能力不足是 ADHD 的核心问题，因此许多研究使用 Stroop 任务来检验 ADHD 的干扰抑制，但结果并不一致。一些研究表明，与正常对照组相比，ADHD 组在 Stroop 任务中对不一致条件下的刺激反应时更长。例如，有研究发现 ADHD 组和正常对照组在 Stroop 干扰抑制的得分方面存在显著差异，ADHD 组完成不一致颜色-词组任务的时间比正常对照组更长（Slaats-Willemse et al.，2003）。还有研究表明，正常对照组在 Stroop 任务的控制和干扰条件下的表现优于 ADHD 组（Homack & Riccio，2004）。但也有一些研究发现 ADHD 组与正常对照组在 Stroop 任务中没有表现出差异。例如有研究发现，与 ADHD 组相比，正常对照组表现出几乎相同的 Stroop 干扰抑制水平（Hervey et al.，2004）。

综上所述，抑制控制能力不足在冲动性与青少年发展性问题（包括学业和社会适应、内外化问题、成瘾行为以及心理病理障碍等）的关系中存在非常重要的作用。冲动性水平较高的人常常表现出较差的抑制控制能力，他们无法有效控制自己的行为，从而更容易表现出各种发展性问题。这也表明抑制行为冲动的能力对于减少个体的发展性问题具有重要意义。同时，这些结果也为进一步减少青少年的发展性问题提供了有效实施干预的方向。

# 第六章

# 冲动性青少年抑制控制的神经生理基础

第六章

中国农业与农村社会经济

历史考察研究

# 第一节　冲动性青少年抑制控制的外周神经生理基础

目前还没有广泛的研究探讨冲动性、抑制控制和外周神经生理的关系，也缺乏相关的理论揭示其内部机制。本节从既往研究中梳理冲动性、抑制控制和外周神经生理的关系。

## 一、外周神经生理基础

自主神经系统是外周神经的重要组成部分。自主神经包括两个分支，交感神经和副交感神经。交感神经和副交感神经共同支配心脏的活动。交感神经的功能是促使个体战斗/逃离反应，以应对环境需求；副交感神经的功能是降低个体的生理唤醒并促进体内平衡，从而支持自我调节、社会参与和抑制交感神经唤醒。当个体处于静息状态时，副交感神经通过抑制心脏窦房结的活动以及交感神经对心脏的作用，从而保持心率缓慢而稳定。当处于应激状态时，个体"解除"副交感神经对心脏窦房结的抑制作用，使心率增加（Porges，2007）。如果副交感神经的撤出不足以动员足够的资源来应对应激源，个体的交感神经活动就会增多，以便机体产生更多的资源来应对应激源（Suurland et al.，2017）。交感神经活动常常采用射血前期（pre-ejection period，PEP）来直接评估。射血前期，即心室收缩时左心室去极化与血压打开主动动脉瓣的时间间隔。该过程只受到交感神经的支配，所以射血前期可以作为交感神经系统活动的指标，以反映交感神经系统的活动水平的大小。PEP 值较低代表交感神经的活动水平较高，PEP 值较高则代表交感神经的活动水平较低（Obradović et al.，2011）。副交感神经活动则采用 RSA 来评估。RSA 是指个体在一个呼吸周期内心率的变化（Beauchaine，2015），由于副交感神经张力随着呼吸节奏而发生有节律性的变化，即吸气时副交感神经会暂时断开对心脏的抑制，从而传出减少，心率加速；而呼气时副交感神经恢复对心脏的抑制，心率减速，因此，研究者把 RSA 作为反映副交感神经张力大小的指标。RSA 值较高表示副交感神经对心脏的抑制作用较强，反之，RSA 值较低表示副交感神经对心脏的抑制作用较弱。RSA 指标又分为基线 RSA（即静息状态下的 RSA）和 RSA 反应性（即应对环境变化时 RSA 的变化）。基线 RSA 反映个体维持体内平衡的生理调节能力，也被视为自我调节的生理指标。RSA 反应性反映副交感神经应对环境挑战的灵活性。此外，研究者也常常采用心血管指标（心率、血压）来间接表示自主神经的活动水平（经旻等，2009）。心血管活动是由交感神经系统和副交感神经系统共同调控的，交感神经系统活动可以提高心率、升高血压，副交感神经系统活动则可以降低心率和血压。

## 二、冲动性、抑制控制的外周神经生理基础

（一）冲动性、抑制控制和外周神经活动的关系

个体的冲动性、抑制控制和自主神经反应有密切的关系。洛瓦洛（Lovallo, 2013）认为个体的应激生理反应与大脑额叶边缘功能有关，即大脑额叶边缘功能的改变会使个体生理应激反应钝化、认知改变和情感调节不稳定，从而导致个体出现更多的冲动行为。个体的心血管、皮肤电等反映个体交感神经和副交感神经活动的指标也被用于研究冲动性和抑制控制之间的关系。在毕贝等（Bibbey et al., 2016）的研究中，被试通过心率、收缩压、舒张压被分为高心血管反应组和低心血管反应组，采用停止信号任务评估个体的抑制控制能力，采用画圈任务（circle drawing task）评估个体的动作冲动，结果发现表现出钝化心血管反应的个体具有更强的冲动和更差的抑制控制能力。

此外，研究还在临床人群中探讨了冲动性与抑制控制和自主神经系统反应的关系。自主神经系统通过改变生理唤醒以满足环境需求，在注意力和自我调节中发挥重要作用，能够解释 ADHD 患者注意力不集中、冲动、多动和执行功能差的病理机制（Rash & Aguirre-Camacho, 2012）。例如，特南鲍姆等（Tenenbaum et al., 2019）的研究发现，ADHD 组在任务中表现出更高的错误率、更长的射血

前期（PEP）和 RSA 增强；而健康对照组表现出更低的错误率、更短的射血前期和 RSA 撤出。同样莫里斯等（Morris et al.，2020）的研究发现，ADHD 患者在抑制控制任务期间比健康被试有更强的 RSA 反应性和更高的皮肤电水平。外化行为问题可预测个体的冲动性，拥有较多外化行为问题的个体比拥有较少外化行为问题的个体在抑制控制任务中表现出更强的 RSA 抑制（Utendale et al.，2014）。

（二）副交感神经的调节作用

基线 RSA 和 RSA 反应性不仅可以反映个体维持体内平衡的生理调节能力和应对环境挑战的灵活性，还被视为自我调节的生理指标。高基线 RSA 与较好的自我调节能力有关（Geisler et al.，2013），而低基线 RSA 与较差的自我控制和情绪调节有关（Beauchaine，2001；Thayer & Lane，2000）。大量研究发现，高基线 RSA 会缓冲不良环境（Khurshid et al.，2019）或风险个人特征（Morales et al.，2015；Viana et al.，2017）对个体发展产生的不利影响，而低基线 RSA 则会加剧或者放大不良环境或风险个体特征产生的负面影响。因此，低基线 RSA 被视为适应不良的脆弱性生理因素，而高基线 RSA 是缓冲不良适应结果的弹性因素或保护性因素。此外，在面对环境挑战时的 RSA 变化即反应性，也是反映个体自我调节能力的指标。RSA 反应性可以分为 RSA 增加（RSA augmentation，即相对于基线，应激条件下 RSA 增加）和 RSA 撤出（RSA withdrawal，即相对基线，应激条件下 RSA 降低）。大量研究发现，在应激任务中有 RSA 增加或钝化的 RSA 撤出反应的个体，更容易表现出不适应的发展结果（Khurshid et al.，2019），而相对较强的 RSA 撤出的个体在不良环境中则不易产生不适应的发展结果（Hastings et al.，2014；He et al.，2020）。

尽管已有大量研究探讨了基线 RSA 和 RSA 反应性与负性环境或风险人格交互影响个体心理病理行为，但还没有研究系统考察 RSA 作为反映自我调节能力的生理指标是否在冲动性与抑制控制关系中起调节作用。我们的研究团队在前人研究的基础上，进一步探讨了基线 RSA 是否在冲动性不同维度与抑制控制关系中起调节作用。研究采用 BIS-11 评估被试冲动性及其子维度（动作冲动，注意冲动和非计划冲动），采用 Go/NoGo 任务的反应正确率来评估个体反应抑制能力,并采集了被试的基线心电数据用于计算基线 RSA。研究结果发现,在 NoGo 条件下,只有巴瑞特冲动量表总分和动作冲动性维度总分显著负向预测任务反应的正确率(表 6.1),基线 RSA 对任务反应的正确率的主效应不显著,但巴瑞特冲动量表总分和基线 RSA 对任务反应正确率的交互作用显著,巴瑞特冲动量表动作冲动性维度总分和基线 RSA 对任务反应正确率的交互作用同样显著。简单斜率分析发现(图 6.1),在 NoGo 条件下,当基线 RSA 较低时,冲动性和动作冲动子维度显著负向预测任务反应的正确率,而当基线 RSA 较高时,冲动性和动作冲动子维度与任务反应的正确率的关系不显著。这些结果表明,高冲动性与较差的抑制控制功能相联系,但仅存在于具有低基线副交感神经张力(以低基线 RSA 为指标)的个体中,而高基线副交感神经张力(即高基线 RSA)能够缓冲冲动性对抑制控制能力的负性影响。这一研究结果也为临床干预提供了重要借鉴,即通过对高冲动性个体的副交感神经功能进行干预训练,可以有效改善由此带来的抑制控制能力不足及行为问题(Xing et al.,2020)。

表 6.1 研究变量的描述性统计和相关(*N*=132)(Xing et al.,2020)

| 变量 | 1 | 2 | 3 | 4 | 5 | *M*(*SD*) |
| --- | --- | --- | --- | --- | --- | --- |
| 1. 基线 RSA | 1 | | | | | 5.04(1.63) |
| 2. ACC | −0.01 | 1 | | | | 0.91(.07) |
| 3. BIS 注意 | 0.01 | −0.10 | 1 | | | 17.63(2.86) |
| 4. BIS 运动 | 0.02 | −0.21* | 0.42*** | 1 | | 21.36(3.13) |
| 5. BIS 无计划 | −0.01 | −0.16 | 0.42*** | 0.45*** | 1 | 26.14(3.65) |
| 6. BIS 总分 | 0.01 | −0.20* | 0.75*** | 0.79*** | 0.82*** | 65.13(7.60) |

注:基线 RSA=5 分钟基线呼吸性窦性心律不齐均值;ACC=Go/NoGo 任务 NoGo 条件下的反应正确率。
\**p*<0.05. \*\*\**p*<0.001,全书同。

除此之外,我们的研究团队还在前人研究的基础上进一步探讨了生活事件压力是否会在尽责性和感知到的身体症状之间起中介作用,并探讨了静息 RSA 是否会在三者关系中起到调节作用。研究采用中国简化版本的人格五因素量表中的尽责性分量表来评估被试的尽责性,采用青少年生活事件自评量表(Adolescent Self-Rating Life Events Checklist)评估被试的生活事件压力,采用 Cohen-Hoberman 身体症状清单(Cohen-Hoberman Inventory of Physical Symptoms,CHIPS)评估被试感知到的身体症状,并在被试保持平静、观看中性图片时记录

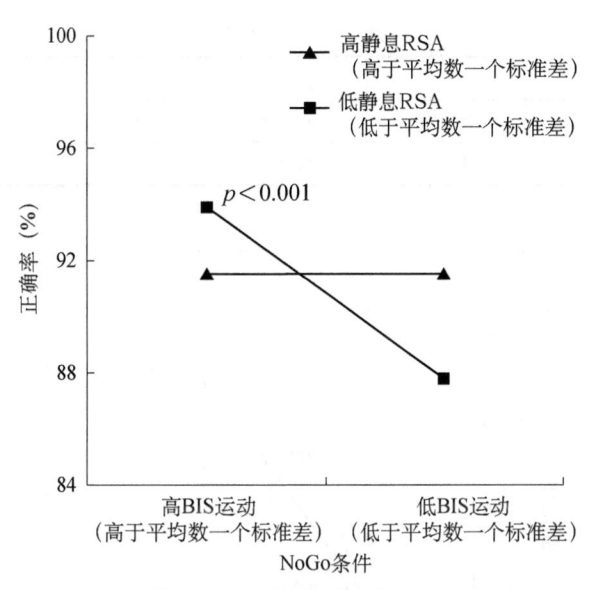

图 6.1 运动冲动性和基线 RSA 的交互作用（Xing et al.，2020）

5 分钟的心电图数据，数据将用于计算静息 RSA。研究结果发现尽责性和生活事件压力都与感知到的身体症状呈负相关，生活事件压力与感知到的身体症状呈正相关（表 6.2）。尽责性通过生活事件压力影响个体感知到的身体症状，且静息 RSA 调节尽责性和生活事件压力、生活事件压力和个体感知到的身体症状之间的关系。通过简单斜率和 Bootstrap 进一步分析三者之间的关系（图 6.2 和图 6.3）发现，对于较低水平的静息 RSA 的个体来说，其尽责性越低，个体的生活事件压力越大，且个体的生活事件压力越大，感知到的身体症状越多。然而，对于拥有较高水平静息 RSA 的个体，其尽责性的高低不会影响生活事件压力，但生活事件压力对感知到的身体症状的影响仍然显著，这个影响相比于低静息 RSA 个体来说相对较弱。通过 Johnson-Neyman 分析（图 6.4）发现，当个体的静息 RSA 低于 7.14 时，尽责性将通过生活事件压力影响个体感知到的身体症状。这些结果表明生活事件压力中介了尽责性和感知到的身体症状之间的联系，并且这种间接影响仅体现在静息 RSA 水平较低的个体（Hu et al.，2022）。

表 6.2 研究变量的描述性统计和相关（$N$=396）（Hu et al.，2022）

| 变量 | 1 | 2 | 3 | $M$（$SD$） |
| --- | --- | --- | --- | --- |
| 1. 尽责性 | 1 | | | 41.25（5.99） |
| 2. 生活事件压力 | −0.15** | 1 | | 27.39（17.46） |

续表

| 变量 | 1 | 2 | 3 | M（SD） |
|---|---|---|---|---|
| 3. 感知到的身体症状 | −0.24*** | 0.46*** | 1 | 18.26（15.78） |
| 4. 静息 RSA | 0.03 | −0.05 | −0.04 | 6.53（1.07） |

\*\*$p<0.01$，全书同。

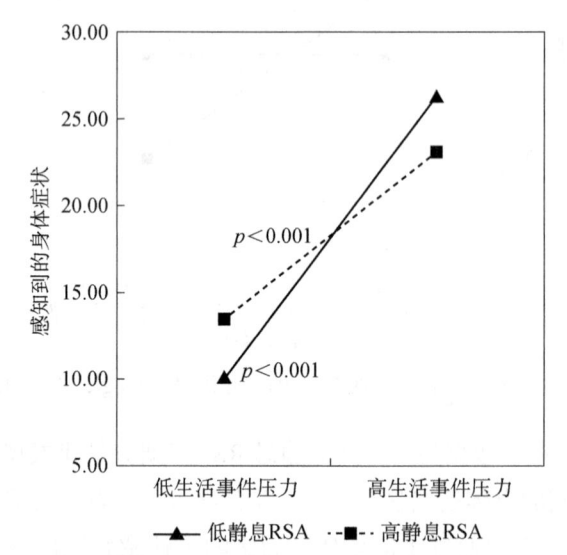

图 6.2　尽责性与静息 RSA 交互预测生活事件压力（Hu et al.，2022）

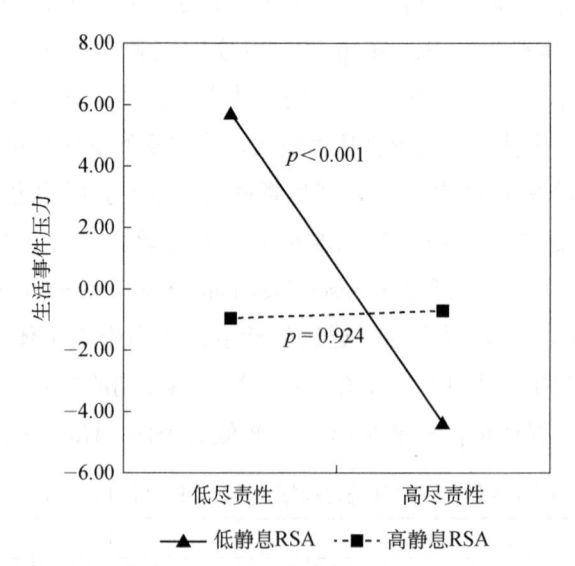

图 6.3　生活事件压力与静息 RSA 交互预测感知到的身体症状（Hu et al.，2022）

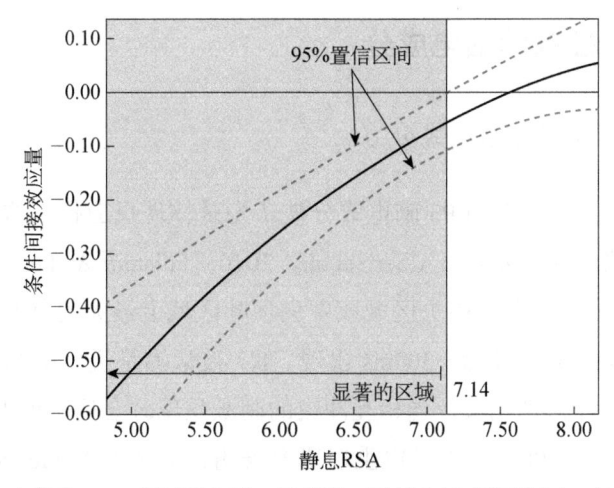

图 6.4　在静息 RSA 的不同水平，尽责性（通过生活事件压力）对感知到的身体症状的间接影响（Hu et al., 2022）

综上所述，已有研究初步探讨了冲动性与抑制控制共同的外周生理活动基础，但还缺乏研究聚焦于冲动性及其不同维度与抑制控制能力不足、外周生理活动的关系。此外，副交感神经活动作为个体自我调节的重要生理因素，在以往有关冲动性与抑制控制的外周生理基础研究中关注得较少，我们的研究团队依托该社科项目，聚焦冲动性与抑制控制功能的副交感神经活动的基础进行探索，并得出了一些有意义的研究结论，为推进该领域研究做出些许贡献。未来研究可以进一步从其他抑制控制功能入手（如干扰控制、延迟折扣），探讨冲动性与抑制控制能力不足的交感与副交感作用机制。

## 第二节　冲动性青少年抑制控制的中枢神经生理基础

近年来随着认知神经科学的不断发展，采用 ERP 技术和 fMRI 技术探讨冲动性个体抑制控制能力不足的脑电活动和脑成像特点的研究方兴未艾。本节首先介绍不同抑制控制维度（反应抑制和干扰抑制）涉及的脑电成分和相关脑区，随后介绍冲动性个体在不同类型抑制控制任务中抑制控制的 ERP 和 fMRI 研究，试图阐释冲动性抑制控制能力不足的中枢神经生理基础。

## 一、抑制控制的脑电成分

（一）反应抑制的脑电成分

在 ERP 指标上，N2 和 P3 脑电成分被认为是体现反应抑制这一认知加工过程的传统时域成分（表 6.3）（Albert et al., 2010; Folstein & Petten, 2008）。N2 又称 N200，是出现在前额中央区域或中央顶叶区域上最大的负波，其潜伏期较短，通常在刺激呈现后 200—300ms 出现。N2 被认为是反应抑制的早期阶段，与冲突觉察和监控密切相关，当相互冲突的刺激呈现时会诱发更大的前额 N2 波幅（Bekker et al., 2005）。很多电生理研究表明，额区的 NoGo N2 成分反映了 Go/NoGo 任务中抑制和执行反应之间的反应冲突或对选择竞争的监控（Smith et al., 2013），NoGo 刺激比 Go 刺激诱发了更大的 N2 波幅（Folstein & Petten, 2008）。还有研究发现成功做出抑制反应的 NoGo 刺激比抑制失败的 NoGo 刺激诱发了更大的前额 N2 波幅（Falkenstein et al., 1999），研究者指出更大的 N2 波幅代表了抑制 NoGo 刺激需要更强的抑制控制过程（Kok, 1986）。

P3 又称 P300，是出现在中央部位或前额-中央部位上的最大的正波，它的潜伏期通常在 300ms 左右或者更长。有研究者指出 P3 波幅主要反映的是对一个给定刺激投入注意资源的多少，P3 潜伏期反映的是对刺激的分类或认知加工的速度（Polich, 2007）。大量研究表明 P3 与成功抑制有关，抑制成功试次的 P3 波幅明显大于抑制失败试次的 P3 波幅（Dimoska et al., 2006）。还有研究发现抑制成功试次和抑制失败试次在不同大脑皮层区域所激活的 P3 存在差异，其中中央顶部的 P3 可能是事件预期与实际发生同步加工的 ERP 指标（Correa et al., 2006）。

错误相关负波（ERN）和错误正波（error positivity, Pe）也被发现是与反应抑制中失败抑制相联系的脑电成分（Dimoska & Johnstone, 2007）。ERN 通常在错误反应执行后 50—100ms 出现，是反映监控动作和察觉错误的负向脑电波，而 Pe 通常在错误反应后 200—600ms 出现，是反映冲突意识或冲突发现后的激活补偿性加工的正向脑电波（表 6.3）。有研究指出 ERN 和 Pe 与停止信号任务中停止失败诱发的停止 P3 脑电成分存在重叠（Ramautar et al., 2004）。

## （二）干扰抑制的脑电成分

与干扰处理相关的有三种脑电成分：一是出现在刺激后400—500ms，发源于中央前额的负波（medial frontal negativity，MFN 或 N450），二是出现在刺激后500—800ms的正持续电位（P-SP），三是出现在 P-SP 结束后持续数百毫秒（800—1200ms）的负持续电位（N-SP）（Xiang et al., 2018）。Stroop 任务是测量干扰抑制的有效范式，该范式包含一致性试次（词义与词色匹配）和非一致性试次（词义与词色不匹配）。研究发现在 Stroop 任务中不一致刺激的比例越高，将会产生更大的 N450 振幅（Lansbergen et al., 2007c）。而 N450 差异波（不一致条件减去一致条件）在刺激呈现后400—500ms达到峰值，呈额区-中央区分布（Liotti et al., 2000）。研究表明 Stroop 任务中 N450 差异波由于在不一致条件下需要抑制竞争语义信息，N450 差异波振幅越大说明其在干扰抑制中的冲突监控能力越强（Larson et al., 2014）。在冲突检测 N450 之后出现了一种持续性慢电位冲突 SP，时间约为刺激呈现后500—800ms，呈中央区-顶叶分布，反映冲突解决的响应选择过程，冲突持续电位越大，说明其在干扰抑制中冲突解决的能力越强（Larson et al., 2009）。有研究发现 N450 差异波振幅的增强伴随着干扰效应的大小，而 N450 差异波在时间上的变化却对干扰的效应不太敏感（West & Alain, 2000），这说明 N450 差异波更多反映的是个体冲突检测，而不是反应选择或者冲突解决。与 N450 差异波相反的是，冲突持续电位的振幅大小和时间进程都与干扰效应的大小存在联系。有研究表明，冲突持续电位的振幅大小与一致性试次和干扰试次的反应时间存在一定联系，这说明冲突持续电位或许与一般性的反应选择存在联系，而不是与干扰试次上的冲突解决相联系（West & Bailey, 2012）。

除此之外，在干扰任务中，N2 被看作描述执行功能的指标，且与冲突监控和反应抑制相关（Pasion et al., 2019）。N2 的不同子成分 N2b 和 N2c 在抑制过程中也有不同的作用：N2b 被认为表示对偏离主流视觉环境的注意检测；N2c 被认为反映了错误的自动抑制，即反应冲突监测的过程（Kóbor et al., 2014）。此外，P3 的振幅和潜伏期也可作为衡量个体抑制控制能力的指标（Folstein & Petten, 2008）。更大的 P3 振幅被认为反映了注意力资源的增加。

## 二、冲动性个体抑制控制的 ERP 研究

（一）冲动性个体反应抑制的 ERP 研究

在以健康人群为被试的研究中发现，高冲动个体比低冲动个体在 Go/NoGo 任务中表现出更小的 NoGo-P3 振幅（Ruchsow et al.，2008a）和更小的 N2 振幅（Chen et al.，2005）。在 Oddball 任务中的所有试次中（Russo et al.，2008）和停止信号任务中的成功抑制试次中也表现出更小的 P3 振幅（Shen et al.，2014）。这些结果共同说明，高冲动性水平个体在抑制已经启动的反应时注意资源分配无效或生理唤醒不足，从而表现出较差的抑制控制。

但也有研究结果与此相反，即发现了高冲动性水平个体比低冲动性水平个体脑电活动的增强。如戈麦斯（Gomez，2019）的研究发现，当个体在停止信号任务中抑制成功停止试次时，高冲动性水平组比低冲动性水平组表现出增强的 P3 振幅。还有研究发现高冲动个体比低冲动个体在成功抑制的停止试次中表现出增强的 N1 和 P3，在失败抑制的停止试次中表现出更大的 ERN（Dimoska & Johnstone，2007）。由以上结果可以看出高冲动个体表现出增强的脑电活动是为了激活更大的抑制加工以维持与普通个体相同的停止任务表现，也就是说，高冲动个体相对于低冲动个体需要付出更多的努力（表 6.1）。

在正常人群中，实验结果中 P3 振幅的大小并不一致，而在以冲动性为主要特征之一的临床人群（如多动症、边缘性人格障碍、品行障碍、反社会人格、物质成瘾等）中则得到了相对一致的结果。如多动症群体，患者在 Go/NoGo 任务中的 NoGo 试次（Dimoska et al.，2003）和停止信号任务中的停止试次中（Overtoom et al.，2002）表现出 N2 振幅的减小。在边缘性人格障碍人群中也发现了患者 NoGo-P3 振幅的减少（Ruchsow et al.，2008b）。在同时患品行障碍和反社会人格高危的人群中，个体在 Go/NoGo 任务中的 NoGo 试次均表现出 P3 和 N2 振幅的减少，但在仅患有品行障碍的人群中表现出 NoGo-P3 振幅的减小（关慕桢等，2016）。同样在物质成瘾人群中，如酒精（Fleming & Bartholow，2014）、吸烟（Buzzell et al.，2014）、海洛因（Yang et al.，2015）成瘾，发现了 N2 振幅的减小。

## （二）冲动性个体干扰抑制的 ERP 研究

相比反应抑制，目前只有少量研究探讨了冲动性与干扰抑制能力不足的脑电活动。和反应抑制的结果类似，个体在干扰抑制任务中的脑电结果也呈现不一致性。在 Flanker 任务中，高冲动性水平个体在所有条件下都表现出较小的 P3 振幅，在不一致试次中表现出 P3 更晚达到峰值，这表明高冲动性水平个体对干扰次刺激更加敏感，从而导致对其评估较慢（Kóbor et al.，2014）。也有研究者发现了高冲动性水平个体 N2 振幅的增大，并将其解释为一种补偿机制，即个体通过增加抑制努力，以产生与对照组相同的表现（Pasion et al.，2019）。对于持续电位来说，兰斯伯根等（Lansbergen et al.，2007c）的研究发现，相对于低冲动性个体，在高冲动性水平个体中，SP 来源于更靠后的右侧皮层网络。且在一致性试次比例更高的任务中，相较于低冲动性水平个体，高冲动性水平个体有更小的正向持续电位；而在不一致试次比例更高的任务中，冲动性的高低没有影响中间额叶的负波和正负向的持续电位（Xiang et al.，2018）。

在临床样本中发现了比较一致的研究结果。陈若婷等（2020）比较了吸烟成瘾患者、网络成瘾患者和健康被试在 Stroop 任务不一致条件下的 N2 潜伏期、P3 振幅和 N450 振幅之间的差异，结果发现吸烟成瘾和网络成瘾患者的 N2 潜伏期均高于健康对照组，且在顶枕区诱发的 P3 振幅均小于对照组，而吸烟成瘾组前额区的 N450 振幅小于对照组。在 Stroop 任务不同条件下，边缘型人格障碍患者相对于健康对照组呈现了 P3 振幅的减小（钟明天等，2016）。结果表明以冲动性为主要特征之一的临床人群，在进行干扰抑制任务时，更容易受到干扰刺激的影响，表现出较差的干扰抑制能力。

表 6.3 冲动性个体抑制控制能力不足的脑电成分

| 抑制控制类型 | 脑电成分 | 具体表现 |
| --- | --- | --- |
| 反应抑制 | P3 | 主要反映个体对一个给定刺激投入注意资源的多少；高冲动性水平的健康个体在 Go/NoGo 任务、停止信号任务、Oddball 任务中表现出更小的 P3 振幅；但也有相反发现，高冲动性水平的健康个体在停止信号任务中表现出增大的 P3 振幅；在以冲动性为主要特质的临床群体中，通常表现为 P3 振幅的减小 |
| | N2 | 与冲突觉察和监控相关，冲突刺激呈现时会诱发更大的前额叶 N2 波幅；高冲动性水平的健康个体和临床群体在 Go/NoGo 任务中表现出更小的 N2 振幅 |

续表

| 抑制控制类型 | 脑电成分 | 具体表现 |
|---|---|---|
| 反应抑制 | ERN | 反映监控动作和察觉错误的负向脑电波；<br>高冲动个体在停止信号任务中抑制失败的停止试次表现出更大的 ERN |
| | Pe | 反映冲突意识或冲突发现后的激活补偿性加工的正向脑电波 |
| 干扰抑制 | P3 | 更大的 P3 振幅被认为反映了注意力资源的增加。<br>高冲动健康个体在 Flanker 任务中表现出较低的 P3 振幅，且在不一致试次中 P3 更晚达到的峰值；在临床群体中，个体也表现出较小的 P3 振幅 |
| | N2 | N2 被看作是描述执行功能好坏的指标，且与冲突监控和反应抑制相关；<br>高冲动健康个体 N2 振幅的增加被看作是一种补偿机制；在临床群体中发现了较长的 N2 潜伏期 |
| | N450 | N450 差异波振幅越大说明其在干扰抑制中的冲突监控能力越强 |
| | SP | 冲突 SP 越大说明其在干扰抑制中冲突解决的能力越强；<br>高冲动健康个体的冲突 SP 产生部位似乎源于更后侧和更右侧的皮层 |

## 三、抑制控制的相关脑区

### （一）反应抑制的相关脑区

背外侧前额叶皮层（dlPFC）被认为是与反应抑制有关的重要脑区。早期有研究使用 fMRI 技术定位了不同改编版本 Go/NoGo 任务所激活的脑区，结果发现无论在哪一种改编版本 Go/NoGo 任务中，背外侧前额叶皮层都被显著激活。后来研究者进一步探究发现 NoGo 任务的右侧背外侧前额叶皮层比左侧激活程度更强（Konishi et al.，1999）。还有研究发现赌博成瘾患者在 NoGo 任务中的双侧背外侧前额叶皮层的血氧水平依赖强度均低于正常组被试（van Holst et al.，2012）。除了背外侧前额叶皮层，目前研究发现前扣带皮层、右腹外侧前额叶皮层、右额下回和右额中回等脑区也与反应抑制存在关联（Aron et al.，2004；Bari & Robbins，2013）（表 6.4）。

表 6.4 冲动性个体抑制控制能力不足的相关脑区

| 抑制控制类型 | 相关脑区 | 具体表现 |
|---|---|---|
| 反应抑制 | 背外侧前额叶皮层、前扣带皮层、右腹外侧前额叶皮层、右额下回和右额中回 | 大多发现了在抑制控制任务期间相关脑区激活的减弱，但也有研究证实了以脑区激活增为代偿机制的存在 |
| 干扰抑制 | 腹外侧前额叶皮层、内侧前额叶皮层、额下皮层、右侧颞中皮层和颞下皮层和腹侧视觉加工区 | |

## （二）干扰抑制的相关脑区

脑影像学证据显示干扰抑制能力主要与前额叶脑区的活动有关，如腹外侧前额皮层（vlPFC）、内侧前额皮层（mPFC）和额下皮层（IFC）等。亚伦等（Aron et al.，2004）对大量文献进行系统分析和总结发现，干扰抑制的神经表征主要在右侧额下皮层。还有研究进一步证明干扰抑制与上内侧前额皮层、双侧顶下小叶、右侧颞中皮层和颞下皮层以及腹侧视觉加工区有关（Lemire-Rodger et al.，2019）。

## 四、冲动性个体抑制控制的 fMRI 研究

### （一）冲动性个体反应抑制的 fMRI 研究

在健康被试参与的反应抑制任务中，研究发现高冲动性与大脑右侧腹外侧前额叶皮层呈正相关（Horn et al.，2003），表现出较小的背内侧前额叶皮层（DMPFC）、前扣带回皮层（PACC）和右眶额叶皮层（OFC）的激活反应（Brown et al.，2015）。以巴瑞特冲动性量表测量个体的冲动性发现，被试的动作冲动性在成功抑制条件下与双侧腹外侧前额叶皮层的激活呈显著正相关（Goya-Maldonado et al.，2010），与大脑右半球背外侧前额叶皮质呈显著负相关（Asahi et al.，2004）。这些研究说明前额叶皮层激活较低可能是导致高冲动个体反应抑制能力不足的原因。

同样在 ADHD 患者中也发现了额叶皮层激活较低的情况。如布斯等（Booth et al.，2005）的研究发现，相对于健康个体，ADHD 患者的额叶下回、中回、上回和内侧回，以及尾状核和苍白球在 Go/NoGo 任务中表现出更弱的激活水平。但却有研究发现了相反的结果，即在精神分裂症患者中，较高的巴瑞特冲动性分数与 Go/NoGo 任务中较大的右腹外侧前额叶皮层激活有关，研究者认为这表明高冲动性个体这一大脑区域处理抑制控制的效率更低（Kaladjian et al.，2011；Perry et al.，2008）。

### （二）冲动性个体干扰抑制的 fMRI 研究

对于冲动性个体干扰抑制的 fMRI 研究大多在以冲动性为主要特质的临床人

群中开展。有一项研究的结果表明，与健康个体相比，高冲动性水平 BPD 患者在 Simon 任务中表现出较差的额纹状体网络连通性，即尾状核、前扣带皮层、额叶区域和壳核（putamen）的激活程度较低（Wang et al.，2017）。有研究者以 ADHD 患者和品行障碍患者为被试，考察他们与健康个体在 Simon 任务时大脑不同区域激活水平的差异，研究结果发现两组被试的右侧中、上颞叶和顶叶区域均比健康组激活水平低（Rubia et al.，2009）。与冲动性相关的暴饮暴食患者，在 Stroop 任务中表现出腹内侧前额叶皮质、额叶下回和脑岛的活动减弱（Balodis et al.，2013）。此外，也有以增强脑区激活水平为代偿机制的研究。例如在 Simon 任务和酒精图片反应联合任务中，以 ADHD 患者、酒精使用障碍（AUD）个体、ADHD 和 AUD 共病个体以及健康人群为被试的研究发现，高 AUD/ADHD、AUD 和 ADHD 共病个体对线索反应性的干扰抑制能力较低，表现出舌回、额叶下回、脑岛活动的增加（Vollstädt-Klein et al.，2020）。

综上所述，尽管已有研究从脑电成分变化和大脑区域功能激活两个角度初步探讨了冲动性个体反应抑制和干扰抑制能力不足的中枢神经活动机制，但还存在研究结果不一致的问题，这可能受到研究样本、抑制控制任务类型等因素的影响，未来还需要更多的研究对此进行深入的探讨。

## 第三节　冲动性青少年抑制控制的中枢：外周神经整合机制

尽管以往研究对冲动性与抑制控制的共有神经生理基础展开了探讨，但这些研究主要从中枢、外周神经生理两个层面进行研究，鲜有研究从中枢-外周神经生理活动联合视角对这一问题进行深入探讨。近年来，随着电生理学和认知神经科学的发展，特别是中枢-外周神经生理整合理论模型的提出，为进一步探讨冲动性与抑制控制能力不足的中枢-外周神经生理整合机制奠定了基础。本节主要结合理论与实证研究，从中枢和外周整合的角度来阐释冲动性青少年抑制控制能力不足的神经生理基础。

## 一、中枢与外周神经系统整合理论模型：神经内脏整合模型

塞耶和莱恩（Thayer & Lane，2009a）提出了神经内脏整合模型（Neurovisceral Integration Model），阐述皮层与皮层下中枢所组成的多层次神经网络对外周自主神经活动的调控作用。该模型强调从中枢到外周这一自上而下的加工过程，抑制控制在其中具有重要作用。神经内脏整合模型认为，个体在安静状态下前额皮层对皮层下脑区和自主反应施加抑制性影响。当个体面临威胁性情绪刺激时，前额叶的活动水平降低，使得皮层下交感兴奋环路所受的抑制逐渐解除，引起交感活动增强和副交感（迷走）活动减弱，从而出现有利于个体战斗/逃离行为的腺体和内脏反应。一般情况下，机体的能源供应在自主神经系统的调节下会保持正常的动态平衡。然而，当能源需求持续超出了个体可以承受的范围时，就会产生交感过度增强而副交感过度减弱的自主失衡现象，引发个体产生焦虑和抑郁等（刘飞，蔡厚德，2010）。

神经内脏整合模型的神经生理基础主要依赖于中枢自主网络（CAN）。CAN是内部调节系统的一个综合组成部分，大脑通过该系统控制内脏运动、神经内分泌和目标导向行为，以适应不断变化的外部环境需求。在结构上，CAN主要包括眶额皮层、腹内侧前额皮层、扣带回皮层、岛叶、杏仁核中央核、下丘脑、导水管周围灰质、臂旁核、孤束核、疑核、延髓腹外侧区、延髓腹内侧区和延髓被盖区等脑区（图6.5）。这些不同成分之间相互连接，促成信息在中枢神经系统的下层和高层之间双向流动，形成一个动态活动系统（Thayer & Ruiz-Padial，2006）。CAN的主要输出是通过神经节前的交感神经和副交感神经元介导，而这些神经元分别通过星状神经节和副交感神经支配心脏活动。这些输入到心窦房结的相互作用会产生以心率时间序列为特征的复杂变异性，因此CAN的输出被直接链接到心率变异性。值得注意的是，副交感神经的影响主导了心脏慢性控制（Levy，2010）。正是因为前额叶和皮质下的大脑结构和心脏的活动性之间存在联系，而额皮质又是执行功能的重要结构，神经内脏整合模型认为心率变异性（HRV）可以作为自我调节的指标，它与重要的生理、认知和情绪调节有关。心率变异性和涉及自我调节的过程（如执行功能、情绪管理）这一假设已被实证研究证明（Thayer & Lane，2009a），在安静状态下，更高的心率变异性意味着更强

的自我调节能力。

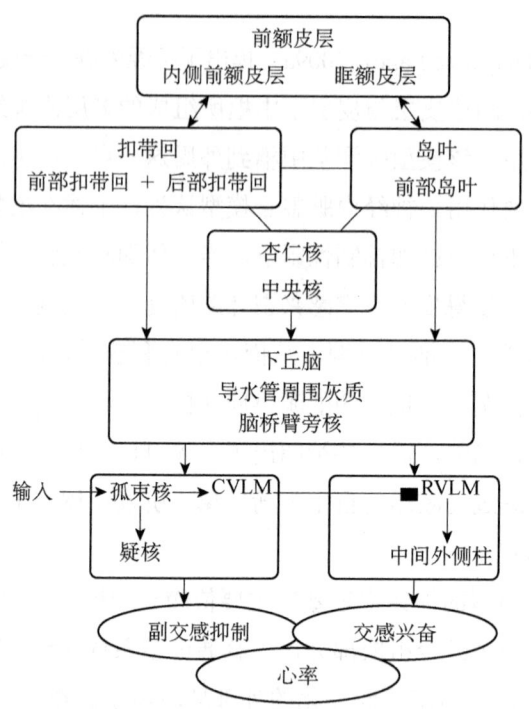

图 6.5 前额皮层控制心率的综合示意图（Thayer & Lane，2009a）

注：CVLM 指延髓尾端腹外侧区（caudal ventrolateral medullary）；RVLM 指延髓头端腹外侧区（rostral ventrolateral medullary）（刘飞，蔡厚德，2010）。

神经内脏整合模型描述了心脏和大脑之间的关联，抑制控制在这一从中枢到外周的自上而下的加工过程中起着重要调控作用。这一理论模型中涉及的重要脑区（如前额叶）以及其调控的自主神经系统，都与冲动性和抑制控制密切相关，这为研究者探讨抑制控制能力不足的中枢和外周神经整合机制提供了理论基础。

## 二、冲动性个体的抑制控制：基于中枢与外周整合视角

多种心理病理障碍都涉及冲动性，如物质滥用障碍/成瘾、注意缺陷多动障碍、边缘型人格障碍、进食障碍等（Kamarajan & Porjesz，2012）。在以冲动性

为主要表现特征的临床精神疾病中，大量研究证实抑制控制与冲动性人格特质有密切的联系，较高的冲动性水平往往伴随着抑制控制方面的能力不足（Barkley et al., 2008），而对于健康人群中的高冲动性个体在是否在抑制控制方面存在问题仍存在争议（Lijffijt et al., 2004）。本章前两节分别从冲动性与抑制控制能力不足的外周生理基础、中枢神经基础进行了介绍，尽管目前还没有研究直接探讨冲动性个体抑制控制能力不足的中枢—外周整合机制，但本节从包含冲动性的其他病理障碍的角度，梳理了以往从中枢—外周整合角度开展的研究。

　　HRV 是指连续心跳间瞬时心率的微小涨落或逐拍心跳间的微小差异，即心跳快慢的变化情况，反映了交感神经和副交感神经活动的平衡性。心率变异性越高，反映了心血管系统更高的灵活性，能使有机体更快速地做出改变以适应环境的需求（Thayer & Lane, 2009a）。根据神经内脏整合模型，HRV 可能通过与大脑的相互作用影响个体的抑制控制过程，已有研究表明高 HRV 与皮质下结构的高功能性前额叶抑制活动有关，这使有机体能够做出情境适应的情绪和认知反应，而低 HRV 与对皮质下结构的前额叶抑制控制的降低以及无法识别安全信号有关（Thayer & Lane, 2000）。中枢与外周神经系统对抑制控制的这种交互影响在健康样本和以冲动性为主要特征的临床样本都有发现。例如，网络游戏障碍（IGD）患者表现出高冲动性水平和缺乏抑制控制能力（Choi et al., 2014；Ryu et al., 2018）。帕克等（Park et al., 2020）的研究发现，相比于对照组，网络游戏障碍患者的心率较高、心率变异性较低、θ 频带特征路径长度增加。这一发现表明以高冲动性水平为特征的 IGD 患者在静息状态下表现出副交感神经抑制、功能连接网络效率降低，即其自主神经系统和大脑功能受到破坏，表现出适应不良的外周与中枢神经系统整合功能。还有研究提出，与非注意缺陷多动障碍的青少年相比，患有 ADHD 的青少年在任务中的正确率更低、反应时更长，心率变异性降低，且患 ADHD 的个体只在高任务认知需求条件下（而非低任务认知需求条件下）表现出与目标刺激相关的 N2 波幅（反映了对冲突的监控）的减小，且这种注意缺陷/多动障碍和较长反应时之间的关系由线索刺激下心率变异性降低介导。这些结果表明，以高冲动性水平为主要特征的 ADHD 青少年在更具认知挑战性的任务中所表现出的 N2 波幅的减小和心率变异性的减弱，可能同时对其任务表现产生负面影响（Bellato et al., 2021）。斯潘格勒等（Spangler et al., 2018）的研究发现，静息 HRV 与个体内反应时变异呈负相关。这一研究从大脑执行功能的行为指标（即个体内反应时变异）与副交感神经功能（即心率变异性）之间的相关为中枢与外周神经生理的整合机制提供了证据。另外，个体内反应时变异（IIV）是中枢神经系统功能的指标之一，能够反映前额叶皮层功能，较小的个体内反应时变异反映了更好的执行功能，而较大的个体内反应时变异反映了较差的执行功能和认知控制（MacDonald et al., 2009）。

我们的研究团队的最新成果显示了在不同冲动性水平的青少年群体中，RSA 与抑制控制之间的关系。研究中我们通过 Go/NoGo 任务中 Go 刺激的 IIV 衡量被试的抑制控制能力，用巴瑞特冲动量表总分评估被试的冲动性水平，并在静息状态和社会应激任务期间采集了被试的心电数据用以计算个体的基线 RSA 和 RSA 反应性。研究结果只发现了 RSA 撤出可以显著预测 IIV（表 6.5）。进一步对三者之间的关系进行研究却并没有发现在青少年群体中发现基线 RSA 与 IIV 之间的关系，但发现在社会应激任务期间，青少年所表现的 RSA 撤出与 IIV 之间存在显著负向的线性关系，并且该关系受冲动性的调节（图 6.6）。也就是说，较高冲动性水平的青少年在社会应激任务期间的 RSA 撤出越大，越拥有更好的抑制控制能力。而较低冲动性水平的青少年拥有较好的抑制控制能力，不管他们在社会应激任务期间 RSA 撤出大还是小。对于高水平冲动性水平的青少年，其抑制控制能力会随着社会应激任务期间 RSA 撤出的增大而增强。

表 6.5 研究变量之间的相关性

| 变量 | 1 | 2 | 3 | $M$（$SD$） |
| --- | --- | --- | --- | --- |
| 1. 基线 RSA | 1 | | | 6.36（1.17） |
| 2. RSA 撤出 | 0.12 | 1 | | 0.47（0.43） |
| 3. 冲动性 | −0.04 | −0.13 | 1 | 64.25（10.28） |
| 4. IIV | −0.03 | −0.20** | 0.08 | 112.73（36.62） |

注：RSA 撤出=基线 RSA−RSA 反应性

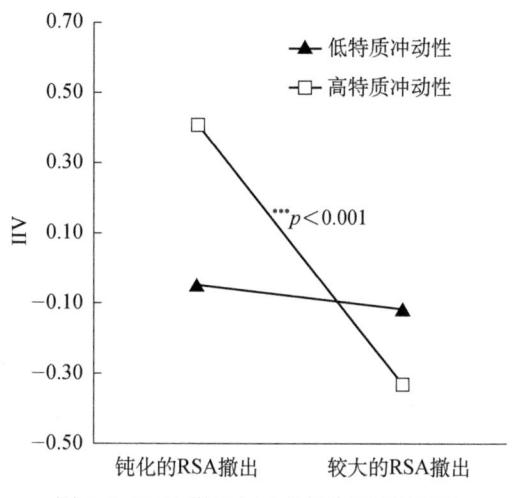

图 6.6　RSA 撤出与冲动性交互预测 IIV

综上所述，神经内脏整合模型为抑制控制能力不足的中枢和外周神经整合机制提供了理论基础，但是关于抑制控制能力不足的中枢和外周神经系统整合机制的实证研究有限，尤其是在冲动性青少年群体中。此外，当前的实证研究多以心率变异性作为外周生理指标，脑功能指标也非常有限，今后还需要采用多种脑功能技术以及多个外周生理指标对这一问题进行深入探讨，以进一步澄清冲动性青少年缺乏抑制控制能力的中枢和外周整合机制。

# 第七章

# 冲动性青少年抑制控制能力的可塑性

# 第一节 抑制控制训练的作用机制

## 一、抑制控制功能可塑性

"可塑性"（plasticity）概念的提出始于医学领域，是指器官或组织修复或改变的能力。随着发展认知神经科学的兴起，"可塑性"的定义延展到心理学与认知神经科学领域，研究者认为在人类发展的生命全程，大脑和神经系统的结构和功能会因适应机体内外环境变化而不断改变，这一现象被称为脑可塑性（brain plasticity）或神经可塑性（neural plasticity），而依赖神经可塑性机制的认知行为模式的适应性改变被称为认知可塑性（cognitive plasticity）。这些改变有利于个体获得新的能力、提升已有的能力以及恢复功能障碍。

抑制控制是大脑最高级的认知活动，是执行功能的核心成分，其功能可以通过特定的训练得到提高（Benikos et al., 2013; 赵鑫等, 2015），即个体的抑制控制功能具有一定的可塑性。有研究表明，抑制控制训练可以提高个体在抑制任务中的表现。例如，曼纽尔等（Manuel et al., 2013）采用停止信号任务对被试进行训练，行为结果显示，停止信号的反应时显著下降，这表明被试经过训练之后抑制能力提高。此外，研究发现抑制控制训练还能改变个体与抑制控制相关的大脑活动（Benikos et al., 2013）。

青春期是个体认知能力发展的重要阶段（Sawyer et al., 2018），在青春期阶段对抑制控制功能进行干预，可以使个体的认知能力和身心发展相比既定发展轨道达到更高的水平（Zelazo & Carlson, 2012）；尤其在表现出认知障碍的群体中，抑制控制功能通过干预能够得到提升，进一步有助于改善不良的认知能力及临床症状（Lustig et al., 2009）。

前人研究表明，个体具有神经生理可塑性、认知可塑性，即个体可以通过认知行为反馈训练、神经生物反馈训练等提高其抑制控制能力和在目标认知任务上的行为表现。认知行为反馈训练主要有反应抑制训练、正念训练等,神经生理训练方式主要有生物反馈训练、近红外光谱成像神经反馈训练、脑电图神经反馈训练等。

## 二、抑制控制训练的认知行为与神经生理作用机制

提高或改善抑制控制能力主要是通过行为实验、生物、脑电和脑成像等反馈训练任务实现,它们可以引发个体行为与大脑活动的变化,从而达到抑制控制训练的效果(赵鑫等,2015)。前人研究表明,认知训练所导致个体行为与大脑活动变化的内在机制可能是个体建立了自上而下的(指有意识的、受控制的)抑制控制模式和自下而上的(指自动的、无意识的)抑制控制模式(Spierer et al.,2013)。以下从认知行为层面和神经生理层面两方面介绍抑制控制训练的作用机制。

### (一)认知行为层面

研究证据表明,抑制控制训练的作用机制与自下而上的抑制控制模式的形成有关。例如,安德森和福克(Anderson & Folk,2014)采用 Go/NoGo 与 Flanker 混合任务探究抑制控制训练如何训练个体从自上而下的抑制能力到形成自下而上的自动抑制模式。该任务先向被试呈现一个颜色词(如红色写的红字,或蓝色写的蓝字)作为提示线索,提示线索消失后,在注视点的两边呈现具有相同颜色(红色或蓝色)的侧翼刺激(字母 A 或 X),随后注视点消失,侧翼刺激继续停留在屏幕上,而代替注视点的目标字母(A 或 X)出现(如 AXA)。当目标字母的颜色与提示线索词的颜色相一致时,要求被试做出按键反应(即 Go 试次)(图 7.1a),当目标字母的颜色与提示线索词的颜色不一致时,要求被试不按键(即 NoGo 试次)(图 7.1b)。结果发现,在 Go 试次中,侧翼刺激为相反颜色时(如提示线索词是红的情况下,侧翼刺激为蓝色),被试在 Flanker 任务不一致条件下(如 AXA)(如图 7.1c)的反应时短于一致条件下(如 AAA)(图 7.1d)的反应时。说明被试首先启动对指导语的语义加工,这种自上而下的概念驱动使被

试会对侧翼刺激为相反颜色条件下刺激的轮廓特征产生一种知觉加工偏向，从而做出快速的、无意识的反应抑制，即建立自下而上的自动抑制模式。此外，还有研究者认为，在 Go/NoGo 任务训练中，个体在按照刺激-反应的条件反射规则（即对 Go 刺激反应，对 NoGo 刺激不反应，是一种达到条件就要做出反应的条件反射规则）进行训练时，自动化的抑制就会随训练而提升（反应时显著缩短），但当刺激-反应规则反转（指 NoGo 刺激变为 Go 刺激，反转前被试需要对 Go 刺激反应，对 NoGo 刺激不反应，反转后被试需要对 NoGo 刺激反应，对 Go 刺激不反应）时，被试对 Go 刺激的反应时会显著增加，研究者将其解释为：通过训练，被试对 NoGo 刺激的加工从自上而下的主动抑制模式逐步替代为自下而上的自动抑制模式，但当刺激与反应的规则反转时，被试的自动抑制模式被激活，进而导致被试需要更多的时间抑制自动抑制模式，完成准确的抑制控制。

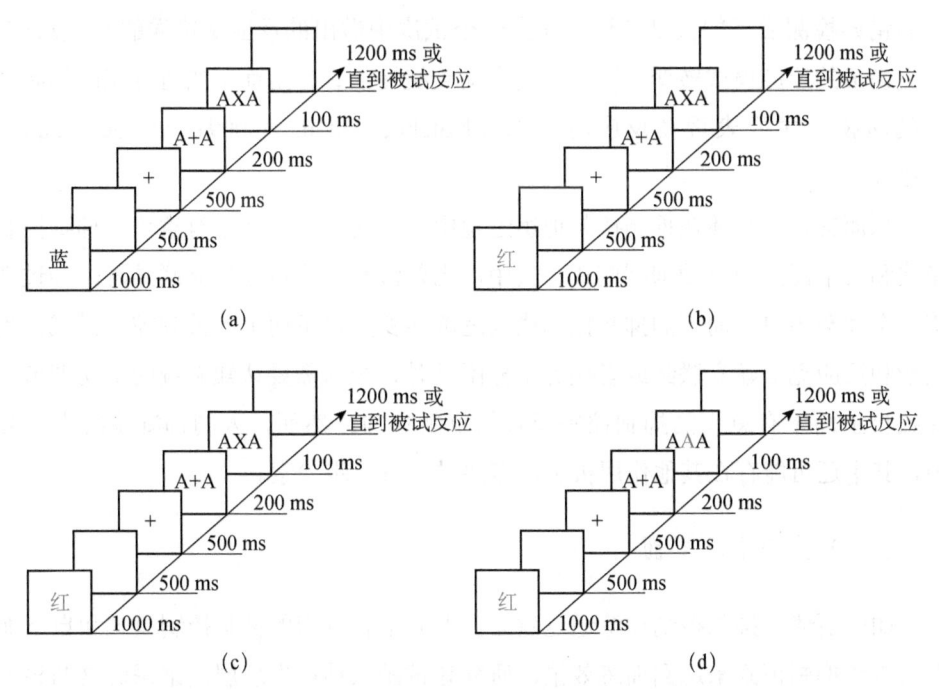

图 7.1 Go/NoGo 与 Flanker 混合任务实验流程图（Anderson & Folk，2014）

注：(a)(b) 中，A+A、AXA 为蓝色；(c) 中，A+A 为蓝色，AXA 中 A 为蓝色 X 为红色；(d) 中，A+A 为蓝色，AAA 的中间 A 为红色，左右 A 为蓝色。

上述实验证明了当保持刺激与反应的条件反射规则时，个体从主动的自上而下的控制形成自下而上的自动化加工；当条件及规则不成立时，个体则需要自上而下的抑制控制模式的重新参与。曼纽尔等（Manuel et al.，2013）的研究也证实了这两点，并进一步对此进行了解释。曼纽尔等根据停止信号任务训练1小时前后的任务表现，发现训练显著提升了抑制能力，即被试的停止信号反应时显著缩短。研究者解释为，在停止信号任务中，所有试次都默认启动了 Go 试次的反应，但在出现停止信号的情况下被试不做反应，这不符合刺激与反应的条件反射规则，使得被试无法对停止试次和停止行为做出联结。此时个体需要通过认知系统对外界的信息进行辨别，并在停止试次中对将要做出的反应进行抑制，从而建立一个自上而下有意识的抑制控制模式。除了不一致的刺激-反应规则之外，任务难度的增加也会导致抑制失败，这反过来又导致自上而下有意识的抑制控制模式的重新参与。根据错误后减缓效应（post-error slowing effect），在抑制控制任务的错误检测后（即被试意识到在上一个试次中做出的反应是错误的），被试会向更谨慎的反应模式转变，即从快速自动到缓慢的、自上而下的有意识的抑制控制的转换，主要表现在反应时增加（Notebaert et al.，2009；Manuel et al.，2012）。

总而言之，个体在抑制控制训练过程中，会建立自上而下有意识的抑制控制模式和自下而上的自动抑制模式。其中，当刺激和反应可以建立联结时，经过训练，个体会由自上而下的抑制控制模式逐渐转变为自下而上的抑制控制模式；当刺激和反应无法建立联结或者任务十分困难时，个体需要认知系统的主动调节，导致自上而下有意识的抑制控制模式的重新参与。然而，人的抑制系统十分复杂，其中还可能存在其他作用机制，需要进行进一步探索。

（二）神经生理层面

如前所述，抑制控制训练通过建立自上而下有意识的抑制控制模式和自下而上的自动抑制模式来达到训练效果，研究者试图从神经生理层面来探讨这两种模式存在的证据。

一方面，研究者认为，自动抑制产生于顶叶区域，这一区域会对刺激表征与行为反应指令进行连接（Deiber et al.，1991）。曼纽尔等（Manuel et al.，2010）探究了被试在 Go/NoGo 任务训练前后事件相关电位的差异，研究发现，训练提高了被试的任务表现，并且在 NoGo 试次中，被试在刺激呈现后 80ms 左右的左侧顶叶皮层活动相较于训练前明显减少。这一结果支持了洛根（Logan）及其同事的自动性假设：在 NoGo 刺激和反应抑制之间的重复和稳定关联的驱动下，抑制控制训练导致自上而下的输入逐渐脱离，转而采用快速、自动形式的抑制（Verbruggen & Logan，2008）。

另一方面，研究者认为自上而下的抑制控制模式与额叶-基底神经网络的参与有着较为密切的关系（Spierer et al.，2013）。伯克曼等（Berkman et al.，2014）的研究发现，相比于训练前，通过停止信号任务训练后的被试在线索出现时右侧前额叶区域激活显著增加。研究者将其解释为，当线索出现时，被试会基于规则表征的方式对还未出现的停止信号做出有意识、有准备性的反应预期，引发对情境线索的注意偏向，即个体跨越了负责感觉和监控身体各部分对外界刺激反应的顶叶区，直接由负责高级执行功能的额下回皮层加工来自外界的停止信号，随后额下回皮层又激活皮质下的基底核，转而抑制丘脑皮层的输出，完成一个自上而下的有意识的抑制控制加工。

此外，根据波格斯（Porges）提出的多层迷走神经理论（Polyvagal Theory），迷走神经的活动水平与抑制控制密切相关。迷走神经活动水平可以通 RSA，RSA 是指在呼吸周期 HRV，反映了迷走神经对心脏的调控功能。一项关于心率变异性和抑制控制水平的研究综述表明，更强的心率变异性与更好的自上而下的自我调节相关，较强的心率变异性与较高的抑制控制水平相关（Holzman & Bridgett，2017）。舒曼等（Schumann et al.，2019）采用智能手机引导的 HRV 生物反馈训练探究 HRV 和个体抑制控制能力的关系，结果发现经过为期 8 周的训练，实验组的短期 HRV 显著增加了 33%，对照组则无显著变化，且实验组中的 HRV 和停止信号任务中的表现呈显著线性正相关。因此，抑制控制训练还可能通过增强迷走神经活动来提高个体的自上而下的抑制控制能力。

## 三、抑制控制训练的影响因素

虽然大量研究已经证明抑制控制功能可以进行调适，即通过训练可提升个体的抑制控制能力，但训练任务的设置、评估手段的选择以及被试个体的差异等因素可能影响抑制控制训练的效果。

第一，抑制控制训练的设置（如任务量、周期、频率等）都会影响训练的效果。在前人研究中，抑制控制的训练时间为1—3周，任务量为45—7200试次，训练时长为15—60分钟（赵鑫等，2015），周期过短则不容易达到目标效果，但目前研究并没有直接证据表明，更长周期的抑制控制训练会取得更好的效果（Allom et al.，2015）。

第二，训练任务和评估手段的选择也会影响抑制控制训练效果的评估。有研究者指出，许多训练任务往往并不是单一地对抑制控制能力进行训练，而是涉及到对工作记忆、计划性、推理等多项能力的要求和运用，从而使得对抑制控制能力的训练量不足（Friedman & Miyake，2004）。此外，研究者认为，抑制有三个子功能：阻止通达（阻止无关信息的通达）、清除（清除已激活的无关信息）和限制（限制优势或习惯性行为）（Hasher et al.，1999），其中，阻止通达的功能在干扰信息被激活前起作用，使无关信息在工作记忆中不被激活或更难以被激活，可称为抑制加工的前作用过程；清除与限制的功能主要在干扰信息被激活后起作用，清除已激活的干扰信息，或限制占主导地位的优势反应倾向，可统称为抑制加工的后作用过程。在常见的抑制控制训练任务中，Stroop任务测量的是被试的阻止通达功能，而Go/NoGo任务更侧重于测量限制功能。因此，不同任务之间的差异使其在作为评估手段时会影响抑制控制训练效果的评估，研究者可选用行为、脑电、脑成像等多种技术结合进行效果评估。

第三，个体自身的差异（反应策略、年龄、基线水平等）也会影响抑制控制训练的效果。例如，擅长后摄控制反应策略（指在刺激出现之后，快速根据外部条件的变化做出即时行动的反应策略）的被试在冲突监测与冲突解决的任务上具有优势；而采用前摄控制反应策略（指在关键刺激出现之前就能调整信息加工系统的倾向性，从而形成相应准备的反应策略）的被试则更擅长干扰控制任务。此外，有研究表明，个体自身的差异也会影响抑制控制训练的效果，例如，有研究发现停止信号任务在老年人身上的训练效果要优于成年人（van de Laar et al.，2011）。还有研究者认为，抑制控制训练的效果与个体的基线水平呈负相关，即训练效果存在一定的阈限，高基线意味着更少的可改善空间，改变的幅度较小，训练效果也更不明显（Thorell et al.，2009）。

综上，抑制控制训练的效果会受多种因素的影响（表 7.1），因此在进行抑制控制训练时，应选择与训练目的相匹配的训练任务和评估手段，并设置合适的训练计划，尽可能排除其他因素的干扰，从而达到抑制控制训练的目的。

表 7.1 抑制控制训练的影响因素

| 影响因素 | 举例 |
| --- | --- |
| 训练的设置 | 任务量、周期、频率等 |
| 训练任务和评估任务的选择 | 行为、脑电、脑成像等 |
| 个体自身的差异 | 反应策略、年龄、基线水平等 |

# 第二节 神经生理反馈训练对抑制控制能力的改善作用

近年来，神经生理反馈训练是指通过一些技术设备让个体直观观察自己的神经生理数据，并学会根据数据进一步控制自己的神经生理活动，或通过设备刺激个体的脑区以达到改善个体能力的技术。其能够有效改变自主和中枢神经系统活动以及其对情绪、认知功能和身心健康的积极影响而受到越来越多的关注。本节从生物反馈训练、神经反馈训练和非入侵性脑部刺激技术三个方面介绍神经生理反馈训练对青少年抑制控制能力不足的改善作用。

## 一、生物反馈训练

生物反馈是一种基于操作性条件反射和学习原理、使用现代技术设备控制大多数无意识生理功能的干预方法（Slavikova et al., 2020）。随着生物反馈在临床的运用，逐渐被称作生物反馈训练（BFT），也称"自主神经学习"或"内脏学习"。在生物反馈训练中，个体能够通过电子仪器所呈现的视觉或听觉信号实时观察到生理参数的变化（如肌电、皮温、心率、血压等），并根据这些实时生理信息来逐渐学习如何有意识地改变自主神经系统的活动。生物反馈训练包括实时测量和监测自主神经系统功能的变化并将这些信息及时呈现给个体，其基本过程如下：电生物传感器在训练开始之前被连接到个体身体的特定区域，传感器的位置和类型取决于被监测生理信号的类型。在训练期间，治疗师指导个体进行心理练习（如放松、呼吸、可视化或冥想技巧），个体执行这些活动并从仪器中接收到有关的生理信息反应。生物反馈训练的持续时间、数量和频率具有较大的差异性，这取决于生物反馈的类型、患者的依从性、治疗目标等多种因素（Yu et al.，2018）。根据所观察的生理功能指标，生物反馈训练可以分为不同的类型，其主要类型包括皮肤电生物反馈（electrodermal activity biofeedback，交感神经系统的指标，监测由上胆碱能神经支配的小汗腺活动影响的皮肤电导变化）、心率变异性生物反馈（heart rate variability biofeedback，受交感神经和副交感神经的共同调节，监测 R-R 间隔的持续振荡）、血容量生物反馈（blood volume pulse biofeedback，监测血管平滑肌张力变化）、温度生物反馈（temperature biofeedback，监测外周体温的变化）（Tonhajzerová，2016）。在临床实践中，为了放大整体效果则经常使用不同生物反馈训练的组合模式，这种组合模式被称作多模态生物反馈系统（multimodal biofeedback system）。

生物反馈训练能够帮助个体改善执行功能（de Bruin et al.，2016；Groeneveld et al.，2019；Rusciano et al.，2017）。根据神经内脏整合模型，HRV 和执行功能有共同的生理基础，前额叶皮层活动可以影响心血管功能，而 HRV 的失调可以对执行功能产生负面影响（Thayer et al.，2009b），因此通过生物反馈训练改善个体执行功能的干预研究多集中在以心率变异性为生理指标的生物反馈，即心率变异性生物反馈（heart rate variability biofeedback，HRV-BF）。

抑制控制作为执行功能的核心成分，已有相关研究直接或间接地为生物反馈训练有效改善青少年抑制控制能力不足提供了证据，尽管这方面的研究尚未得出一致性结论。一方面，生物反馈训练能够提升健康个体的抑制控制能力。普林斯鲁等（Prinsloo et al.，2011）的研究发现，经过短时间的 HRV 生物反馈干预，被试的呼吸频率下降、HRV 增加，在第二次 Stroop 任务中被试的反应速度更快、个体内反应时变异减小并且错误率降低，而比较干预组则没有发现这一结果，这表明 Stroop 任务中抑制控制能力的改善来自于呼吸频率减慢和由此引发的 HRV 增加。有研究结果发现，经过干预后被试在执行功能行为评定量表、注意控制量表上的得分均显著提高，表明这三种方式都是有效改善执行功能、注意控制的方法。另一方面，许多关于生物反馈训练的研究也证明了它在改善临床疾病患者和心理障碍个体的抑制控制能力方面的作用（de Bruin et al., 2016）。金斯伯格等（Ginsberg et al., 2010）以患有创伤后应激障碍的退伍军人为被试考察 HRV 生物反馈对心脏相干性（cardiac coherence，HRV 的一个指标）和信息加工（采用系列注意和短时记忆缺陷测验，其中包括使用连续性能测验测量持续注意、使用 Go/NoGo 反应输出方法评估反应抑制）的影响，结果发现干预训练后被试的心脏相干性显著增加，在实验任务中的替代性错误率显著降低，表明 HRV 干预训练有效提升了心率变异性以及反应抑制水平。虽然在健康和临床样本中都发现了 HRV 生物反馈训练对抑制控制能力的改善作用，但目前这一结果尚且缺乏一致性，也有研究并没有发现这种改善作用（Kenien, 2015; Jester et al., 2019）。

尽管关于 HRV 生物反馈训练的研究较多，也有研究者采用其他生物反馈训练对抑制控制功能进行干预。随着研究的深入，研究者开始采用多模态生物反馈系统，即在干预过程中采用多种干预方式。例如，鲁夏诺等（Rusciano et al., 2017）设计了一种新的综合性自主生物反馈训练方法，即在生物反馈训练过程中同时使用了 HRV、肌电图、温度、皮肤电生物反馈。研究者采用这种干预方法测量被试干预前后在 Stroop 任务中的表现情况，结果发现被试干预后的任务正确率显著提高。也有研究者联合使用生物反馈与神经反馈（neurofeedback，即脑电生物反馈）来进行干预训练，例如葛洛妮维尔德等（Groeneveld et al., 2019）采用这一联合方法考察了它对注意缺陷多动障碍患者的注意控制和反应控制的影响。患者的注意控制和反应控制能力通过综合视觉和听觉连续性能测试（IVA）获得。在干预过程中，被试首先根据仪器显示的数字和专业人士的指导学会调控自己的呼吸频率与脑电波功率、振幅等数据，然后在观看影片中（时长 30—40 分钟）不断控制自己的生理数据，使其保持在比较稳定的状态，从而达到干预训练的目的。所有被试均接受了 30 次 HRV 生物反馈和神经反馈的联合干预训练。结果发现，在干预后的连续性能测验任务中，ADHD 成人的注意控制分数显著增加，而 ADHD 儿童的反应控制分数显著增加。这一结果证明了干预训练在改善抑制控制能力中的作用，值得注意的是干预效果可能会受到被试年龄的影响。综上，多模态生物反馈系统可能在一定程度上增强干预效果，但我们也需要认识到这也为考察每种技术的独立作用增强了挑战性。

## 二、神经反馈训练

20世纪60年代末，随着大脑感觉运动皮层自发电生理活动的发现以及脑生理信号采集技术的迅速发展，以大脑活动作为靶信号的神经反馈训练应运而生。神经反馈训练是通过脑机接口将大脑活动以反馈信号的形式呈现给个体，让个体在此过程中学习大脑信号自我调节从而改变认知与行为基础神经机制的在线反馈心理生理过程（Sitaram et al., 2017；Stefanie et al., 2017）。基于EEG的神经反馈训练和基于fNIRS的神经反馈训练是目前得到应用且被证明能够改善个体抑制控制能力的神经反馈训练方式，以下对这两种神经反馈训练进行介绍。

### （一）基于EEG的神经反馈训练

基于EEG的神经反馈训练是国内外使用较为广泛并得到临床应用的神经反馈训练方法，其反馈目标多为强化12—15Hz的SMR波或抑制4—8Hz的θ波。医用EEG神经反馈系统一般包含基线调整测试、注意力维持训练、视觉追踪训练、实时任务训练、短时记忆训练以及辨别力训练等任务。每次训练大约持续30分钟，每周安排2—3次训练，以20次训练为1个疗程，通常在完成2个疗程后对训练效果进行评估。

在临床人群中，研究表明基于EEG的神经反馈训练能够改善ADHD患者的注意力和抑制控制能力，并且训练效果可以长期维持（Bakhshayesh et al., 2011；Schönenberg et al., 2017）。例如，博勒加德和莱维斯克（Beauregard & Lévesque, 2006）使用fMRI技术考察了EEG神经反馈训练对ADHD儿童选择性注意和反应抑制在神经层面的影响。20名未服药的ADHD儿童参与了该实验，其中5名儿童被随机分配至对照组，其余15名儿童被随机分配至实验组。两组均在前测进行了Stroop任务和Go/NoGo任务，前测中两组未存在差异。结果发现，经过神经反馈训练后实验组与控制组相比在右侧扣带回、右腹外侧前额皮质、左丘脑、左侧尾状核和左侧黑质中有明显的激活。这说明神经反馈能够改善ADHD儿童选择性注意和抑制控制的大脑系统功能。在健康人群中，额叶θ波的反馈训练能改善老年人的注意力和工作记忆，提高年轻人大脑的执行功能（Wang & Hsieh, 2013）。

## （二）基于 fNIRS 的神经反馈训练

fNIRS 主要是利用血液的主要成分对 600—900nm 近红外光良好的散射性，从而获得大脑活动时氧合血红蛋白（oxyhemoglobin，Oxy-Hb）和脱氧血红蛋白（deoxyhemoglobin，HHb）的变化情况（刘宝根等，2011；Cooper & Boas，2015）。近红外光谱（NIRS）通过测量前额叶皮质含氧血红蛋白的变化来提供神经反馈（Ferrari & Quaresima，2012）。与 EEG 神经反馈训练相比，fNIRS 具有便携、无噪声、无创性等优点，因此适用于以儿童、老年人以及特殊人群为对象的脑功能成像研究，亦适用于日常生活、工作等自然情境下的认知神经科学研究。具体来说，fNIRS 神经反馈训练是指同时向参与者提供了关于他们在任务中的表现以及他们在目标大脑网络中的大脑活动的行为反馈。

目前 fNIRS 反馈训练已被发现能够改善健康个体和 ADHD 儿童的抑制控制功能。例如，侯赛尼等（Hosseini et al.，2016）招募了 20 名健康成人进行神经反馈训练，其中 10 名参与者接收到前额叶活动的真实反馈信息，而另外 10 名参与者接收到虚假的反馈信息。结果发现，与虚假反馈组相比，真实反馈组的执行功能表现显著改善，其执行功能网络（包括右中额叶和下额叶区域）的脑活动也显著降低。陈睿（2019）的研究发现 fNIRS 神经反馈成功地提高了健康的大学生在停止信号任务和 Stroop 任务中的抑制控制能力，并且被试提升的抑制控制能力能够在长时间不训练的情况下得到保持。

## 三、非入侵性脑部刺激技术

### （一）经颅磁刺激

经颅磁刺激（TMS）是一种用于调节和干预大脑功能的物理方法，其原理是线圈产生的局部脉冲磁场穿过头皮和颅骨到达皮质，通过改变皮质神经细胞的膜电位，产生感应电流，使神经细胞发生去极化，影响脑内代谢和神经电活动，产生兴奋（高频，>1Hz）或抑制（低频，≤1Hz）作用，从而引起一系列相应的生理生化反应（Croarkin et al.，2011）。TMS 主要的刺激模式有 3 种：单脉冲经颅磁刺（single TMS，sTMS）、双脉冲经颅磁刺激（paired TMS，pTMS）和重复性经颅磁刺激（repetitive TMS，rTMS）。

研究表明rTMS通过改变刺激的部位、频率、时间等参数，能够实现对ADHD的治疗目的，而ADHD的核心特征是抑制控制能力不足。例如，韦弗和同事（Weaver et al., 2012）进行了一项伪刺激对照的交叉研究，9名14—21岁ADHD患者接受频率10Hz、刺激强度为100%的rTMS治疗，刺激部位右侧背外侧前额叶皮质，每天2000个脉冲刺激，每周治疗5天，持续2周，结果发现临床整体症状改善（clinical global impression-improvement，CGI-I）和ADHD-IV问卷各因子得分均有明显改变，且患者无严重副反应产生，同时也提示rTMS可能通过对多巴胺通路的改善提高ADHD患者的持续注意时间。戈麦斯等（Gómez et al., 2014）的研究证明了rTMS可以改善ADHD患者的注意力、多动及冲动等症状。在另外一项研究中，衡惠等（2017）的研究发现rTMS可以改善ADHD患者的多动症状以及注意力集中性和警觉性。

（二）经颅直流电刺激

经颅直流电刺激（tDCS）是一种非侵入性的脑刺激技术，这项技术通过两个或多个放置于头皮上的电极点施加微弱的直流电（通常为0.5—2mA），完成对大脑皮层活性的调控。近年来，利用tDCS技术探索抑制控制影响的研究逐渐增多。

右侧额下回（IFG）是一处与抑制控制密切相关的脑区。研究发现使用阳极tDCS刺激右侧IFG，将会提高右侧IFG的皮层兴奋性，并提高丘脑底核的激活水平，从而兴奋苍白球，使丘脑皮质输出得到抑制，最终提高抑制控制的水平（Chambers et al., 2009）。研究者在一项研究中对被试的右侧IFG施加直流电刺激并要求被试在刺激后完成停止信号任务，实验结果显示，对右IFG施加阳极刺激会显著降低停止信号反应时，这说明对右IFG施加阳极刺激会提高抑制控制水平（Jacobson et al., 2011）。除了IFG，研究发现对左侧背外侧前额叶皮层（l-dlPFC）的单极刺激也能提高抑制控制水平。例如，有一项研究探讨了向dlPFC施加tDCS对ADHD成年患者抑制控制的影响，结果显示，与虚拟刺激条件相比，对l-dlPFC施加阳极刺激导致Go/NoGo任务中Go试次的正确率显著提高，而对l-dlPFC施加阴极刺激导致NoGo试次的正确率显著提高（Soltaninejad et al., 2015）。

综上所述，越来越多的证据表明生物反馈训练、神经反馈训练以及非入侵性脑部刺激技术（表7.2）在改善临床或健康人群抑制控制能力方面发挥着重要作用，未来可以采用多技术相结合的神经生理反馈训练提高个体（尤其是青少年）的抑制控制功能。此外，未来研究也可以更有针对性地探讨神经生理反馈训练对抑制控制的单独影响，并进一步探讨神经生理反馈训练影响抑制控制能力的机制，加强神经生理反馈训练的专业性指导和标准化操作，以更好地提升神经生理反馈训练对抑制控制能力的改善效果。

表7.2 主要神经生物反馈训练方法在青少年抑制控制能力改善中的应用

| 方法 | 具体分类 | 训练原理 |
| --- | --- | --- |
| 生物反馈训练 | 皮肤电生物反馈、心率变异性生物反馈、血容量生物反馈、温度生物反馈 | 通过电子仪器所呈现的视觉或听觉信号来实时记录和反馈生理参数的变化（如肌电、皮温、心率、血压等），让个体根据这些实时生理信息逐步学习如何有意识地改变自主神经系统的活动 |
| 神经反馈训练 | EEG神经反馈训练 | 通过电子设备向个体反馈12—15Hz的SMR波或抑制4—8Hz的θ波 |
|  | fNIRS神经反馈训练 | 利用血液的主要成分对600—900nm近红外光良好的散射性，从而获得大脑活动时氧合血红蛋白和脱氧血红蛋白的变化情况 |
| 非入侵性脑部刺激技术 | 经颅磁刺激 | 线圈产生的局部脉冲磁场穿过头皮和颅骨到达皮质，通过改变皮质神经细胞的膜电位，产生感应电流，使神经细胞发生去极化，影响脑内代谢和神经电活动，产生兴奋（高频，>1Hz）或抑制（低频，≤1Hz）作用，从而引起一系列相应的生理生化反应 |
|  | 经颅直流电刺激 | 通过两个或多个放置于头皮上的电极点施加微弱的直流电（通常为0.5—2mA），完成对大脑皮层活性的调控 |

## 第三节 认知行为训练对青少年抑制控制能力的改善作用

近年来，认知行为训练和正向迁移现象引起了认知心理学家和发展心理学家的极大兴趣，训练导致行为和大脑可塑性变化已经在改善执行功能的不同方面得到了验证（Cortese et al., 2015；Schwaighofer et al., 2015）。抑制控制作为执行功能的核心成分同样可以进行调适，本节旨在介绍认知训练、正念训练、运动训练对青少年抑制控制能力不足的改善作用。

## 一、认知训练

### （一）反应抑制训练

反应抑制训练通过训练个体抑制不符合当前需要或不恰当的行为反应，使个体抑制控制能力得到提升（Benikos et al., 2013）。主要采用 Go/Nogo 任务、停止信号等任务，训练时间为 1—3 周，任务量为 45—7200 试次；并结合行为、脑电以及脑成像等技术对训练效果进行评估（赵鑫等，2015）。

贝尼库斯（Benikos）等的研究对 66 名成年被试（平均年龄 21 岁）进行 1 次 Go/NoGo 任务训练，时长为 28 分钟，任务量为 800 试次。结果显示，被试 Go 刺激的反应时明显下降，NoGo 刺激反应的正确率明显上升。同样的训练效果也在停止信号任务中被发现，这表明经过训练之后成年人的反应抑制能力提高（转引自 Manuel et al., 2013）。此外，约翰斯通等（Johnstone et al., 2012）采用 Go/NoGo 任务对患有 ADHD 的儿童和青少年进行训练，结果发现其症状有所改善，这表明训练可以增强 ADHD 患者的抑制控制能力。但是也有研究表明反应抑制训练不会对抑制控制能力造成影响（Guerrieri et al., 2012）。总体来说，前人的研究提示我们反应抑制训练大多可以提高个体的反应抑制能力。

### （二）干扰抑制训练

干扰抑制训练是通过训练个体抑制无关干扰刺激，做出符合目标的预期行为，提高个体的反应抑制能力。主要采用 Stroop 任务和 Flanker 任务，训练时间为 5—35 天，任务量为 76—2200 试次。研究对象以儿童和成年人为主，以青少年为被试的研究相对较少。

对儿童的研究结果如，鲁埃达等（Rueda et al., 2005）采用 Flanker 任务对儿童进行为期 5 天的抑制控制训练，此后，儿童在任务中的反应时显著缩短。对成年人的研究结果，如米尔纳等（Millner et al., 2012）采用改版的 Simon 任务对被试进行训练，此后，被试在不一致试次中的反应时缩短且准确率上升。此外，与一致试次之后的不一致试次相比，被试在不一致试次之后的不一致试次反应时显著下降；有一项研究采用 Stroop 任务对老年人进行专项训练，结果发现训练提高了老年人的干扰抑制能力（Wilkinson & Yang，2012）。总体来说，干扰抑制训练同样可以提高个体的抑制控制能力。

## 二、正念训练

正念（mindfulness）是指个体有目的地把注意力不加评判地保持在当下的体验上，并对当前心理事件进行觉知的一种方法（Kabat-Zinn，2003）。正念的核心有两点：一是集中注意于当下时刻，二是对当前事件不加评判地接纳。正念训练是指个体将注意力集中于当下体验的一种心理干预方法（李泉等，2019），有助于增强对当下时刻的意识和非判断性观察，减少自动反应。换句话说，正念训练主要是对个体的认知或注意力进行的训练，并在一定程度上提升个体的认知能力，而这种认知能力主要体现为对外界干扰进行控制的能力、转换、注意等能力，要求参与者充分领会注意当下和不做评判的思想内核，做到以顺其自然、无偏的态度来迎接当下的想法。一般来说，促进正念有两种主要类型的冥想（Travis & Shear，2010）：一种是集中注意力冥想（focus attention，FA）。冥想者专注地、清晰地将注意力集中在一个物体上，通常是呼吸。另一种是开放式监控或开放式意识冥想（open monitoring，OM）。意识适用于一个人的经验中存在的任何东西（情绪、感知、记忆、思想等），因为它时刻出现，而冥想者只是简单而敏锐地观察这些经验。以正念为基础的心理治疗方法包括正念减压疗法（mBSR）、正念认知疗法（MBCT）、接受与实现疗法（ACT）及辩证行为疗法（DBT）。

近年来的研究表明，正念训练对青少年抑制控制能力不足具有改善作用。奥伯尔等（Oberle et al.，2011）的研究发现，青少年在正念注意意识问卷（MAAS）中的分数越高，抑制控制任务的正确率越高。同样在里格斯等（Riggs et al.，2015）的研究发现，青少年在青少年版正念意识量表（MAAS-A）中的分数越高，其自我报告的执行功能量表（BRIEF-SR）得分也较高，尤其表现在抑制控制和工作记忆两个部分上。先前研究发现，提高注意力有助于提高个体的抑制控制能力。在一项研究中，青少年接受了基于正念的注意力训练（D-MBI）的课程，为期 22 天。结果发现，有 64.0%的青少年表示，该课程提高了他们的注意力；有81.6%的青少年表示在课堂上的注意力显著增强（Mrazek et al.，2019）。同样，古德和同事（Good et al.，2016）的研究表明正念训练可以有效提高青少年注意力。尼恩等（Nien et al.，2020）让46名大学生运动员进行为期5周的正念训练，并且评估了被试在进行干扰抑制任务（Stroop任务）时的事件相关电位，结果发现干预后正念组的正念水平、疲劳时间和Stroop任务准确性得分均高于对照组，正念组的N2振幅小于对照组。席丹等（Zeidan et al.，2010）的研究发现，经过正念训练的个体有效提高了多项认知任务的成绩，表明其注意力和执行功能都有显著提高。此外，一组患有ADHD的青少年通过为期8周的正念训练，结果发现自我报告的ADHD症状、计算机测量注意力（ANT）以及干扰抑制任务（Stroop任务）的测试成绩在训练后均有改善（Zylowska et al.，2008）。同样的，格罗斯瓦尔德和同事（Grosswald et al.，2008）也发现与干预前相比ADHD儿童和青少年的注意力问题有所减少。

　　接受与实现疗法通过6种核心治疗技术——关注当下、接纳、认知解离、以己为镜、价值观、采取行动，使个体更好地接纳自己的优缺点，更清晰地认清自己，帮助自己或他人提高自信心，同时培养个体集中注意力的能力，形成正确的价值观，学会设立目标并采取行动，达到提升自我、降低自己消极认知的目的。辩证行为疗法以辩证哲学为指导原则，用生物社会理论解释病因，以正念、痛苦忍耐、人际效能和情绪调节这四种策略为治疗手段，其中正念这一策略贯穿于整个治疗过程中，是该疗法的核心策略（谭梦鸽等，2021）。这两种治疗方法并没有广泛应用于改善抑制控制，但也有一些研究证明了其确实可以提高个体的抑制控制能力。斯温伯格及其同事（Svanberg et al.，2017）的研究结果表明，干预对物质使用障碍患者的抑制控制能力产生了积极影响。伊斯克里奇和巴克利-列文森（Iskric & Barkley-Levenson，2021）在一项研究中回顾了辩证行为疗法对边缘型人格障碍患者的干预作用，结果发现干预后，患者的额下回对抑制控制的反应活性增强，这有助于增强患者的抑制控制能力。总体来说，正念训练或以正念训练为主要内容的其他心理治疗方法都有助于提高个体的抑制控制能力。

## 三、运动训练

　　运动训练可分为急性运动和慢性运动。急性运动是指一次较短时间的运动

（通常为 10—40 分钟），而慢性运动是指在一个较长时间内（通常为 6—30 周）每周进行多次运动（Verburgh et al., 2014）。运动训练又可以分为有氧或无氧性质的运动。以往研究发现运动训练可以提高个体的抑制控制能力（Costigan et al., 2016；Guiney & Machado, 2013；Kao et al., 2020；Zwilling et al., 2019）。

一项与慢性运动相关的元分析发现慢性运动训练可以改善儿童和青少年的抑制控制能力，但改善效果不突出（Xue et al., 2019）。进一步的神经科学证据表明，运动训练可以对大脑的不同脑区产生积极的影响，而有些脑区可以影响个体的抑制控制能力。例如，默认网络（DMN）活动增加与较差的抑制控制有关（Congdon et al., 2010），有氧运动可以减少 DMN 活动从而间接提高抑制控制能力（Boraxbekk et al., 2016；Li et al., 2017）。以健康老年人为被试的研究发现有氧训练会增强 DMN 的连接性，而 DMN 连接性与个体的抑制控制能力呈正相关（Voss et al., 2011）。有氧运动还可以通过促进运动皮层的 GABA-调节来改善个体的抑制控制（Mooney et al., 2016）。另外，定期的有氧运动通过增加前额皮质灰质体积来改善个体抑制控制能力不足（Erickson et al., 2014；Den Ouden et al., 2018）。

综上所述，越来越多的证据表明认知行为训练（表 7.3）在改善临床或健康人群抑制控制能力不足方面发挥着重要作用。当然，人的抑制控制功能十分复杂，这一过程当中还可能存在其他影响因素，未来研究还需要结合多技术探寻提高青少年群体抑制控制能力的有效方法。

**表 7.3 主要认知行为训练方法在青少年抑制控制能力改善中的应用**

| 训练方法 | 训练原理或内容 | 具体类型 |
| --- | --- | --- |
| 认知训练 | 根据个体自身特点，通过训练个体有效抑制不恰当的行为反应或者无关干扰刺激，进而做出符合目标的预期行为，以此来提升抑制控制能力 | 反应抑制训练<br>干扰抑制训练 |
| 正念训练 | 训练个体将注意力集中于当下认识和体验，增强非判断性观察、减少自动反应，进而提升个体对外界干扰进行控制的能力 | 正念减压疗法、正念认知疗法<br>接受与实现疗法、辩证行为疗法 |
| 运动训练 | 通过多种形式进行身体活动的训练以对大脑不同区域施加积极影响（提高神经可塑性），进而提升认知能力，如抑制控制 | 急性运动训练<br>慢性运动训练 |

## 第四节 综合训练对青少年抑制控制能力的改善作用

综合训练与单一训练相对,是指将不同的单一的干预训练有效组合,来综合不同干预方式的优势和潜能,充分保证训练的可行性和有效性。目前,综合训练大多数以认知综合训练和运动综合训练以及二者结合的方式为主。近年来,研究者开始开发综合训练的干预程序,并通过研究证实综合训练可以有效提高抑制控制能力,除此以外,研究者还在继续探索综合训练的生物机制,应用综合训练干预方式来提高个体的抑制控制能力,因此本节将分别介绍认知综合训练、运动综合训练以及认知与运动相结合的综合训练对青少年抑制控制能力不足的改善作用。

### 一、认知综合训练

邓肯(Duncan)提出了"目标忽视"(Goal Neglect)理论,该理论认为任何活动都需要目标清单,个体通过制定行动计划来实现目标。在任务执行过程中,个体将自身实际情况与既定目标进行比较,选择并采取适当的行为措施以减少现实与目标之间的差异。但是当个体缺乏抑制控制能力时,个体倾向由于习惯或环境因素忽略既定目标,产生分心行为(Duncan, 1986;Krasny-Pacini et al., 2014)。基于"目标忽视"理论,罗伯索(Robertso)于1996年开发了一种改善抑制控制能力不足的干预方案—目标管理训练(goal management training, GMT),该方案通过提高患者对注意力缺失的认识和在行为与预期目标不一致时恢复认知控制来促进个体完成复杂的日常活动。

GMT是一项综合其他认知干预方式的综合训练,包括自我指导策略、自我监控练习、旨在改善计划、前瞻记忆和认知控制的认知技术、正念训练、讨论日常生活和作业中出现的与执行功能障碍相关的故事等(Levine et al., 2000)。GMT的干预过程分为不同阶段,简单来说,首先由专家对个体心不在焉的状态进行界定,并纠正个体对日常生活里心不在焉的错误认识,将心不在焉的状态视为不恰当的习惯;其次引导个体进行正念训练,提高个体对当前行为、感觉和目标的敏感性，以期提高个体的工作记忆能力；最后引入目标概念，让个体根据自身情况列出目标清单，并将目标拆分为子目标。在个体完成目标的过程中，专家插入无关目标的事件，以检查个体是否可以意识到自己的行为已经偏离目标，以及个体能否调整行为去实现目标（Levine et al., 2011）。

许多临床研究证实 GMT 确实有效提高了患者的抑制控制能力。如莱沃斯等（Levaux et al., 2012）研究表明 GMT 显著提高了精神分裂症患者的抑制控制能力。研究人员在两年后的随访中发现，个体的抑制控制能力并没有随时间出现显著的下降，体现了 GMT 干预效果的持久性。另一项研究以 ADHD 患者为被试，将其分为两组。其中一组进行 GMT 干预并增加了心理教育课程，每周 1 次，每次 2 个小时，干预一共进行 12 周，干预课程包括 1 节个人课和 11 节小组课；另一组只进行心理教育课程。实验结果也证实了 GMT 在提升个体抑制控制能力方面的有效性（In de Braek et al., 2017）。

## 二、运动综合训练

以往研究表明，运动训练对个体的抑制控制会产生积极的影响（Costigan et al., 2016；Kao et al., 2020；Zwilling et al., 2019）。例如，运动训练可以改善人的抑制控制能力（Xue et al., 2019）。进一步的神经科学证据表明，运动训练可以对大脑的不同脑区产生积极的影响。比如，前辅助运动区（pre-SMA），该脑区对抑制控制具有重要的作用（Abrantes et al., 2017），运动训练可以通过促进运动皮层的 GABA-调节来改善个体的抑制控制（Coxon et al., 2018；Mooney et al., 2016），另外，默认网络活动增加与较差的抑制控制有关，运动训练可以减少 DMN 从而间接提高抑制控制能力（Boraxbekk et al., 2016；Li et al., 2017）。此外，定期的运动训练和前额皮质灰质体积的增加有关（Erickson et al., 2014；Den Ouden et al., 2018），这也有利于个体抑制控制能力的提高。研究还发现运动训练会促进与认知控制相关的大脑神经网络的连接性（Voss et al., 2011）。

运动训练有多种类型，其中应用最广的是高强度间歇训练（HIIT）（Hsieh et al., 2021）。HIIT 是指一种相对短暂的剧烈活动和短时间休息或低强度身体活动相结合的训练方式（Eddolls et al., 2017）。该训练要求被试先完成10—12分钟的有氧高强度运动，中间穿插1—4分钟的恢复时间，通常高强度运动与恢复时间之比为1:1或4:1。HIIT高强度有氧训练包括往返跑、开合跳、跳绳、骑车、垂直跳跃、爬山等。有一项研究将招募的青少年分为3组，其中两组进行运动训练干预，一组主要涉及粗大运动的心肺训练（如往返跑、开合跳、跳绳），另一组是心肺训练和抗阻体重训练的组合（如往返跑、开合跳、跳绳、深蹲、俯卧撑），最后一组作为控制组没有运动训练干预，经历为期8周的干预，结果发现运动训练确实提高了青少年的抑制控制能力，并促进了身体健康（Costigan et al., 2016）。不过，当HIIT未能被妥当运用时，也会给身体带来伤害（Hsieh et al., 2021）。

### 三、认知与运动相结合的综合训练

以往研究发现，认知和运动训练可以对认知神经系统活动具有显著改善的作用（Levin et al., 2021; Stillman et al., 2016），这个观点也得到理论的支持。瑞奇连和亚历山大（Raichlen & Alexander, 2017）提出了适应性能力模型（ACM）（图7.2）。

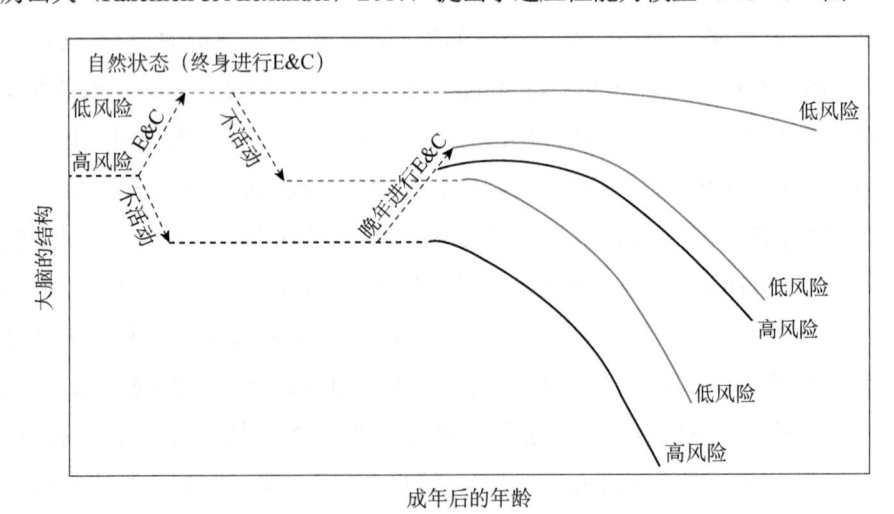

图 7.2 适应性能力模型（Raichlen & Alexander, 2017）

注：虚线表示在因衰老或神经退行性疾病导致认知能力下降之前时期；实线表示潜在可观察到的认知衰退时期。从上往下依次为第一至第五条线。第一条、第二条和第四条线代表晚年罹患神经退行性疾病（如阿尔茨海默病或脑血管疾病）风险低的个体；第三条和第五条线代表罹患神经退行性疾病风险高的个体。带箭头的虚线表示对具有认知挑战性的有氧运动（E&C）的适应或不运动（Raichlen & Alexander, 2017）

该理论认为，个体要投入认知和运动资源来应对外界环境挑战，在个体不断应对外界挑战的过程中，机体的神经生物学和认知系统得到了特定的训练。因此，如果在复杂的认知活动中进行体育运动训练，可能有利于个体的神经可塑性，进而影响个体的各种认知能力。研究者探究了认知与运动相结合的综合训练对抑制控制的作用，迪尔等（Dhir et al.，2021）认为，运动训练可以在体内产生一种神经营养环境，这种环境有利于增强个体的神经可塑性，使大脑更容易巩固认知训练的效果。戈尼亚特等（Gogniat et al.，2021）的研究也发现，当个体同时进行运动训练和认知训练时，运动训练所诱发的新神经元更有可能存活下来，并引起个体的认知功能不断增强。

许多专家以此为基础，考虑采用认知与运动相结合的综合训练来提高抑制控制能力。目前，专家开发出许多关于该类综合训练的干预方案。班宁等（Benzing et al.，2020）开发了一个综合训练的干预方案，该方案包括工作记忆训练和运动训练，该方案要求个体一共训练 8 周，每周 3 次。工作记忆训练是通过名为 Cogmed 的电脑程序来进行，该程序包括 13 个工作记忆任务，其中 7 个是视觉空间任务，剩下 6 个是言语工作记忆任务，视觉空间任务要求被试对呈现的视觉信息进行存储和处理，比如要求个体回忆一个移动（动态）或静止物体的位置；言语工作记忆任务包括字母和数字广度任务。这些任务都具有不同的难度，可以根据个体的情况选择。这些任务被以往研究证实具有良好的效度，并广泛使用。运动训练是基于一款名为 Shape UP 的体感游戏，即个体通过自己的运动动作与游戏内容进行交互来使游戏进行。在以前的研究中，Shape UP 已经被证明具有中等到剧烈的运动强度，也具有一定的认知挑战性（Benzing et al.，2016），对于患有注意缺陷/多动障碍的个体来说，Shape UP 对个体的执行功能和运动能力都有积极的影响（Valentin et al.，2018；Benzing & Schmidt，2019）。

埃根伯格等（Eggenberger et al.，2016）开发了一种能够同时进行运动训练和认知训练的综合干预方法，该方法可以训练个体的认知注意和动作协调能力，这种干预方案是要求被试按照专家的指导去进行互动视频游戏舞蹈，每个专家负责指导 4 个被试，专家根据渐进和超负荷的运动训练原则和个体的自身情况，选择特定难度的运动，使每个个体最终都能达到中等到剧烈的训练强度；个体站在 1 个 1 平方米的正方形舞台，根据屏幕上提供的动作序列开始进行模仿，只有正确按照序列操作才能取得分数，舞台有 4 个压力感受区域，用来检测个体前进、后退、向左和向右的动作。这项运动干预总共持续 8 周，每周 3 次，每次 30 分钟，时间固定在每周一、三、五。

迪尔等（Dhir et al., 2021）对探讨认知与运动相结合的综合训练和抑制控制的关系的论文进行元分析，还探讨了训练参数（运动训练强度、训练次数以及训练是连续的还是同时进行的）以及个体特征（健康状况和年龄）对综合训练和抑制控制能力关系的影响。结果发现，认知与运动相结合的综合训练对抑制控制的提高具有显著积极作用；相对于低强度或高强度的运动训练，中等强度的运动训练对于抑制控制的提高具有低到中等程度的积极作用；相对于单一阶段，多个阶段的综合训练对于抑制控制的提高具有更强的积极作用；而对于同时进行的综合训练和依次进行的综合训练，均发现对抑制控制提高的积极作用。与青少年和成年人相比，在老年人中发现了综合训练对抑制控制提高的中等程度的积极作用；与多动症、自闭症障碍、轻度认知障碍和癌症患者相比，在健康人群和血管性认知障碍（vascular cognitive impairment）患者发现了综合训练对抑制控制提高的具有中等程度的积极作用。

目前，关于认知与运动相结合的综合训练对抑制控制的作用的干预研究正处于起步阶段，少有学者采用神经生理学方法研究认知与运动相结合的综合训练和抑制控制的关系，因此还缺乏其对抑制控制神经网络的作用机制的理解。另外，认知与运动相结合的综合训练对抑制控制能力的提高只具有低到中等程度的作用，未来还需要尝试去开发效果更好的综合训练。

综上所述，现有的研究表明综合训练（认知综合训练、运动综合训练以及认知与运动相结合的综合训练，表 7.4）可以改善不同人群的抑制控制能力，但是目前还缺乏对综合训练提高抑制控制能力的生物学机制的理解，以及仍存在干预效应较低等问题，未来还需要在此基础上继续开发新的综合训练方式，新的训练方式可以扩展到其他类型的干预，比如神经反馈训练以及非入侵性脑部刺激技术等。

表 7.4 综合训练在青少年抑制控制能力改善中的应用

| 训练方式 | 理论依据 | 训练原理 | 干预方案举例 |
| --- | --- | --- | --- |
| 认知综合训练 | 目标忽视理论 | 通过提高个体对注意力缺失的认识和在行为与预期目标不一致时恢复认知控制的能力，来促进个体完成复杂的日常活动 | 目标管理训练 |
| 运动综合训练 | — | 通过相对短暂的剧烈活动和短时休息或低强度身体活动相结合的方式，对不同脑区产生积极的影响，从而改善个体抑制控制能力 | 高强度间歇训练 |
| 认知与运动相结合的综合训练 | 适应性能力模型 | 通过在复杂的认知活动中进行体育运动训练，有利于个体的神经可塑性，进而提升个体的各种认知能力 | 综合干预训练、综合干预训练 |

# 参考文献
## REFERENCES

边玉芳, & 蒋赟. (2006). 青春期心理危机的类型、表现及特征剖析——以浙江省为例. *当代教育科学*, (17), 44-45.

陈海燕, & 姚树桥. (2012). 冲动的脑功能成像研究进展. *国际精神病学杂志*, 39 (4), 237-240.

陈睿. (2019). *fNIRS 神经反馈训练提升注意及抑制控制能力*. 西南大学硕士学位论文.

陈若婷, 刘萌萌, 李志明, 刘苏姣, & 严万森. (2020). 吸烟成瘾者与网络成瘾者的特质冲动及认知抑制的事件相关电位分析. *中国心理卫生杂志*, 34 (6), 543-548.

陈衍, 田颖, 丁昌权, 罗洪敏, & 息晓龙. (2017). 冲动性与物质使用障碍的共病关系评述. *国际精神病学杂志*, 44 (1), 16-19.

崔丽霞, & 郑日昌. (2005). 中学生问题行为的问卷编制和聚类分析. *中国心理卫生杂志*, 19 (5), 313-315.

戴晓阳, & 吴依泉. (2005). NEO-PI-R 在 16—20 岁人群中的应用研究. *中国临床心理学杂志*, 13 (1), 14-18.

盖笑松, 赵晓杰, & 张向葵. (2007). 父母离异对子心理发展的影响：计票式文献分析途径的研究. *心理科学*, 30 (6), 1392-1396.

甘治萍. (2006). *制裁不公平感知、愤怒情感与冲动性人格三个维度的关系模型*. 云南师范大学硕士学位论文.

关慕桢, 廖扬, 任慧娟, & 刘旭峰. (2016). 反社会人格高危人群反应抑制的 ERP 研究. *中华行为医学与脑科学杂志*, 25 (3), 252-256.

衡惠, 宋梓祥, 孙晓静, & 康麒. (2017). 重复经颅磁刺激联合认知行为训练治疗注意力缺陷伴多动障碍儿童的疗效. *临床与病理杂志*, 37 (8), 1639-1642.

吉利兰, 詹姆斯. (2000). *危机干预策略*. 肖水源, 等译. 北京：中国轻工业出版社.

经旻, 邓光辉, 靳霄, 林国志, & 刘伟志. (2009). 电脑游戏诱发下自主神经活动的比较. *心理科学, 32（6），1348-1351.

李泉, 宋亚男, 廉彬, & 冯廷勇. (2019). 正念训练提升 3—4 岁幼儿注意力和执行功能. 心理学报, 51（3），324-336.

李献云, 费立鹏, 徐东, 张亚利, 杨少杰, 童永胜, ... & 牛雅娟. (2011). Barratt 冲动性量表中文修订版在社区和大学人群中应用的信效度. 中国心理卫生杂志, 25（8），610-615.

李彦章, 张燕, 姜英, 李航, 米沙, 易光杰, ... & 姜原. (2008). 行为抑制/激活系统量表中文版的信效度分析. 中国心理卫生杂志, 22（8），613-616.

林琳, 王晨旭, 莫娟婵, 杨洋, 李慧生, 贾绪计, & 白学军. (2018). 大学生的冲动性特质与自杀意念的关系：一个有调节的中介模型. 心理发展与教育, 34（3），369-376.

刘宝根, 周兢, & 李菲菲. (2011). 脑功能成像的新方法—功能性近红外光谱技术（fNIRS）. 心理科学, 34（4），943-949.

刘飞, & 蔡厚德. (2010). 情绪生理机制研究的外周与中枢神经系统整合模型. 心理科学进展, 18（4），616-622.

刘晓婷, 张丽锦, & 张宁. (2019). 睡眠质量对冒险行为影响的证据及解析. 心理科学进展, 27（11），1875-1886.

罗杰, & 戴晓阳. (2015). 中文形容词大五人格量表的初步编制Ⅰ：理论框架与测验信度. 中国临床心理学杂志, 23（3），381-385.

吕锐, 张英俊 & 钟杰. (2014). UPPS 冲动行为量表在中国大学生人群中的初步修订. 中国临床心理学杂志, 22（3），480-484+417.

聂紫彤. (2017). 冲动性人格特质与任务性质对学业拖延的影响. 湖南师范大学硕士学位论文.

秦荣彩, 王振宏, & 吕薇. (2011). 情绪和社会行为的迷走神经活动基础. 心理科学进展, 19（6），853-860.

宋玉婷, 李丽, & 牛志民. (2017). 大学生媒体多任务、冲动性与睡眠质量和学业成绩相关分析. 现代预防医学, 44（3），478-480+485.

谭梦鸽, 任志洪, 赵春晓, & 江光荣. (2021). 辩证行为疗法：理论背景、治疗效果及作用机制. 心理科学, 44（2），481-488.

田菲菲, & 田录梅. (2014). 亲子关系、朋友关系影响问题行为的 3 种模型. 心理科学进展, 22（6），968-976.

田园, 刘富丽, & 苏彦捷. (2019). 3~6 岁儿童对消极情绪的理解：抑制控制与共情的作用. 心理技术与应用, 7（6），321-331.

万燕. (2017). BIS-11 信效度的荟萃分析和再验证研究. 皖南医学院硕士学位论文.

万燕, 程灶火, 张嫚茹, 金凤仙, & 杭荣华. (2016). BIS-11 中文版在三组青少年样本中的信效度验证. 中国临床心理学杂志, 24（5），869-873+889.

王美萍, & 张文新. (2014). COMT 基因 rs6267 多态性与青少年期亲子亲合与冲突的关系: 性别与父母教养行为的调节作用分析. *心理学报, 46*(7), 931-941.

王明忠, 杜秀秀, & 周宗奎. (2016). 粗暴养育的内涵、影响因素及作用机制. *心理科学进展, 24*(3), 379-391.

王振宏, 郭德俊, & 方平. (2004). 不同同伴关系初中生的自我概念与应对方式. *心理科学, 27*(3), 602-605.

王志燕, & 崔彩莲. (2017). 个体冲动性对物质滥用与成瘾的影响及脑机制. *心理科学进展, 25*(12), 2063-2074.

向玲, 王美霞, 刘燕婷, & 胡竹菁. (2020). 冲动特质对青少年认知控制的影响——基于双重认知控制理论. *心理学探新, 40*(2), 143-149.

谢庆斌, 王英杰, 胡芳, 刘晓洁, & 李燕. (2020). 4 岁儿童抑制控制与社会技能: 社会退缩的调节作用. *中国临床心理学杂志, 28*(5), 1033-1037.

徐雷, 唐丹丹, & 陈安涛. (2012). 主动性和反应性认知控制的权衡机制及影响因素. *心理科学进展, 20*(7), 1012-1022.

徐佩茹, & 艾比拜. (2014). 儿童常见睡眠障碍性疾病诊治现状. *中华实用儿科临床杂志, 29*(4), 241-245.

薛朝霞, 胡勇娟, 王晶, 黄雷晶, 刘威, & 孙锋丹. (2017). 简式 UPPS-P 冲动行为量表在大学生中的信度效度检测. *中国临床心理学杂志, 25*(4), 662-666.

严万森, 兰燕, & 张冉冉. (2016). 大学新生冲动性特征与网络成瘾的关系. *中国学校卫生, 37*(12), 1887-1889+1892.

严万森, 张冉冉, & 兰燕. (2017). 大学新生冲动性人格特质与吸烟、饮酒行为的关系. *心理技术与应用, 5*(2), 81-88.

杨璇, 王清, 宋秋萍, 段立疆, 武香梅, 宋彬彬, & 于佳. (2017). 多巴胺转运体的功能及调控机制. *医学综述, 23*(22), 4369-4375.

叶青珊, 王品卿, 卢良川, & 曾天德. (2018). 服刑人员冲动性、自我控制和社会适应的关系研究. *闽南师范大学学报（自然科学版）, 31*(4), 120-125.

应福仙, 莫潼, 许潇丹, 雷凯凯, 李至浩, & 曾洪武. (2020). 冲动行为的神经机制: 基于认知神经科学的研究. *中国健康心理学杂志, 28*(1), 145-151.

于丽霞, 凌霄, & 江光荣. (2013). 自伤青少年的冲动性. *心理学报, 45*(3), 320-335.

张明, & 陈丽娜. (2003). 感觉寻求与青少年冒险行为研究的现状和趋势. *东北师大学报（哲学社会科学版）, 3*, 125-129.

张沛文, & 邹韶红. (2020). 儿童青少年双相障碍冲动攻击行为相关基因研究进展. *国际精神病学杂志, 47*(6), 1099-1101+1105.

张润竹, 赵一萌, 秦荣彩, & 王振宏. (2018). 学前儿童迷走神经活动与情绪反应、情绪调节及冲动性的关系. *心理发展与教育*, 34 (1), 1-9.

张颖, & 冯廷勇. (2014). 青少年风险决策的发展认知神经机制. *心理科学进展*, 22 (7), 1139-1148.

张芸, 明庆森, 马丽荣, 李欣茹, & 王艳芬. (2015). 单胺氧化酶 A 基因串联重复序列与童年期虐待对女性青少年冲动特质的影响. *中国神经精神疾病杂志*, 41 (5), 281-287.

赵鑫, 陈玲, & 张鹏. (2015). 反应抑制的训练: 内容、效果与机制. *心理科学进展*, 23 (1), 51-60.

郑丽君, & 张婷. (2016). Dickman 冲动性量表在大学生中应用的信效度分析. *心理学进展*, (12), 1267-1272.

郑敏. (2013). 维生素 D 及维生素 D 受体的研究进展. *医学综述*, 19 (21), 3965-3967.

钟明天, 刘莹, 曹曦瑜, 凌宇, 姚树桥, & 蚁金瑶. (2016). 边缘性人格障碍的情绪抑制功能的 ERPs 研究. *中国临床心理学杂志*, 24 (6), 971-975.

周玫, & 周晓林. (2003). 儿童执行功能与情绪调节. *心理与行为研究*, 1 (3): 194-199.

邹泓, 余益兵, 周晖, & 刘艳. (2012). 中学生社会适应状况评估的理论模型建构与验证. *北京师范大学学报 (社会科学版)*, (1), 65-72.

Abrantes, A. M., Brown, R. A., Strong, D. R., McLaughlin, N., Garnaat, S. L., Mancebo, M., Riebe, D., Desaulniers, J., Yip, A. G., Rasmussen, S., & Greenberg, B. D. (2017). A pilot randomized controlled trial of aerobic exercise as an adjunct to OCD treatment. *General Hospital Psychiatry*, 49, 51-55.

Achenbach, T. M. (1966). The classification of children's psychiatric symptoms: A factor-analytic study. *Psychological Monographs*, 80 (7), 1-37.

Achenbach, T. M. (1991). *Integrative Guide for the 1991 CBCL/4-18, YSR, and TRF Profiles*. Burlington, VT: Dept of Psychiatry University of Vermont.

Aeschleman, S. R., & Imes, C. (1999). Stress inoculation training for impulsive behaviors in adults with traumatic brain injury. *Journal of Rational-Emotive and Cognitive-Behavior Therapy*, 17 (1), 51-65.

Aichert, D. S., Wöstmann, N. M., Costa, A., Macare, C., Wenig, J. R., Möller, H. J., Rubia, K., & Ettinger, U. (2012). Associations between trait impulsivity and prepotent response inhibition. *Journal of Clinical and Experimental Neuropsychology*, 34 (10), 1016-1032.

Alasaarela, L., Hakko, H., Riala, K., & Riipinen, P. (2017). Association of self-reported impulsivity to nonsuicidal self-injury, suicidality, and mortality in adolescent psychiatric inpatients.

*Journal of Nervous and Mental Disease*, 205 (5), 340-345.

Albano, A. M., Chorpita, B. F., & Barlow, D. H. (1996). Childhood anxiety disorders. In E. J. Mash & R. A. Barkley (Eds.), *Child Psychopathology* (pp. 196-241). New York: Guilford Press.

Albert, J., López-Martín, S., & Carretié, L. (2010). Emotional context modulates response inhibition: Neural and behavioral data. *NeuroImage*, 49 (1), 914-921.

Allen, M. T., Hogan, A. M., & Laird, L. K. (2009). The relationships of impulsivity and cardiovascular responses: The role of gender and task type. *International Journal of Psychophysiology*, 73 (3), 369-376.

Allom, V., Mullan, B., & Hagger, M. (2015). Does inhibitory control training improve health behaviour? A meta-analysis. *Health Psychology Review*, 10 (2), 168-186.

American Psychiatric Association (1994). *Diagnostic and Statistical Manual of Mental Disorders (DSM-IV)*. American Psychiatric Association: Washington, DC.

American Psychiatric Association. APA. (2013). *Desk Reference to the Diagnostic Criteria from DSM-5™*. New York: American Psychiatric Publishing, Inc..

Anderson, B. A., & Folk, C. L. (2014). Conditional automaticity in response selection: Contingent involuntary response inhibition with varied stimulus-response mapping. *Psychological Science*, 25 (2), 547-554.

Anderson, M. C., & Levy, B. J. (2009). Suppressing unwanted memories. *Current Directions in Psychological Science*, 18 (4), 189-194.

Anestis, M. D., Soberay, K. A., Gutierrez, P. M., Hernández, T. D., & Joiner, T. E. (2014). Reconsidering the link between impulsivity and suicidal behavior. *Personality and Social Psychology Review*, 18 (4), 366-386.

Arango-Tobón, O. E., Tabares, A., & Serrano, S. (2021). Structural model of suicidal ideation and behavior: Mediating effect of impulsivity. *Anais Da Academia Brasileira de Ciências*, 93 (suppl 4), e20210680.

Aron, A. R., Robbins, T. W., Poldrack, R. A., (2004). Inhibition and the right inferior frontal cortex. *Trends in Cognitive Sciences*, 8 (4), 170-177.

Asahi, S., Okamoto, Y., Okada, G., Yamawaki, S., & Yokota, N. (2004). Negative correlation between right prefrontal activity during response inhibition and impulsiveness: A fMRI study. *European Archives of Psychiatry and Clinical Neuroscience*, 254 (4), 245-251.

Avila, C. (2001). Distinguishing BIS-mediated and BAS-mediated disinhibition mechanisms: A comparison of disinhibition models of Gray (1981, 1987) and of Patterson and Newman

(1993). *Journal of Personality and Social Psychology*, *80* (2), 311-324.

Bakhshayesh, A. R., Hänsch, S., Wyschkon, A., Rezai, M. J., & Esser, G. (2011). Neurofeedback in ADHD: A single-blind randomized controlled trial. *European Child & Adolescent Psychiatry*, *20* (9), 481-491.

Balevich, E. C., Wein, N. D., & Flory, J. D. (2013). Cigarette smoking and measures of impulsivity in a college sample. *Substance Abuse*, *34* (3), 256-262.

Balodis, I. M., Molina, N. D., Kober, H., Worhunsky, P. D., White, M. A., Rajita Sinha, Grilo, C. M., & Potenza, M. N. (2013). Divergent neural substrates of inhibitory control in binge eating disorder relative to other manifestations of obesity. *Obesity*, *21* (2), 367-377.

Balogh, K. N., Mayes, L. C., & Potenza, M. N. (2013). Risk-taking and decision-making in youth: Relationships to addiction vulnerability. *Journal of Behavioral Addictions*, *2* (1), 19.

Baltruschat, S., Cándido, A., Megías, A., Maldonado, A., & Catena, A. (2020). Risk proneness modulates the impact of impulsivity on brain functional connectivity. *Human Brain Mapping*, *41* (4), 943-951.

Bari, A., & Robbins, T. W. (2013). Inhibition and impulsivity: Behavioral and neural basis of response control. *Progress in Neurobiology*, *108*, 44-79.

Barker, E. D., Séguin, J. R., White, H. R., Bates, M. E., Lacourse, E., Carbonneau, R., & Tremblay, R. E. (2007). Developmental trajectories of male physical violence and theft: Relations to neurocognitive performance. *Archives of General Psychiatry*, *64* (5), 592-599.

Barker, V., Romaniuk, L., Cardinal, R. N., Pope, M., & Hall, J. (2015). Impulsivity in borderline personality disorder. *Psychological Medicine*, *45* (9), 1-10.

Barkley, R. A. (1997). Behavioral inhibition, sustained attention, and executive functions: constructing a unifying theory of ADHD. *Psychological Bulletin*, *121* (1), 65-94.

Barkley, R. A. (2003). Issues in the diagnosis of attention-deficit/hyperactivity disorder in children. *Brain and development*, *25* (2), 77-83.

Barkley, R. A., Edwards, G., Laneri, M., Fletcher, K., & Metevia, L. (2001). Executive functioning, temporal discounting, and sense of time in adolescents with attention deficit hyperactivity disorder (ADHD) and oppositional defiant disorder (ODD). *Journal of Abnormal Child Psychology*, *29* (6), 541-556.

Barkley, R. A., Murphy, K. R., & Fischer, M. (2008). *ADHD in Adults: What the Science Says*. New York: Guilford Press.

Barnes, S. J., & Pinel, J. P. (2018). *Biopsychology* (10th edition). New York: Pearson.

Barratt, E. S. (1959). Anxiety and impulsiveness related to psychomotor efficiency. *Perceptual and*

*Motor Skills*, 9 (3), 191-198.

Barratt, E. S. (1985). Impulsiveness subtraits: Arousal and information processing. In J. T. Spence & C. E. Izard (Eds.), *Motivation, Emotion and Personality* (pp. 137-146). North Holland: Elsevier Science Publishers.

Barratt, E. S., & Patton, J. H. (1983). Impulsivity: cognitive, behavioural and psychophysiological correlates. In: Zuckerman M (Ed) *Biological Bases of Sensation Seeking, Impulsivity, and Anxiety* (pp. 7-12). Hillsdale, New Jersey: Lawrence Erlbaum Associates.

Barratt, E. S., Stanford, M. S., Kent, T. A., & Felthous, A. (1997). Neuropsychological and cognitive psychophysiological substrates of impulsive aggression. *Biological Psychiatry*, 41 (10), 1045-1061.

Barry, R. J., Clarke, A. R., & Johnstone, S. J. (2003). A review of electrophysiology in attention-deficit/hyperactivity disorder: I. Qualitative and quantitative electroencephalography. *Clinical Neurophysiology*, 114 (2), 171-183.

Basar, K., Sesia, T., Groenewegen, H., Steinbusch, H. W., Visser-Vandewalle, V., & Temel, Y. (2010). Nucleus accumbens and impulsivity. *Progress in Neurobiology*, 92 (4), 533-557.

Beard, K. W., & Wolf, E. M. (2001). Modification in the proposed diagnostic criteria for Internet addiction. *CyberPsychology & Behavior*, 4 (3), 377-383.

Beauchaine, T. (2001). Vagal tone, development, and Gray's motivational theory: Toward an integrated model of autonomic nervous system functioning in psychopathology. *Development and Psychopathology*, 13 (2), 183-214.

Beauchaine, T. P. (2015). Respiratory sinus arrhythmia: A transdiagnostic biomarker of emotion dysregulation and psychopathology. *Current Opinion in Psychology*, 3, 43-47.

Beauregard, M., & Lévesque, J. (2006). Functional magnetic resonance imaging investigation of the effects of neurofeedback training on the neural bases of selective attention and response inhibition in children with attention-deficit/hyperactivity disorder. *Applied Psychophysiology and Biofeedback*, 31 (1), 3-20.

Bechara, A. (2005). Decision making, impulse control and loss of willpower to resist drugs: A neurocognitive perspective. *Nature Neuroscience*, 8 (11), 1458-1463.

Behan, B., Stone, A., & Garavan, H. (2015). Right prefrontal and ventral striatum interactions underlying impulsive choice and impulsive responding. *Human Brain Mapping*, 36 (1), 187-198.

Bekker, E. M., Kenemans, J. L., & Verbaten, M. N. (2005). Source analysis of the N2 in a cued Go/NoGo task. Brain research. *Cognitive Brain Research*，22（2），221-231.

Bellato，A.，Arora，I.，Kochhar，P.，Hollis，C.，& Groom，M. J.（2021）. Indices of heart rate variability and performance during a response-conflict task are differently associated with ADHD and autism. *Journal of Attention Disorders*，26（3），434-446.

Benikos，N.，Johnstone，S. J.，& Roodenrys，S. J.（2013）. Short-term training in the Go/NoGo task：Behavioural and neural changes depend on task demands. *International Journal of Psychophysiology*，87（3），301-312.

Benko，A.，Lazary，J.，Molnar，E.，Gonda，X.，Tothfalusi，L.，Pap，D.，... & Bagdy，G.（2010）. Significant association between the C（-1019）G functional polymorphism of the HTRLA gene and impulsivity. *American Journal of Medical Genetics Part B Neuropsychiatric Genetics*，153B（2），592-599.

Benyamina，A.，Kebir，O.，Blecha，L.，Reynaud，M.，& Krebs，M. O.（2015）. CNR1 gene polymorphisms in addictive disorders：A systematic review and a meta-analysis. *Addiction Biology*，16（1），1-6.

Benzing，V.，& Schmidt，M.（2019）. The effect of exergaming on executive functions in children with ADHD：A randomized clinical trial. *Scandinavian Journal of Medicine & Science in Sports*，29（8），1243-1253.

Benzing，V.，Heinks，T.，Eggenberger，N.，& Schmidt，M.（2016）. Acute cognitively engaging exergame-based physical activity enhances executive functions in adolescents. *PLoS One*，11（12），e0167501.

Benzing，V.，Spitzhüttl，J.，Siegwart，V.，Schmid，J.，Grotzer，M.，Heinks，T.，Roebers，C. M.，Steinlin，M.，Leibundgut，K.，Schmidt，M.，& Everts，R.（2020）. Effects of cognitive training and exergaming in pediatric cancer survivors—A randomized clinical trial. *Medicine and Science in Sports and Exercise*，52（11），2293-2302.

Berkman，E. T.，Kahn，L. E.，& Merchant，J. S.（2014）. Training-induced changes in inhibitory control network activity. *The Journal of Neuroscience*，34（1），149-157.

Bernoster，I.，De Groot，K.，Wieser，M.J.，Thurik，R.，Franken，I.H.，2019. Birds of a feather flock together：Evidence of prominent correlations within but not between self-report，behavioral，and electrophysiological measures of impulsivity. *Biological Psychology*，145，112-123.

Besson，M.，Belin，D.，McNamara，R.，Theobald，D. E.，Castel，A.，Beckett，V. L.，Crittenden，B. M.，Newman，A. H.，Everitt，B. J.，Robbins，T. W.，& Dalley，J. W.（2010）. Dissociable control of impulsivity in rats by dopamine d2/3 receptors in the core and shell subregions of the nucleus accumbens. *Neuropsychopharmacology*, 35 (2), 560-569.

Bezdjian, S., Baker, L. A., & Tuvblad, C. (2011). Genetic and environmental influences on impulsivity: A meta-analysis of twin, family and adoption studies. *Clinical Psychology Review*, 31 (7), 1209-1223.

Bibbey, A., Ginty, A. T., Brindle, R. C., Phillips, A. C., & Carroll, D. (2016). Blunted cardiac stress reactors exhibit relatively high levels of behavioural impulsivity. *Physiology & Behavior*, 159, 40-44.

Billieux, J., Rochat, L., Rebetez, M., & Linden, M. (2008b). Are all facets of impulsivity related to self-reported compulsive buying behavior? *Personality and Individual Differences*, 44 (6), 1432-1442.

Billieux, J., van der Linden, M., & Rochat, L. (2008a). The role of impulsivity in actual and problematic use of the mobile phone. *Applied Cognitive Psychology*, 22 (9), 1195-1210.

Bjork, J. M., Smith, A. R., Chen, G., & Hommer, D. (2011). Psychosocial problems and recruitment of incentive neurocircuitry: Exploring individual differences in healthy adolescents. *Developmental Cognitive Neuroscience*, 1 (4), 570-577.

Bjorklund, D. F., & Harnishfeger, K. K. (1990). The resources construct in cognitive development: Diverse sources of evidence and a theory of inefficient inhibition. *Developmental Review*, 10 (1), 48-71.

Blair, C., & Razza, R. P. (2007). Relating effortful control, executive function, and false belief understanding to emerging math and literacy ability in kindergarten. *Child Development*, 78 (2), 647-663.

Booth, J. R., Burman, D. D., Meyer, J. R., Lei, Z., Trommer, B. L., Davenport, N. D., ... & Mesulam, M. M. (2005). Larger deficits in brain networks for response inhibition than for visual selective attention in attention deficit hyperactivity disorder (ADHD). *Journal of Child Psychology and Psychiatry*, 46 (1), 94-111.

Boraxbekk, C. J., Salami, A., Wåhlin, A., & Nyberg, L. (2016). Physical activity over a decade modifies age-related decline in perfusion, gray matter volume, and functional connectivity of the posterior default-mode network-A multimodal approach. *NeuroImage*, 131, 133-141.

Bornovalova, M. A., Lejuez, C. W., Daughters, S. B., Zachary Rosenthal, M., & Lynch, T. R. (2005). Impulsivity as a common process across borderline personality and substance use disorders. *Clinical Psychology Review*, 25 (6), 790-812.

Botvinick, M. M., Cohen, J. D., & Carter, C. S. (2004). Conflict monitoring and anterior cingulate cortex: An update. *Trends in Cognitive Sciences*, 8 (12), 539-546.

Boucher, L., Palmeri, T. J., Logan, G. D., & Schall, J. D. (2007). Inhibitory control in mind and brain: An interactive race model of countermanding saccades. *Psychological Review*, 114 (2), 376-397.

Bowirrat, A., Chen, T. J. H., Oscar-Berman, M., Madigan, M., Chen, A. L., Bailey, J. A., ... & Kenneth, B. (2012). Neuropsychopharmacology and neurogenetic aspects of executive functioning: Should reward gene polymorphisms constitute a diagnostic tool to identify individuals at risk for impaired judgment? *Molecular Neurobiology*, 45 (2), 298-313.

Braver, T. S. (2012). The variable nature of cognitive control: A dual mechanisms framework. *Trends in Cognitive Sciences*, 16 (2), 106-113.

Braver, T. S., & Burgess, G. C. (2007). Explaining the many varieties of working memory variation: Dual mechanisms of cognitive control. *Variation in Working Memory*, 76-106.

Breaux, R., Langberg, J. M., Swanson, C. S., Eadeh, H. M., & Becker, S. P. (2020). Variability in positive and negative affect among adolescents with and without ADHD: Differential associations with functional outcomes. *Journal of Affective Disorders*, 274, 500-507.

Brodsky, B. S. (2016). Early childhood environment and genetic interactions: The diathesis for suicidal behavior. *Current Psychiatry Reports*, 18 (9), 86.

Brown, M., Benoit, J., Michal, J., Lebel, R. M., Marnie, M. K., Ericson, D., ... & Greenshaw, A. J. (2015). Neural correlates of high-risk behavior tendencies and impulsivity in an emotional Go/NoGo fMRI task. *Frontiers in Systems Neuroscience*, 9 (2), 24.

Buchmann, A. F., Hohm, E., Witt, S. H., Blomeyer, D., Jennen-Steinmetz, C., Schmidt, M. H., ... & Laucht, M. (2015). Role of CNR1 polymorphisms in moderating the effects of psychosocial adversity on impulsivity in adolescents. *Journal of Neural Transmission*, 122 (3), 455-463.

Burgess, G. C., & Braver, T. S. (2010). Neural mechanisms of interference control in working memory: Effects of interference expectancy and fluid intelligence. *PLoS One*, 5 (9), e12861.

Buss, A. H., & Plomin, R. (1975). *A Temperament Theory of Personality Development*. New York: John Wiley & Sons.

Buzzell, G. A., Fedota, J. R., Roberts, D. M., & McDonald, C. G. (2014). The N2 ERP component as an index of impaired cognitive control in smokers. *Neuroscience Letters*, 563, 61-65.

Cai, W., George, J. S., Verbruggen, F., Chambers, C. D., & Aron, A. R. (2012). The role of the right presupplementary motor area in stopping action: Two studies with event-related transcranial magnetic stimulation. *Journal of Neurophysiology*, 108 (2), 380-389.

Cai, W., Ryali, S., Chen, T., Li, C. S., & Menon, V. (2014). Dissociable roles of right inferior frontal cortex and anterior insula in inhibitory control: Evidence from intrinsic and task-related functional parcellation, connectivity, and response profile analyses across multiple datasets. *The Journal of Neuroscience*, 34 (44), 14652-14667.

Cao, F. L., Su, L. Y., Liu, T. Q, & Gao, X. (2007). The relationship between impulsivity and Internet addiction in a sample of Chinese adolescents. *European Psychiatry*, 22 (7), 466-471.

Caplan, G. (1964). *Principles of Preventive Psychiatry*. New York: Basic Books.

Carli, M., & Samanin, R. (2000). The 5-HT 1A receptor agonist 8-OH-DPAT reduces rats' accuracy of attentional performance and enhances impulsive responding in a five-choice serial reaction time task: Role of presynaptic 5-HT 1A receptors. *Psychopharmacology*, 149, 259-268.

Carli, V., Durkee, T., Wasserman, D., Hadlaczky, G., Despalins, R., Kramarz, E., ... & Kaess, M. (2013). The association between pathological internet use and comorbid psychopathology: A systematic review. *Psychopathology*, 46 (1), 1-13.

Carver, C. S., & White, T. L. (1994). Behavioral inhibition, behavioral activation, and affective responses to impending reward and punishment: The BIS/BAS scales. *Journal of Personality and Social Psychology*, 67 (2), 319-333.

Carver, C. S., Johnson, S. L., Joormann, J., Kim, Y., & Nam, J. Y. (2011). Serotonin transporter polymorphism interacts with childhood adversity to predict aspects of impulsivity. *Psychological Science*, 22 (5), 589-595.

Caseras, X., Avila, C., & Torrubia, R. (2003). The measurement of individual differences in behavioural inhibition and behavioural activation systems: A comparison of personality scales. *Personality and Individual Differences*, 34, 999-1013.

Casey, B. J. (2015). Beyond simple models of self-control to circuit-based accounts of adolescent behavior. *Annual Review of Psychology*, 66, 295-319.

Castellanos-Ryan, N., Parent, S., Vitaro, F., Tremblay, R. E., & Séguin, J. R. (2013). Pubertal development, personality, and substance use: A 10-year longitudinal study from childhood to adolescence. *Journal of Abnormal Psychology*, 122 (3), 782-796.

Castro-Meneses, L. J., Johnson, B. W., & Sowman, P. F. (2015). The effects of impulsivity and proactive inhibition on reactive inhibition and the go process: Insights from vocal and manual stop signal tasks. *Frontiers in Human Neuroscience*, 9, 529.

Caswell, A. J., Bond, R., Duka, T., & Morgan, M. J. (2015). Further evidence of the heterogeneous nature of impulsivity. *Personality and Individual Differences*, 76, 68-74.

Chamberlain, S. R., Derbyshire, K. L., Leppink, E. W., & Grant, J. E. (2016). Neurocognitive deficits associated with antisocial personality disorder in non-treatment-seeking young adults. *The Journal of the American Academy of Psychiatry and the Law*, 44 (2), 218-225.

Chambers, C. D., Garavan, H., & Bellgrove, M. A. (2009). Insights into the neural basis of response inhibition from cognitive and clinical neuroscience. *Neuroscience & Biobehavioral Reviews*, 33 (5), 631-646.

Chatham, C. H., Frank, M. J. & Munakata, Y. (2009). Pupillometric and behavioral markers of a developmental shift in the dynamics of cognitive control. *Proceedings of the National Academy of Sciences*, 106 (14), 5529-5533.

Chen, C. Y., Tien, Y. M., Juan, C. H., Tzeng, O. J., & Hung, D. L. (2005). Neural correlates of impulsive-violent behavior: An event-related potential study. *Neuroreport*, 16 (11), 1213-1216.

Chhangur, R. R., Weeland, J., Overbeek, G., Matthys, W., Orobio de Castro, B., van der Giessen, D., & Belsky, J. (2017). Genetic moderation of intervention efficacy: Dopaminergic genes, the incredible years, and externalizing behavior in children. *Child Development*, 88 (3), 796-811.

Cho, S. S., Pellecchia, G., Aminian, K., Ray, N., Segura, B., Obeso, I., & Strafella, A. P. (2013). Morphometric correlation of impulsivity in medial prefrontal cortex. *Brain Topography*, 26 (3), 479-487.

Choi, J. S., Park, S. M., Roh, M. S., Lee, J. Y., Park, C. B., Hwang, J. Y., Gwak, A. R., & Jung, H. Y. (2014). Dysfunctional inhibitory control and impulsivity in Internet addiction. *Psychiatry Research*, 215 (2), 424-428.

Chou, C., & Hsiao, M. C. (2000). Internet addiction, usage, gratification, and pleasure experience: The Taiwan college student's case. *Computers and Education*, 35, 65-80.

Cole, A. B., Littlefield, A. K., Gauthier, J. M., & Bagge, C. L. (2019). Impulsivity facets and perceived likelihood of future suicide attempt among patients who recently attempted suicide. *Journal of Affective Disorders*, 257, 195-199.

Congdon, E., Mumford, J. A., Cohen, J. R., Galvan, A., Aron, A. R., Xue, G., ... & Poldrack, R. A. (2010). Engagement of large-scale networks is related to individual differences in inhibitory control. *NeuroImage*, 53 (2), 653-663.

Conner, K. R., Meldrum, S., Wieczorek, W. F., Duberstein, P. R., & Welte, J. W. (2004).

The association of irritability and impulsivity with suicidal ideation among 15- to 20-year-old males. *Suicide & Life-threatening Behavior*, *34* (4), 363-373.

Coogan, A. N., & McGowan, N. M. (2017). A systematic review of circadian function, chronotype and chronotherapy in attention deficit hyperactivity disorder. *Attention Deficit and Hyperactivity Disorders*, *9* (3), 129-147.

Cooper, R. J., & Boas, D. A. (2015). Functional near-infrared spectroscopy. In A. W. Toga (Ed.), *Brain Mapping* (pp. 143-148). Amsterdam: Elsevier.

Correa, A., Lupiáñez, J., Madrid, E., & Tudela, P. (2006). Temporal attention enhances early visual processing: A review and new evidence from event-related potentials. *Brain Research*, *1076* (1), 116-128.

Cortese, S., Ferrin, M., Brandeis, D., Buitelaar, J., Daley, D., Dittmann, R. W., ... European, A. G. G. (2015). Cognitive training for attention-deficit/hyperactivity disorder: Meta-analysis of clinical and neuropsychological outcomes from randomized controlled trials. *Journal of the American Academy of Child and Adolescent Psychiatry*, *54* (3), 164-174.

Cosenza, M., & Nigro, G. (2015). Wagering the future: Cognitive distortions, impulsivity, delay discounting, and time perspective in adolescent gambling. *Journal of Adolescence*, *45*, 56-66.

Coskunpinar, A., Dir, A. L., & Cyders, M. A. (2013). Multidimensionality in impulsivity and alcohol use: a meta-analysis using the UPPS model of impulsivity. *Alcoholism, Clinical and Experimental Research*, *37* (9), 1441-1450.

Costa, P. T., & McCrae, R. R. (1992). *NEO-PI-R Professional Manual. Revised NEO Personality Inventory (NEO-PIR) and NEO Five Factor Inventory (NEO-FFI)*. Odessa, F: Psychological Assessment Resources.

Costa, P., & McCrae, R. (1985). *The NEO Personality Inventory Manual*. Odessa, FL: Psychological Assessment Resources.

Costigan, S. A., Eather, N., Plotnikoff, R. C., Hillman, C. H., & Lubans, D. R. (2016). High-intensity interval training for cognitive and mental health in adolescents. *Medicine and Science in Sports and Exercise*, *48* (10), 1985-1993.

Coxon, J. P., Cash, R., Hendrikse, J. J., Rogasch, N. C., Stavrinos, E., Suo, C., & Yücel, M. (2018). GABA concentration in sensorimotor cortex following high-intensity exercise and relationship to lactate levels. *The Journal of Physiology*, *596* (4), 691-702.

Croarkin, P. E., Wall, C. A., & Lee, J. (2011). Applications of transcranial magnetic stimulation (TMS) in child and adolescent psychiatry. *International Review of Psychiatry*, *23*

(5), 445-453.

Cyders, M. A., & Coskunpinar, M. (2011). Measurement of constructs using self-report and behavioral lab tasks: Is there overlap in nomothetic span and construct representation for impulsivity? *Clinical Psychology Review*, 31 (6), 965-982.

Cyders, M. A., & Smith, G. T. (2007). Mood-based rash action and its components: Positive and negative urgency. *Personality and Individual Differences*, 43, 839-850.

Cyders, M. A., & Smith, G. T. (2008a). Emotion-based dispositions to rash action: Positive and negative urgency. *Psychological Bulletin*, 134 (6), 807-828.

Cyders, M. A., & Smith, G. T. (2008b). Clarifying the role of personality dispositions in risk for increased gambling behavior. *Personality and Individual Differences*, 45 (6), 503-508.

Czernochowski, D., Nessler, D., & Friedman, D. (2010). On why not to rush older adults-relying on reactive cognitive control can effectively reduce errors at the expense of slowed responses. *Psychophysiology*, 47 (4), 637-646.

Dalbudak, E., Evren, C., Aldemir, S., Taymur, I., Evren, B., & Topcu, M. (2015). The impact of sensation seeking on the relationship between attention-deficit/hyperactivity symptoms and severity of internet addiction risk. *Psychiatry Research*, 228 (1), 156-161.

Dalley, J. W., Everitt, B. J., & Robbins, T. W. (2011). Impulsivity, compulsivity, and top-down cognitive control. *Neuron*, 69 (4), 680-694.

Daruna, J. H., & Barnes, P. A. (1999). A neurodevelopmental view of impulsivity. In W. G. McCown, J. L. Johnson, & M. B. Shure (Eds), *The Impulsive Client: Theory, Research and Treatment*. Washington DC: American Psychological Association.

Davenport, K., Houston, J. E., & Griffiths, M. D. (2012). Excessive eating and compulsive buying behaviours in women: an empirical pilot study examining reward sensitivity, anxiety, impulsivity, self-esteem and social desirability. *International Journal of Mental Health and Addiction*, 10 (4), 474-489.

Dawe, S., & Loxton, N. J. (2004). The role of impulsivity in the development of substance use and eating disorders. *Neuroscience & Biobehavioral Reviews*, 28 (3), 343-351.

Dawe, S., Gullo, M. J., & Loxton, N. J. (2004). Reward drive and rash impulsiveness as dimensions of impulsivity: Implications for substance misuse. *Addictive Behaviors*, 29 (7), 1389-1405.

Dawson, E. L., Shear, P. K., & Strakowski, S. M. (2012). Behavior regulation and mood predict social functioning among healthy young adults. *Journal of Clinical and Experimental Neuropsychology*, 34 (3), 297-305.

de Bruin, E. I., van der Zwan, J. E., & Bögels, S. M. (2016). A RCT comparing daily mindfulness meditations, biofeedback exercises, and daily physical exercise on attention control, executive functioning, mindful awareness, self-compassion, and worrying in stressed young adults. *Mindfulness*, 7 (5), 1182-1192.

De la Fuente, J. M., Bobes, J., Vizuete, C., & Mendlewicz, J. (2001). Sleep-EEG in borderline patients without concomitant depression: A comparison with major depressives and normal control subjects. *Psychiatry Research*, 105 (1/2), 87-95.

Deiber, M.-P., Passingham, R. E., Colebatch, J. G., Friston, K. J., Nixon, P. D., & Frackowiak, R. S. J. (1991). Cortical areas and the selection of movement: A study with positron emission tomography. *Experimental Brain Research*, 84 (2), 393-402.

Demianczyk, A. C., Jenkins, A. L., Henson, J. M., & Conner, B. T. (2014). Psychometric evaluation and revision of Carver and White's BIS/BAS scales in a diverse sample of young adults. *Journal of Personality Assessment*, 96 (5), 485-494.

Den Ouden, L., Kandola, A., Suo, C., Hendrikse, J., Costa, R., Watt, M. J., ... & Yücel, M. (2018). The influence of aerobic exercise on hippocampal integrity and function: Preliminary findings of a multi-modal imaging analysis. *Brain Plasticity*, 4 (2), 211-216.

Deng, W., Rolls, E. T., Ji, X., Robbins, T. W., Banaschewski, T., Bokde, A., Bromberg, U., Buechel, C., Desrivières, S., Conrod, P., Flor, H., Frouin, V., Gallinat, J., Garavan, H., Gowland, P., Heinz, A., Ittermann, B., Martinot, J. L., Lemaitre, H., Nees, F., ... & Feng, J. (2017). Separate neural systems for behavioral change and for emotional responses to failure during behavioral inhibition. *Human Brain Mapping*, 38 (7), 3527-3537.

Derefinko, K., DeWall, C. N., Metze, A. V., Walsh, E. C., & Lynam, D. R. (2011). Do different facets of impulsivity predict different types of aggression? *Aggressive Behavior*, 37 (3), 223-233.

Deshong, H. L., & Kurtz, J. E. (2013). Four factors of impulsivity differentiate antisocial and borderline personality disorders. *Journal of Personality Disorders*, 27 (2), 144-156.

DeYoung, C. G. (2010). Discussion on 'automatic and controlled processes in behavioural control: Implications for personality psychology' by Corr. *European Journal of Personality*, 24 (5), 404-422.

Deyoung, C. G., Getchell, M., Koposov, R. A., Yrigollen, C. M., Haeffel, G. J., Klinteberg, B. A., ... & Grigorenko, E. L. (2010). Variation in the catechol-o-methyltransferase val158met polymorphism associated with conduct disorder and ADHD symptoms, among adolescent male delinquents. *Psychiatric Genetics*, 20 (1), 20-24.

Dhir, S., Teo, W. P., Chamberlain, S. R., Tyler, K., Yücel, M., & Segrave, R. A. (2021). The effects of combined physical and cognitive training on inhibitory control: A systematic review and meta-analysis. *Neuroscience and Biobehavioral Reviews*, 128, 735-748.

Diamond, A. (2013). Executive functions. *Annual Review of Psychology*, 64, 135-168.

Dickman, S. (1985). Impulsivity and perception: Individual differences in the processing of the local and global dimensions of stimuli. *Journal of Personality and Social Psychology*, 48 (1), 133-149.

Dickman, S. J. (1990). Functional and dysfunctional impulsivity: Personality and cognitive correlates. *Journal of Personality and Social Psychology*, 58 (1), 95-102.

Dimoska, A., & Johnstone, S. J. (2007). Neural mechanisms underlying trait impulsivity in non-clinical adults: Stop-signal performance and event-related potentials. *Progress in Neuro-Psychopharmacology and Biological Psychiatry*, 31 (2), 443-454.

Dimoska, A., Johnstone, S. J., & Barry, R. J. (2006). The auditory-evoked N2 and P3 components in the stop-signal task: Indices of inhibition, response-conflict or error-detection? *Brain and Cognition*, 62 (2), 98-112.

Dimoska, A., Johnstone, S. J., Barry, R. J., & Clarke, A. R. (2003). Inhibitory motor control in children with attention-deficit/hyperactivity disorder: Event-related potentials in the stop-signal paradigm. *Biological Psychiatry*, 54 (12), 1345-1354.

Dolan, M., & Fullam, R. (2004). Behavioural and psychometric measures of impulsivity in a personality disordered population. *Journal of Forensic Psychiatry & Psychology*, 15 (3), 426-450.

Donnelly, B., Touyz, S., Hay, P., Burton, A., Russell, J., & Caterson, I. (2018). Neuroimaging in bulimia nervosa and binge eating disorder: A systematic review. *Journal of Eating Disorders*, 6 (1), 3.

Dougherty, D. M., Bjork, J. M., Huckabee, H., Moeller, F. G., & Swann, A. C. (1999). Laboratory measures of aggression and impulsivity in women with borderline personality disorder. *Psychiatry Research*, 85 (3), 315-326.

Dougherty, D. M., Mathias, C. W., & Marsh, D. M. (2003). Laboratory measures of impulsivity. In E. F. Coccaro (Ed.), *Aggression: Psychiatric Assessment and Treatment. Medical Psychiatric Series No. 22* (pp. 247-265). New York: Marcel Dekker Publishers.

Dougherty, D. M., Mathias, C. W., Dawes, M. A., Furr, R. M., Charles, N. E., Liguori, A., ... & Acheson, A. (2013). Impulsivity, attention, memory, and decision-making among adolescent marijuana users. *Psychopharmacology*, *226*(2), 307-319.

Dreisbach, G. (2006). How positive affect modulates cognitive control: The costs and benefits of reduced maintenance capability. *Brain and Cognition*, *60*(1), 11-19.

Dreisbach, G., & Goschke, T. (2004). How positive affect modulates cognitive control: Reduced perseveration at the cost of increased distractibility. *Journal of Experimental Psychology. Learning, Memory, and Cognition*, *30*(2), 343-353.

Duckworth, A. L., & Kern, M. L. (2011). A meta-analysis of the convergent validity of self-control measures. *Journal of Research in Personality*, *45*(3), 259-268.

Duncan, J. (1986). Disorganisation of behaviour after frontal lobe damage. *Cognitive Neuropsychology*, *3*(3), 271-290.

Eagle, D. M., Wong, J. C., Allan, M. E., Mar, A. C., Theobald, D. E., & Robbins, T. W. (2011). Contrasting roles for dopamine D1 and D2 receptor subtypes in the dorsomedial striatum but not the nucleus accumbens core during behavioral inhibition in the stop-signal task in rats. *The Journal of Neuroscience*, *31*(20), 7349-7356.

Eaves, L. J., Martin, N. G., & Eysenck, S. B. G. (1977). An application of the analysis of covariance structures to the psychogenetical study of impulsiveness. *British Journal of Mathematical and Statistical Psychology*, *30*, 185-197.

Ebneter, D., Latner, J., Rosewall, J., & Chisholm, A. (2012). Impulsivity in restrained eaters: Emotional and external eating are associated with attentional and motor impulsivity. *Eating and Weight Disorders: Studies on Anorexia, Bulimia and Obesity*, *17*(1), e62-e65.

Economidou, D., Theobald, D. E., Robbins, T. W., Everitt, B. J., & Dalley, J. W. (2012). Norepinephrine and dopamine modulate impulsivity on the five-choice serial reaction time task through opponent actions in the shell and core sub-regions of the nucleus accumbens. *Neuropsychopharmacology*, *37*(9), 2057-2066.

Eddolls, W., McNarry, M. A., Stratton, G., Winn, C., & Mackintosh, K. A. (2017). High-intensity interval training interventions in children and adolescents: A systematic review. *Sports Medicine*, *47*(11), 2363-2374.

Eggenberger, P., Wolf, M., Schumann, M., & de Bruin, E. D. (2016). Exergame and balance training modulate prefrontal brain activity during walking and enhance executive function in older adults. *Frontiers in Aging Neuroscience*, *8*, 66.

Eisenberg, N., Fabes, R. A., Bernzweig, J., Karbon, M., Poulin, R., & Hanish, L. (1993). The relations of emotionality and regulation to preschoolers' social skills and sociometric status. *Child Development*, *64*(5), 1418-1438.

Eisenberg, N., Valiente, C., Spinrad, T. L., Liew, J., Zhou, Q., Losoya, S. H., ... & Cumberland, A. (2009). Longitudinal relations of children's effortful control, impulsivity, and negative emotionality to their externalizing, internalizing, and co-occurring behavior problems. *Developmental Psychology*, 45 (4), 988-1008.

Enticott, P. G., Ogloff, J. R. P., & Bradshaw, J. L. (2006). Associations between laboratory measures of executive inhibitory control and self-reported impulsivity. *Personality and Individual Differences*, 41, 285-294.

Erickson, K. I., Leckie, R. L., & Weinstein, A. M. (2014). Physical activity, fitness, and gray matter volume. *Neurobiology of Aging*, 35 Suppl 2, S20-S28.

Ernst, M., & Fudge, J. L. (2009). A developmental neurobiological model of motivated behavior: Anatomy, connectivity and ontogeny of the triadic nodes. *Neuroscience & Biobehavioral Reviews*, 33 (3), 367-382.

Eshel, N., Nelson, E. E., Blair, R. J., Pine, D. S., & Ernst, M. (2007). Neural substrates of choice selection in adults and adolescents: Development of the ventrolateral prefrontal and anterior cingulate cortices. *Neuropsychologia*, 45 (6), 1270-1279.

Esposito-Smythers, C., Spirito, A., Rizzo, C., Mcgeary, J. E., & Knopik, V. S. (2009). Associations of the DRD2 taqia polymorphism with impulsivity and substance use: preliminary results from a clinical sample of adolescents. *Pharmacology Biochemistry & Behavior*, 93 (3), 306-312.

Eysenck, S. B., & Eysenck, H. J. (1977). The place of impulsiveness in a dimensional system of personality description. *The British Journal of Social and Clinical Psychology*, 16 (1), 57-68.

Eysenck, S. G. B. (1993). The I7: Development of a measure of impulsivity and its relationship to the superfactors of personality. In W. G. McCown, J. L .Johnson, & M. B. Shure (Eds), *The Impulsive Client: Theory, Research and Treatment*. Washington DC: American Psychological Association.

Falkenstein, M., Hoormann, J., & Hohnsbein, J. (1999). ERP components in Go/NoGo tasks and their relation to inhibition. *Acta Psychologica*, 101 (2-3), 267-291.

Fayyad, J., De Graaf, R., Kessler, R., Alonso, J., Angermeyer, M., Demyttenaere, K., ... & Jin, R. (2007). Cross-national prevalence and correlates of adult attention-deficit hyperactivity disorder. *The British Journal of Psychiatry*, 190, 402-409.

Felton, J. W., Collado, A., Shadur, J. M., Lejuez, C. W., & MacPherson, L. (2015). Sex differences in self-report and behavioral measures of disinhibition predicting marijuana use across adolescence. *Experimental and Clinical Psychopharmacology*, 23 (4), 265-274.

Ferrari, M., & Quaresima, V. (2012). A brief review on the history of human functional near-infrared spectroscopy (fNIRS) development and fields of application. *NeuroImage, 63* (2), 921-935.

Fillmore, M. T., & Rush, C. R. (2002). Impaired inhibitory control of behavior in chronic cocaine users. *Drug and Alcohol Dependence, 66* (3), 265-273.

Fischer, S., Smith, G. T., & Cyders, M. A. (2008). Another look at impulsivity: A meta-analytic review comparing specific dispositions to rash action in their relationship to bulimic symptoms. *Clinical Psychology Review, 28* (8), 1413-1425.

Fleming, K. A., & Bartholow, B. D. (2014). Alcohol cues, approach bias, and inhibitory control: Applying a dual process model of addiction to alcohol sensitivity. *Psychology of Addictive Behaviors, 28* (1), 85-96.

Folstein, J. R., & Petten, C. V. (2008). Influence of cognitive control and mismatch on the N2 component of the ERP: A review. *Psychophysiology, 45* (1), 152-170.

Forgas, J. P. (1992). Affect in social judgments and decisions: A multiprocess model. In M. Zanna (Ed.), *Advances in Experimental Social Psychology* (pp. 227-275). Amsterdam: Elsevier.

Fossati, A., Barratt, E. S., Carretta, I., Leonardi, B., & Maffei, C. (2004). Predicting borderline and antisocial personality disorder features in nonclinical subjects using measures of impulsivity and aggressiveness. *Psychiatry Research, 125* (2), 161-170.

Franken, I. H. A., & Muris, P. (2005). Individual differences in decision-making. *Personality and Individual Differences, 39,* 991-998.

Franken, I. H. A., & Muris, P. (2006). Gray's impulsivity dimension: A distinction between reward sensitivity versus rash impulsiveness. *Personality and Individual Differences, 40* (7), 1337-1347.

Franken, I. H., Nijs, I., & Van Strien, J. W. (2005). Impulsivity affects mismatch negativity (MMN) measures of pre-attentive auditory processing. *Biological Psychology, 70* (3), 161-167.

Friedman, D., Nessler, D., Cycowicz, Y. M., & Horton, C. (2009). Development of and change in cognitive control: A comparison of children, young adults, and older adults. *Cognitive, Affective, & Behavioral Neuroscience, 9* (1), 91-102.

Friedman, N. P., & Miyake, A. (2004). The relations among inhibition and interference control functions: A latent-variable analysis. *Journal of Experimental Psychology, 133* (1), 101-135.

Gandhi, A., Luyckx, K., Baetens, I., Kiekens, G., Sleuwaegen, E., Berens, A., ... & Claes, L. (2018). Age of onset of non-suicidal self-injury in Dutch-speaking adolescents and emerging adults: An event history analysis of pooled data. *Comprehensive Psychiatry*, *80*, 170-178.

Gao, Y., & Raine, A. (2009). P3 event-related potential impairments in antisocial and psychopathic individuals: A meta-analysis. *Biological Psychology*, *82*(3), 199-210.

Garavan, H., Ross, T. J., Murphy, K., Roche, R. A., & Stein, E. A. (2002). Dissociable executive functions in the dynamic control of behavior: Inhibition, error detection, and correction. *NeuroImage*, *17*(4), 1820-1829.

Geisler, F. C., Kubiak, T., Siewert, K., & Weber, H. (2013). Cardiac vagal tone is associated with social engagement and self-regulation. *Biological Psychology*, *93*(2), 279-286.

Gentzler, A. L., Oberhauser, A. M., Westerman, D., & Nadorff, D. K. (2011). College students' use of electronic communication with parents: Links to loneliness, attachment, and relationship quality. *Cyberpsychology, Behavior, and Social Networking*, *14*(1/2), 71-74.

Georgiadou, E., Gruner-Labitzke, K., Köhler, H., de Zwaan, M., & Müller, A. (2014). Cognitive function and nonfood-related impulsivity in post-bariatric surgery patients. *Frontiers in Psychology*, *5*, 1502.

Gerbing, D. W., Ahadi, S. A., & Patton, J. H. (1987). Toward a conceptualization of impulsivity: Components across the Behavioral and Self-Report Domains. *Multivariate Behavioral Research*, *22*(3), 357-379.

Ginsberg, J. P., Berry, M. E., & Powell, D. A. (2010). Cardiac coherence and posttraumatic stress disorder in combat veterans. *Alternative Therapies in Health and Medicine*, *16*(4), 52-60.

Glenn, C. R., & Klonsky, E. D. (2010). A multimethod analysis of impulsivity in non-suicidal self-injury. *Personality Disorders: Theory, Research, and Treatment*, *1*(1), 67-75.

Gogniat, M.A., Robinson, T.R., & Miller, L.S. (2021). Exercise interventions do not impact brain volume change in older adults: A systematic review and meta-analysis. *Neurobiology of Aging*, *101*, 230-246

Gómez, L., Vidal, B., Morales, L., Báez, M., Maragoto, C., Galvizu, R., Vera, H., Cabrera, I., Zaldívar, M., & Sánchez, A. (2014). Low frequency repetitive transcranial magnetic stimulation in children with attention deficit/hyperactivity disorder. Preliminary results. *Brain Stimulation*, *7*(5), 760-762.

Gomez, M. A. D. (2019). *Stop! The Neural Correlates of Impulsivity and Response Inhibition.* Jamie Cassels Undergraduate Research Awards (JCURA) Poster Collection.

Gomez, R., & Gomez, A. (2005). Convergent, discriminant and concurrent validities of measures of the behavioural approach and behavioural inhibition systems: Confirmatory factor analytic approach. *Personality and Individual Differences*, *38*, 87-102.

Good, D. J., Lyddy, C. J., Glomb, T. M., Bono, J. E., Brown, K. W., & Duffy, M. K., et al. (2016). Contemplating mindfulness at work: An integrative review. *Journal of Management*, *42* (1), 877-880.

Goya-Maldonado, R., Walther, S., Simon, J., Stippich, C., Weisbrod, M., & Kaiser, S. (2010). Motorimpulsivity and the ventrolateral prefrontal cortex. *Psychiatry Research*, *183* (1), 89-91.

Grant, J. E., & Chamberlain, S. R. (2018). Sleepiness and impulsivity: Findings in non-treatment seeking young adults. *Journal of Behavioral Addictions*, *7* (3), 737-742.

Gratz, K. L. (2001). Measurement of deliberate self-harm: Preliminary data on the Deliberate Self-Harm Inventory. *Journal of Psychopathology and Behavioral Assessment*, *23* (4), 253-263.

Gray, J. A. (1987). Perspectives on anxiety and impulsivity: A commentary. *Journal of Research in Personality*, *21*, 493-509.

Gray, J. A., & McNaughton, N. (2000). *The Neuropsychology of Anxiety: An Enquiry in to the Functions of the Septo-Hippocampal System, 2nd Edition*. Oxford: Oxford University Press.

Groeneveld, K. M., Mennenga, A. M., Heidelberg, R. C., Martin, R. E., Tittle, R. K., Meeuwsen, K. D., ... & White, E. K. (2019). Z-score neurofeedback and heart rate variability training for adults and children with symptoms of attention deficit/hyperactivity disorder: A retrospective study. *Applied Psychophysiology and Biofeedback*, *44* (4), 291-308.

Groleau, P., Steiger, H., Joober, R., Bruce, K. R., Israel, M., Badawi, G., ... & Sycz, L. (2012). Dopamine-system genes, childhood abuse, and clinical manifestations in women with bulimia-spectrum disorders. *Journal of Psychiatric Research*, *46* (9), 1139-1145.

Grosswald, S. J., Stixrud, A. W. R., Stixrud, W., Travis, A. F., & Bateh, M. A. (2008). Use of transcendental meditation technique to reduce symptoms of attention deficit hyperactivity disorder (ADHD) by reducing stress and anxiety: An exploratory study. *Current Issues in Education*, *10*, 1-16.

Guan, M., Liao, Y., Ren, H., Wang, X., Yang, Q., Liu, X., & Wang, W. (2015). Impaired response inhibition in juvenile delinquents with antisocial personality characteristics: A preliminary ERP study in a Go/NoGo task. *Neuroscience Letters*, *603*, 1-5.

Guerrieri, R., Nederkoorn, C., & Jansen, A. (2012). Disinhibition is easier learned than inhibition. The effects of (dis) inhibition training on food intake. *Appetite*, *59* (1), 96-99.

Guiney, H., & Machado, L. (2013). Benefits of regular aerobic exercise for executive functioning in healthy populations. *Psychonomic Bulletin & Review*, 20 (1), 73-86.

Gullo, M. J., John, N. S., Young, R. M., Saundersa, J. B., Noblec, E. P., & Connorad, J. P. (2014). Impulsivity-related cognition in alcohol dependence: Is it moderated by drd2/ankk1 gene status and executive dysfunction? *Addictive Behaviors*, 39 (11), 1663-1669.

Gurvits, I. G., Koenigsberg, H. W., & Siever, L. J. (2000). Neurotransmitter dysfunction in patients with borderline personality disorder. *Psychiatric Clinics of North America*, 23, 27-40.

Hadzic, A., Spangenberg, L., Hallensleben, N., Forkmann, T., Rath, D., Strauß, M., ... & Glaesmer, H. (2019). The association of trait impulsivity and suicidal ideation and its fluctuation in the context of the Interpersonal Theory of Suicide. *Comprehensive Psychiatry*, 98, 152158. Advance online publication.

Han, Y., Grogan-Kaylor, A., Bares, C., Ma, J., Castillo, M., & Delva, J. (2012). Relationship between discordance in parental monitoring and behavioral problems among Chilean adolescents. *Children and Youth Services Review*, 34 (4), 783-789.

Hansen, E. B., & Breivik, G. (2001). Sensation seeking as a predictor of positive and negative risk behavior among adolescents. *Personality & Individual Differences*, 30 (4), 627-640.

Hare, T. A., Tottenham, N., Galvan, A., Voss, H. U., Glover, G. H., & Casey, B. J. (2008). Biological substrates of emotional reactivity and regulation in adolescence during an emotional Go-NoGo task. *Biological Psychiatry*, 63 (10), 927-934.

Harnishfeger, K. K. (1995). The development of cognitive inhibition: Theories, definitions, and research evidence. In F. N. Dempster & C. J. Brainerd (Eds.), *Interference and inhibition in cognition* (pp. 175-204). San Diego, CA: Academic Press.

Hasher, L., Zacks, R. T., & May, C. P. (1999). Inhibitory control, circadian arousal, and age. In D. Gopher & A. Koriat (Eds.), *Attention and Performance XVII: Cognitive Regulation of Performance: Interaction of Theory and Application* (pp. 653-675). Cambridge: The MIT Press.

Hastings, P. D., Klimes-Dougan, B., Kendziora, K. T., Brand, A., & Zahn-Waxler, C. (2014). Regulating sadness and fear from outside and within: Mothers' emotion socialization and adolescents' parasympathetic regulation predict the development of internalizing difficulties. *Development and Psychopathology*, 26, 1369-1384.

Hatfield, J., & Dula, C. S. (2014). Impulsivity and physical aggression: Examining the moderating role of anxiety. *The American Journal of Psychology*, 127 (2), 233-243.

He, X., Yuan, X., Hu, M., & Zhou, L. (2020). The association between parental meta philosophy and adolescent's behavior problem: The moderating role of vagus. *Acta Psychologica*

*Sinica*, *52*, 971-981.

Heponiemi, T., Keltikangas-Järvinen, L., Kettunen, J., Puttonen, S., & Ravaja, N. (2004). BIS-BAS sensitivity and cardiac autonomic stress profiles. *Psychophysiology*, *41* (1), 37-45.

Herman, A. M., Rae, C. L., Critchley, H. D., & Duka, T. (2019). Interoceptive accuracy predicts nonplanning trait impulsivity. *Psychophysiology*, *56* (6), e13339.

Hervey, A. S., Epstein, J. N., & Curry, J. F. (2004). Neuropsychology of adults with attention-deficit/hyperactivity disorder: A meta-analytic review. *Neuropsychology*, *18* (3), 485-503.

Hirvonen, R., Poikkeus, A. M., Pakarinen, E., Lerkkanen, M. K., & Nurmi, J. E. (2015). Identifying finnish children's impulsivity trajectories from kindergarten to grade 4: Associations with academic and socioemotional development. *Early Education & Development*, *26* (5), 1-30.

Hoaken, P., Shaughnessy, V. K., & Pihl, R. O. (2003). Executive cognitive functioning and aggression: Is it an issue of impulsivity? *Aggressive Behavior*, *29*, 15-30.

Holub, A., Hodgins, D. C., & Peden, N. E. (2005). Development of the temptations for gambling questionnaire: A measure of temptation in recently quit gamblers. *Addiction Research & Theory*, *13* (2), 179-191.

Holzman, J. B., & Bridgett, D. J. (2017). Heart rate variability indices as bio-markers of top-down self-regulatory mechanisms: A meta-analytic review. *Neuroscience & Biobehavioral Reviews*, *74*, 233-255.

Homack, S., & Riccio, C. A. (2004). A meta-analysis of the sensitivity and specificity of the Stroop Color and Word Test with children. *Archives of Clinical Neuropsychology*, *19* (6), 725-743.

Horn, N. R., Dolan, M., Elliott, R., Deakin, J. F., & Woodruff, P. W. (2003). Response inhibition and impulsivity: An fMRI study. *Neuropsychologia*, *41* (14), 1959-1966.

Hosseini, S., Pritchard-Berman, M., Sosa, N., Ceja, A., & Kesler, S. R. (2016). Task-based neurofeedback training: A novel approach toward training executive functions. *NeuroImage*, *134*, 153-159.

Hoyle, R. H., Fejfar, M. C., & Miller, J. D. (2000). Personality and sexual risk taking: A quantitative review. *Journal of Personality*, *68* (6), 1203-1231.

Hsieh, S. S., Chueh, T. Y., Huang, C. J., Kao, S. C., Hillman, C. H., Chang, Y. K., & Hung, T. M. (2021). Systematic review of the acute and chronic effects of high-intensity interval training on executive function across the lifespan. *Journal of Sports Sciences*, *39* (1), 10-22.

Hu, Y., Wang, Z., & Lü, W. (2022). Conscientiousness and perceived physical symptoms:

Mediating effect of life events stress and moderating role of resting respiratory sinus arrhythmia. *Journal of Health Psychology*, 27(8), 1819-1832.

Huang, Y. Y., Cate, S. P., Battistuzzi, C., Oquendo, M. A., Brent, D., & Mann, J. J. (2004). An association between a functional polymorphism in the monoamine oxidase a gene promoter, impulsive traits and early abuse experiences. *Neuropsychopharmacology Official Publication of the American College of Neuropsychopharmacology*, 29(8), 1498-1505.

In de Braek, D., Dijkstra, J. B., Ponds, R. W., & Jolles, J. (2017). Goal management training in adults with ADHD: An intervention study. *Journal of Attention Disorders*, 21(13), 1130-1137.

Iskric, A., & Barkley-Levenson, E. (2021). Neural changes in borderline personality disorder after dialectical behavior therapy—A review. *Frontiers in Psychiatry*, 12, 772081.

Isurin, L., & Mcdonald, J. L. (2001). Retroactive interference from translation equivalents: Implications for first language forgetting. *Memory & Cognition*, 29(2), 312-319.

Jackson, C. J. (2009). Jackson-5 scales of revised reinforcement sensitivity theory (r-rst) and their application to dysfunctional real world outcomes. *Journal of Research in Personality*, 43(4), 556-569.

Jacobson, L., Javitt, D. C., & Lavidor, M. (2011). Activation of inhibition: Diminishing impulsive behavior by direct current stimulation over the inferior frontal gyrus. *Journal of Cognitive Neuroscience*, 23(11), 3380-3387.

Jahanshahi, M., Obeso, I., Rothwell, J. C., & Obeso, J. A. (2015). A fronto-striato-subthalamic-pallidal network for goal-directed and habitual inhibition. *Nature Reviews. Neuroscience*, 16(12), 719-732.

Jakubczyk, A., Wrzosek, M., Lukaszkiewicz, J., Sadowska-Mazuryk, J., Matsumoto, H., SLiwerska, E., ..., & Wojnar, M. (2012). The CC genotype in HTR2A T102C polymorphism is associated with behavioral impulsivity in alcohol-dependent patients. *Journal of Psychiatric Research*, 46(1), 44-49.

Jauregi, A., Kessler, K., & Hassel, S. (2018). Linking cognitive measures of response inhibition and reward sensitivity to trait impulsivity. *Frontiers in Psychology*, 9, 2306.

Jester, D. J., Rozek, E. K., & Mckelley, R. A. (2019). Heart rate variability biofeedback: Implications for cognitive and psychiatric effects in older adults. *Mental Health*, 23(5), 574-580.

Jiménez-Trevio, L., Saiz, P. A., García-Portilla, M. P., Blasco-Fontecilla, H., Carli, V., Iosue, M., ..., & Bobes, J. (2017). 5-httlpr-brain-derived neurotrophic factor (bdnf) gene interactions and early adverse life events effect on impulsivity in suicide attempters. *The World Journal of Biological Psychiatry*, 20（2），137-149.

Jimura, K., Locke, H. S., & Braver, T. S. (2010). Prefrontal cortex mediation of cognitive enhancement in rewarding motivational contexts. *Proceedings of the National Academy of Sciences of the United States of America*, 107（19），8871-8876.

Jin, F., Cheng, Z., Liu, X., Zhou, X., & Wang, G. (2016). The roles of family environment, parental rearing styles and personality traits in the development of delinquency in Chinese youth. *Med One*, 1（2），4

Johnstone, S. J., Roodenrys, S., Blackman, R., Johnston, E., Loveday, K., Mantz, S., & Barratt, M. F. (2012). Neuro-cognitive training for children with and without AD/HD. *ADHD Attention Deficit and Hyperactivity Disorders*, 4（1），11-23.

Joyal, C. C., Tardif, M., & Spearson-Goulet, J. A. (2020). Executive functions and social cognition in juveniles who have sexually offended. *Sexual Abuse*, 32（2），179-202.

Justus, A. N., Finn, P. R., & Steinmetz, J. E. (2001). P300, disinhibited personality, and early-onset alcohol problems. *Alcoholism, Clinical and Experimental Research*, 25（10），1457-1466.

Kabat-Zinn, J. (2003). Mindfulness-based interventions in context: Past, present, and future. *Clinical Psychology-Science and Practice*, 10（2），144-156.

Kaladjian, A., Jeanningros, R., Azorin, J. M., Anton, J. L., & Mazzola-Pomietto, P. (2011). Impulsivity and neural correlates of response inhibition in schizophrenia. *Psychological Medicine*, 41（2），291-299.

Kamarajan, C., & Porjesz, B. (2012). Brain waves in impulsivity spectrum disorders. In M. A. Cyders (Ed.), *Psychology of impulsivity* (pp. 21-93). Nova Science Publishers.

Kao, S. C., Cadenas-Sanchez, C., Shigeta, T. T., Walk, A. M., Chang, Y. K., Pontifex, M. B., & Hillman, C. H. (2020). A systematic review of physical activity and cardiorespiratory fitness on P3b. *Psychophysiology*, 57（7），e13425.

Kapitány-Fövény, M., Urbán, R., Varga, G., Potenza, M. N., Griffiths, M. D., Szekely, A., ... & Demetrovics, Z. (2020). The 21-item Barratt Impulsiveness Scale Revised (BIS-R-21): An alternative three-factor model. *Journal of Behavioral Addictions*, 9（2），225-246.

Keilp, J. G., Sackheim, H. A., & Mann, J. J. (2005). Correlates of trait impulsiveness in performance measures and neuropsychological tests. *Psychiatry Research*, 135，191-201.

Keiser, H. N., & Ross, S. R. (2011). Carver and Whites' BIS/FFFS/BAS scales and domains and facets of the five factor model of personality. *Personality and Individual Differences*, 51（1），

39-44.

Kenien, N. (2015). The impact of cardiac coherence on executive functioning in children with emotional disturbances. *Global Advances in Health and Medicine*, *4* (2), 25-29.

Khurshid, S., Peng, Y., & Wang, Z. (2019). Respiratory sinus arrhythmia acts as a moderator of the relationship between parental marital conflict and adolescents' internalizing problems. *Frontiers in Neuroscience*, *13*, 500.

Kim, J. W., Kim, B. N., & Cho, S. C. (2006). The dopamine transporter gene and the impulsivity phenotype in attention deficit hyperactivity disorder: A case-control association study in a Korean sample. *Journal of Psychiatric Research*, *40* (8), 730-737.

Klaus, K., Butler, K., Durrant, S. J., Ali, M., & Pennington, K. (2017). The effect of COMT val158met and DRD2 C957T polymorphisms on executive function and the impact of early life stress. *Brain & Behavior*, *7* (5), e00695.

Klaus, K., Vaht, M., Pennington, M., & Harro, J. (2021). Interactive effects of DRD2 rs6277 polymorphism, environment and sex on impulsivity in a population-representative study. *Behavioural Brain Research*, *403*, 113131.

Klonsky, E. D., & May, A. (2010). Rethinking impulsivity in suicide. *Suicide & Life-Threatening Behavior*, *40* (6), 612-619.

Knežević, M. (2018). To go or not to go: personality, behaviour and neurophysiology of impulse control in men and women. *Personality and Individual Differences*, *123*, 21-26.

Ko, C., Yen, J., Yen, C., Lin, H., & Yang, M. (2007). Factors predictive for incidence and remission of internet addiction in young adolescents: A prospective study. *Cyberpsychology & Behavior*, *10*, 545-551.

Kóbor, A., Takács, A., Honbolygó, F., & Csépe, V. (2014). Generalized lapse of responding in trait impulsivity indicated by ERPs: The role of energetic factors in inhibitory control. *International Journal of Psychophysiology*, *S0167-8760* (14), 00037-3.

Kok, A. (1986). Effects of degradation of visual stimulation on components of the event-related potential (ERP) in Go/NoGo reaction tasks. *Biological Psychology*, *23* (1), 21-38.

Konishi, S., Nakajima, K., Uchida, I., Kikyo, H., Kameyama, M., & Miyashita, Y. (1999). Common inhibitory mechanism in human inferior prefrontal cortex revealed by event-related functional MRI. *Brain*, *122* (5), 981-991.

Korponay, C., Dentico, D., Kral, T., Ly, M., Kruis, A., Goldman, R., Lutz, A., & Davidson, R. J. (2017). Neurobiological correlates of impulsivity in healthy adults: Lower prefrontal gray matter volume and spontaneous eye-blink rate but greater resting-state functional connectivity in basal ganglia-thalamo-cortical circuitry. *NeuroImage*, *157*, 288-296.

Krasny-Pacini, A., Chevignard, M., & Evans, J. (2014). Goal management training for rehabilitation of executive functions: A systematic review of effectiveness in patients with acquired brain injury. *Disability and Rehabilitation*, *36* (2), 105-116.

Kuhn, M. A., Ahles, J. J., Aldrich, J. T., Wielgus, M. D., & Mezulis, A. H. (2018). Physiological self-regulation buffers the relationship between impulsivity and externalizing behaviors among nonclinical adolescents. *Journal of Youth and Adolescence*, *47* (4), 829-841.

Laas, K., Reif, A., Kiive, E., Domschke, K., Lesch, K.-P., Veidebaum, T., & Harro, J. (2014). A functional NPSR1 gene variant and environment shape personality and impulsive action: A longitudinal study. *Journal of Psychopharmacology*, *28* (3), 227-236.

Lampe, K., Konrad, K., Kroener, S., Fast, K., Kunert, H. J., & Herpertz, S. C. (2007). Neuropsychological and behavioural disinhibition in adult ADHD compared to borderline personality disorder. *Psychological Medicine*, *37* (12), 1717-1729.

Lansbergen, M. M., Böcker, K. B., Bekker, E. M., & Kenemans, J. L. (2007b). Neural correlates of stopping and self-reported impulsivity. *Clinical Neurophysiology*, *118* (9), 2089-2103.

Lansbergen, M. M., Schutter, D., & Kenemans, J. L. (2007a). Subjective impulsivity and baseline EEG in relation to stopping performance. *Brain Research*, *1148*, 161-169.

Lansbergen, M. M., van Hell, E., & Kenemans, J. L. (2007c). Impulsivity and conflict in the Stroop task—An ERP study. *Journal of Psychophysiology*, *21* (1), 33-50.

Larson, M. J., Clayson, P. E., & Clawson, A. (2014). Making sense of all the conflict: A theoretical review and critique of conflict-related ERPs. *International Journal of Psychophysiology*, *93* (3), 283-297.

Larson, M. J., Kaufman, D., & Perlstein, W. M. (2009). Neural time course of conflict adaptation effects on the stroop task. *Neuropsychologia*, *47* (3), 663-670.

Lauriola, M., Panno, A., Levin, I. P., & Lejuez, C. W. (2014). Individual differences in risky decision making: A meta-analysis of sensation seeking and impulsivity with the balloon analogue risk task. *Journal of Behavioral Decision Making*, *27*, 20-36.

Lavallee, C. F., Meemken, M. T., Herrmann, C. S., & Huster, R. J. (2014). When holding your horses meets the deer in the headlights: Time-frequency characteristics of global and selective stopping under conditions of proactive and reactive control. *Frontiers in Human Neuroscience*, *8*, 994.

Lawrence, K. A., Allen, J. S., & Chanen, A. M. (2010). Impulsivity in borderline personality disorder: Reward-based decision-making and its relationship to emotional distress. *Journal of Personality Disorders*, 24 (6), 786-799.

Lee, A. K., Jerram, M., Fulwiler, C., & Gansler, D. A. (2011). Neural correlates of impulsivity factors in psychiatric patients and healthy volunteers: A voxel-based morphometry study. *Brain Imaging and Behavior*, 5 (1), 52-64.

Lee, D. C., Peters, J. R., Adams, Z. W., Milich, R., & Lynam, D. R. (2015). Specific dimensions of impulsivity are differentially associated with daily and non-daily cigarette smoking in young adults. *Addictive Behaviors*, 46, 82-85.

Lee, J. Y., Park, S. M., Kim, Y. J., Kim, D. J., Choi, S. W., Kwon, J. S., & Choi, J. S. (2017). Resting-state EEG activity related to impulsivity in gambling disorder. *Journal of Behavioral Addictions*, 6 (3), 387-395.

Lee, R., Hoppenbrouwers, S., & Franken, I. (2019). A systematic meta-review of impulsivity and compulsivity in addictive behaviors. *Neuropsychology Review*, 29 (1), 14-26.

Lee, S. S., Lahey, B. B., Waldman, I., Hulle, C. A. V., Rathouz, P., Pelham, W. E., ... & Cook, E. H. (2007). Association of dopamine transporter genotype with disruptive behavior disorders in an eight-year longitudinal study of children and adolescents. *American Journal of Medical Genetics. Part B, Neuropsychiatric Genetics*, 144B (3), 310-317.

Leichsenring, F., Leibing, E., Kruse, J., New, A. S., & Leweke, F. (2011). Borderline personality disorder. *International Encyclopedia of the Social & Behavioral Sciences*, 377 (9759), 505-508.

Leicht, G., Troschütz, S., Andreou, C., Karamatskos, E., Ertl, M., Naber, D., & Mulert, C. (2013). Relationship between oscillatory neuronal activity during reward processing and trait impulsivity and sensation seeking. *PLoS One*, 8 (12), e83414.

Lemire-Rodger, S., Lam, J., Viviano, J. D., Stevens, W. D., Spreng, R. N., & Turner, G. R. (2019). Inhibit, switch, and update: A within-subject fMRI investigation of executive control. *Neuropsychologia*, 132, 107134.

Levaux, M. N., Larøi, F., Malmedier, M., Offerlin-Meyer, I., Danion, J. M., & Van der Linden, M. (2012). Rehabilitation of executive functions in a real-life setting: Goal management training applied to a person with schizophrenia. *Case Reports in Psychiatry*, 2012, 503023.

Levin, O., Netz, Y., & Ziv, G. (2021). Behavioral and neurophysiological aspects of inhibition—The effects of acute cardiovascular exercise. *Journal of Clinical Medicine*, 10 (2), 282.

Levine, B., Robertson, I. H., Clare, L., Carter, G., Hong, J., Wilson, B. A., Duncan, J., & Stuss, D. T. (2000). Rehabilitation of executive functioning: An experimental-clinical validation of goal management training. *Journal of the International Neuropsychological Society*, 6 (3), 299-312.

Levine, B., Schweizer, T. A., O'Connor, C., Turner, G., Gillingham, S., Stuss, D. T., Manly, T., & Robertson, I. H. (2011). Rehabilitation of executive functioning in patients with frontal lobe brain damage with goal management training. *Frontiers in Human Neuroscience*, 5, 9.

Levine, L. E., Waite, B. M., & Bowman, L. L. (2007). Electronic media use, reading, and academic distractibility in college youth. *CyberPsychology & Behavior*, 10, 560-566.

Levy, M. N. (2010). *Autonomic Interactions in Cardiac Control*. Annals of the New York Academy of ENCES, 601 (Electrocardiography Past and Future), 209-221.

Lewis, T. L., Kotch, J., Wiley, T. R., Litrownik, A. J., English, D. J., Thompson, R., ... & Dubowitz, H. (2011). Internalizing problems: A potential pathway from childhood maltreatment to adolescent smoking. *The Journal of Adolescent Health*, 48 (3), 247-252.

Li, M. Y., Huang, M. M., Li, S. Z., Tao, J., Zheng, G. H., & Chen, L. D. (2017). The effects of aerobic exercise on the structure and function of DMN-related brain regions: A systematic review. *The International Journal of Neuroscience*, 127 (7), 634-649.

Li, X., Newman, J., Li, D., & Zhang, H. (2016). Temperament and adolescent problematic internet use. *Computers in Human Behavior*, 60, 342-350.

Li, Y., Li, G., Liu, L., & Wu, H. (2020). Correlations between mobile phone addiction and anxiety, depression, impulsivity, and poor sleep quality among college students: A systematic review and meta-analysis. *Journal of Behavioral Addictions*, 9 (3), 551-571.

Lijffijt, M., Bekker, E. M., Quik, E. H., Bakker, J., Kenemans, J. L., & Verbaten, M. N. (2004). Differences between low and high trait impulsivity are not associated with differences in inhibitory motor control. *Journal of Attention Disorders*, 8 (1), 25-32.

Lijffijt, M., Kenemans, J. L., Verbaten, M. N., & van Engeland, H. (2005). A meta-analytic review of stopping performance in attention-deficit/hyperactivity disorder: Deficient inhibitory motor control? *Journal of Abnormal Psychology*, 114 (2), 216-222.

Limosin, F., Loze, J. Y., Dubertret, C., Gouya, L., Adès, J., Rouillon, F., & Gorwood, P. (2003). Impulsiveness as the intermediate link between the dopamine receptor D2 gene and alcohol dependence. *Psychiatric Genetics*, 13 (2), 127-129.

Lin, S., & Tsai, C. C. (2002). Sensation seeking and internet dependence of Taiwanese high school adolescents. *Computers in Human Behavior*, 18 (4), 411-426.

Lindemann, E. (1944). Symptomatology and management of acute grief. *American Journal of Psychiatry, 101* (2), 141-148.

Linehan, M. M., Dimeff, L. A., & Koemer, K. (2007). *Dialectical Behavior Therapy in Clinical Practice: Applications across Disorders and Settings.* New York: Guildford Press.

Links, P. S., Heslegrave, R., & Reekum, R. V. (1999). Impulsivity: Core aspect of borderline personality disorder. *Journal of Personality Disorders, 13* (1), 1-9.

Liotti, M., Woldorff, M. G., Perez, R., & Mayberg, H. S. (2000). An ERP study of the temporal course of the stroop color-word interference effect. *Neuropsychologia, 38* (5), 701-711.

Liston, C., Watts, R., Tottenham, N., Davidson, M. C., Niogi, S., Ulug, A. M., & Casey, B. J. (2006). Frontostriatal microstructure modulates efficient recruitment of cognitive control. *Cerebral Cortex, 16* (4), 553-560.

Liu, L., Guan, L. L., Chen, Y., Ji, N., Li, H. M., & Li, Z. H., et al. (2011). Association analyses of MAOA in Chinese Han subjects with attention-deficit/hyperactivity disorder: Family-based association test, case-control study, and quantitative traits of impulsivity. *American Journal of Medical Genetics Part B Neuropsychiatric Genetics, 156* (6), 737-748.

Liu, S., Lane, S. D., Schmitz, J. M., Waters, A. J., Cunningham, K. A., & Moeller, F. G. (2011). Relationship between attentional bias to cocaine-related stimuli and impulsivity in cocaine-dependent subjects. *The American Journal of Drug and Alcohol Abuse, 37* (2), 117-122.

Logan, G. D. (1994). On the ability to inhibit thought and action: A users' guide to the stop signal paradigm. In D. Dagenbach & T. H. Carr (Eds.), *Inhibitory Processes in Attention, Memory, and Language* (pp. 189-239). San Diego: Academic Press.

Logan, G. D., & Burkell, J. (1986). Dependence and independence in responding to double stimulation: A comparison of stop, change, and dual-task paradigms. *Journal of Experimental Psychology, 12* (4), 549-563.

Logan, G. D., & Cowan, W. B. (1984). On the ability to inhibit thought and action: A theory of an act of control. *Psychological Review, 91* (3), 295-327.

Loos, M., Pattij, T., Janssen, M. C., Counotte, D. S., Schoffelmeer, A. N., Smit, A. B., Spijker, S., & van Gaalen, M. M. (2010). Dopamine receptor D1/D5 gene expression in the medial prefrontal cortex predicts impulsive choice in rats. *Cerebral Cortex, 20* (5), 1064-1070.

Lovallo, W. R. (2013). Early life adversity reduces stress reactivity and enhances impulsive behavior: Implications for health behaviors. *International Journal of Psychophysiology*, 90 (1), 8-16.

Loxton, N. J. (2018). The role of reward sensitivity and impulsivity in overeating and food addiction. *Current Addiction Report*, 5, 212-222.

Lozano, J. H., Gordillo, F., & MA Pérez. (2014). Impulsivity, intelligence, and academic performance: Testing the interaction hypothesis. *Personality & Individual Differences*, 61-68.

Luengo, M. A., Carrillo-de-la-Peña, M. T., & Otero, J. M. (1991). The components of impulsiveness: A comparison of the I.7 Impulsiveness Questionnaire and the Barratt Impulsiveness Scale. *Personality and Individual Differences*, 12 (7), 657-667.

Lustig, C., Shah, P., Seidler, R., & Reuter-Lorenz, P. A. (2009). Aging, training, and the brain: A review and future directions. *Neuropsychology Review*, 19 (4), 504-522.

Lyman, K., Anguera, J., Gazzaley, A., & Terman, D. (2010). A mathematical model of human inhibitory control. *BMC Neuroscience*, 11 (1), 82.

Lynam, D. R. (2013). *Development of a Short Form of the UPPS-P Impulsive Behavior Scale*. Unpublished Technical Report.

Lynam, D. R., Pearson, G. T., Cyders, M. A., Fischer, S., & Whiteside, S. P. (2007). *The UPPS-P Questionnaire Measure of Five Dispositions to Rash Action*. Unpublished Technical Report, Purdue University.

Lynam, D. R., Smith, G. T., Whiteside, S. P., & Cyders, M. A. (2006). *The UPPS-P: Assessing Five Personality Pathways to Impulsive Behavior (Technical Report)*. West Lafayette: Purdue University.

MacDonald, S. W., Li, S. C., & Bäckman, L. (2009). Neural underpinnings of within-person variability in cognitive functioning. *Psychology and Aging*, 24 (4), 792-808.

MacKillop, J., Miller, J. D., Fortune, E., Maples, J., Lance, C. E., Campbell, W. K., & Goodie, A. S. (2014). Multidimensional examination of impulsivity in relation to disordered gambling. *Experimental and Clinical Psychopharmacology*, 22 (2), 176-185.

MacKillop, J., Weafer, J., C Gray, J., Oshri, A., Palmer, A., & de Wit, H. (2016). The latent structure of impulsivity: Impulsive choice, impulsive action, and impulsive personality traits. *Psychopharmacology*, 233 (18), 3361-3370.

MacLaren, V. V., Fugelsang, J. A., Harrigan, K. A., & Dixon, M. J. (2011). The personality of pathological gamblers: A meta-analysis. *Clinical Psychology Review*, 31 (6), 1057-1067.

Madden, G.J., & Bickel, W.K. (2010). *Impulsivity: The Behavioral and Neurological Science of Discounting*. Washington, DC: American Psychological Association.

Mahone, E. M., Mostofsky, S. H., Lasker, A. G., Zee, D., & Denckla, M. B. (2009). Oculomotor anomalies in attention-deficit/hyperactivity disorder: Evidence for deficits in response preparation and inhibition. *Journal of the American Academy of Child and Adolescent Psychiatry*, 48, 749-756.

Malloy-Diniz, L., Fuentes, D., Leite, W. B., Correa, H., & Bechara, A. (2007). Impulsive behavior in adults with attention deficit/ hyperactivity disorder: Characterization of attentional, motor and cognitive impulsiveness. *Journal of the International Neuropsychological Society*, 13 (4), 693-698.

Maniaci, G., Goudriaan, A. E., Cannizzaro, C., & van Holst, R. J. (2018). Impulsivity and Stress Response in Pathological Gamblers During the Trier Social Stress Test. *Journal of Gambling Studies*, 34 (1), 147-160.

Mann, J. J., Waternaux, C., Haas, G. L., & Malone, K. M. (1999). Toward a clinical model of suicidal behavior in psychiatric patients. *The American Journal of Psychiatry*, 156 (2), 181-189.

Manuel, A. L., Bernasconi, F., & Spierer, L. (2013). Plastic modifications within inhibitory control networks induced by practicing a stop-signal task: An electrical neuroimaging study. *Cortex*, 49 (4), 1141-1147.

Manuel, A. L., Bernasconi, F., Murray, M. M., & Spierer, L. (2012). Spatio-temporal brain dynamics mediating post-error behavioral adjustments. *Journal of Cognitive Neuroscience*, 24 (6), 1331-1343.

Manuel, A. L., Grivel, J., Bernasconi, F., Murray, M. M., & Spierer, L. (2010). Brain dynamics underlying training-induced improvement in suppressing inappropriate action. *The Journal of Neuroscience*, 30 (41), 13670-13678.

Marriott, L. K., Coppola, L. A., Mitchell, S. H., Bouwma-Gearhart, J. L., Chen, Z., Shifrer, D., Feryn, A. B., & Shannon, J. (2019). Opposing effects of impulsivity and mindset on sources of science self-efficacy and STEM interest in adolescents. *PLoS One*, 14 (8), e0201939.

Marsh, D. M., Dougherty, D. M., Mathias, C. W., Moeller, F. G., & Hicks, L. R. (2002). Comparisons of women with high and low trait impulsivity using behavioral models of response-disinhibiton and reward-choice. *Personality and Individual Differences*, 33, 1291-1310.

Martin, C. A., Kelly, T. H., Rayens, M. K., Brogli, B. R., Brenzel, A., Smith, W. J., & Omar, H. A. (2002). Sensation seeking, puberty, and nicotine, alcohol, and marijuana use in adolescence. *Journal of the American Academy of Child and Adolescent Psychiatry*, 41 (12),

1495-1502.

Martin, S., Zabala, C., Del-Monte, J., Graziani, P., Aizpurua, E., Barry, T. J., & Ricarte, J. (2019). Examining the relationships between impulsivity, aggression, and recidivism for prisoners with antisocial personality disorder. *Aggression and Violent Behavior*, *49*, 101314.

Martinotti, G., Sepede, G., Brunetti, M., Ricci, V., Gambi, F., Chillemi, E., ..., & Giannantonio, M. D. (2015). BDNF concentration and impulsiveness level in post-traumatic stress disorder. *Psychiatry Research*, *229*, 814-818.

Maser, J. D., Akiskal, H. S., Schettler, P., Scheftner, W., Mueller, T., Endicott, J., Solomon, D., & Clayton, P. (2002). Can temperament identify affectively ill patients who engage in lethal or near-lethal suicidal behavior? A 14-year prospective study. *Suicide & Life-Threatening Behavior*, *32* (1), 10-32.

Matsuo, K., Nicoletti, M., Nemoto, K., Hatch, J. P., Peluso, M. A., Nery, F. G., & Soares, J. C. (2009). A voxel-based morphometry study of frontal gray matter correlates of impulsivity. *Human Brain Mapping*, *30* (4), 1188-1195.

Mccabe, M. P., Ricciardelli, L., D Mellor, & Ball, K. (2005). Media influences on body image and disordered eating among indigenous adolescent australians. *Adolescence*, *40* (157), 115-127.

McElroy, S. L., Keck, P. E., Pope, H. G., & Smith, J. M. R. (1994). Compulsive buying: A report of 20 cases. *Journal of Clinical Psychiatry*, *55*, 242-248.

McGowan, N. M., & Coogan, A. N. (2018). Sleep and circadian rhythm function and trait impulsivity: An actigraphy study. *Psychiatry Research*, *268*, 251-256.

McHugh, S. B., Campbell, T. G., Taylor, A. M., Rawlins, J. N., & Bannerman, D. M. (2008). A role for dorsal and ventral hippocampus in inter-temporal choice cost-benefit decision making. *Behavioral Neuroscience*, *122* (1), 1-8.

McLeod, B. D., Wood, J. J., & Weisz, J. R. (2007). Examining the association between parenting and childhood anxiety: A meta-analysis. *Clinical Psychology Review*, *27* (2), 155-172.

McMahon, K., Hoertel, N., Olfson, M., Wall, M., Wang, S., & Blanco, C. (2018). Childhood maltreatment and impulsivity as predictors of interpersonal violence, self-injury and suicide attempts: A national study. *Psychiatry Research*, *269*, 386-393.

McMurran, M., Blair, M., & Egan, V. (2002). An investigation of the correlations between aggression, impulsiveness, social problem-solving, and alcohol use. *Aggressive Behavior*,

*1428*, 439-445.

McNaughton, N., & Corr, P. J. (2004). A two-dimensional neuropsychology of defense: Fear/anxiety and defensive distance. *Neuroscience and Biobehavioral Reviews*, *28* (3), 285-305.

Meda, S.A., Stevens, M.C., Potenza, M.N., Pittman, B., Gueorguieva, R., Andrews, M.M., ... & Pearlson, G.D. (2009). Investigating the behavioral and self-report constructs of impulsivity domains using principal component analysis. *Behavioural Pharmacology*, *20* (5-6), 390.

Menon, V., Adleman, N. E., White, C. D., Glover, G. H., & Reiss, A. L. (2001). Error-related brain activation during a Go/NoGo response inhibition task. *Human Brain Mapping*, *12* (3), 131-143.

Merchán-Clavellino, A., Alameda-Bailén, J. R., Zayas García, A., & Guil, R. (2019). Mediating effect of trait emotional intelligence between the Behavioral Activation System (BAS)/Behavioral Inhibition System (BIS) and positive and negative affect. *Frontiers in Psychology*, *10*, 424.

Miller, J., Flory, K., Lynam, D., & Leukefeld, C. (2003). A test of the four-factor model of impulsivity-related traits. *Personality and Individual Differences*, *34*, 1403-1418.

Miller, M. B., DiBello, A. M., Lust, S. A., Meisel, M. K., & Carey, K. B. (2017). Impulsive personality traits and alcohol use: Does sleeping help with thinking? *Psychology of Addictive Behaviors*, *31* (1), 46-53.

Millner, A. J., Jaroszewski, A. C., Chamarthi, H., & Pizzagalli, D. A. (2012). Behavioral and electrophysiological correlates of training-induced cognitive control improvements. *NeuroImage*, *63* (2), 742-753.

Moeller, F. G., Barratt, E. S., Dougherty, D. M., Schmitz, J. M., & Swann, A. C. (2001). Psychiatric aspects of impulsivity. *American Journal of Psychiatry*, *158* (11), 1783.

Mooney, R. A., Coxon, J. P., Cirillo, J., Glenny, H., Gant, N., & Byblow, W. D. (2016). Acute aerobic exercise modulates primary motor cortex inhibition. *Experimental Brain Research*, *234* (12), 3669-3676.

Moore, M., Slane, J., Mindell, J. A., Burt, S. A., & Klump, K. L. (2011). Sleep problems and temperament in adolescents. *Child: Care, Health and Development*, *37* (4), 559-562.

Morales, S., Beekman, C., Blandon, A. Y., Stifter, C. A., & Buss, K. A. (2015). Longitudinal associations between temperament and socioemotional outcomes in young children: The moderating role of RSA and gender. *Developmental Psychobiology*, *57* (1), 105-119.

Morgan, J. K., Shaw, D. S., & Forbes, E. E. (2014). Maternal depression and warmth during childhood predict age 20 neural response to reward. *Journal of the American Academy of Child and Adolescent Psychiatry*, 53 (1), 108-117.

Morris, S., Musser, E. D., Tenenbaum, R. B., Ward, A. R., Martinez, J., Raiker, J. S., Coles, E. K., & Riopelle, C. (2020). Emotion regulation via the autonomic nervous system in children with attention-deficit/hyperactivity disorder (ADHD): Replication and extension. *Journal of Abnormal Child Psychology*, 48 (3), 361-373.

Mrazek, A. J., Mrazek, M. D., Reese, J. V., Kirk, A. C., & Schooler, J. W. (2019). Mindfulness-based attention training: Feasibility and preliminary outcomes of a digital course for high school students. *Education Sciences*, 9 (3), 230.

Munoz, Douglas., & Schall, Jeffrey. (2004). Concurrent, distributed control of saccade initiation in the frontal eye field and superior colliculus. *Journal of Neurophysiology*, 109 (11), 2767-2780.

Neal, L. B., & Gable, P. A. (2017). Regulatory control and impulsivity relate to resting frontal activity. *Social Cognitive & Affective Neuroscience*, (9), 1377-1383.

Nestler, E. J. (2001). Molecular basis of long-term plasticity underlying addiction. *Nature Reviews Neuroscience*, 2 (2), 119-128.

New, A. S., Gelernter, J., Trestman, R. L., Mitropoulou, V., & Siever, L. J. (1996). A polymorphism in tryptophan hydroxylase and irritable aggression in personality disorders. *Biological Psychiatry*, 39 (7), 506.

Newman, J. P., & Wallace, J. F. (1993). Diverse pathways to deficient self-regulation: Implications for disinhibitory psychopathology in children. *Clinical Psychology Review*, 13, 690-720.

Nien, J. T., Wu, C. H., Yang, K. T., Cho, Y. M., Chu, C. H., Chang, Y. K., & Zhou, C. (2020). Mindfulness training enhances endurance performance and executive functions in athletes: An event-related potential study. *Neural Plasticity*, 2020, 8213710.

Nigg, J. T. (2000). On inhibition/disinhibition in developmental psychopathology: Views from cognitive and personality psychology and a working inhibition taxonomy. *Psychological Bulletin*, 126 (2), 220-246.

Nigg, J. T. (2001). Is ADHD a disinhibitory disorder? *Psychological Bulletin*, 127 (5), 571-598.

Nigg, J. T. (2017). Annual research review: On the relations among self-regulation, self-control, executive functioning, effortful control, cognitive control, impulsivity, risk-taking, and inhibition for developmental psychopathology. *Journal of Child Psychology and Psychiatry, and Allied Disciplines*, 58 (4), 361-383.

Nigg, J. T., & Negel, B. J. (2016). Commentary: Risk taking, impulsivity, and externalizing problems in adolescent development—Commentary on Crone et al. *Journal of Child Psychology and Psychiatry, and Allied Disciplines*, 57 (3), 369-370.

Niv, S., Tuvblad, C., Raine, A., Wang, P., & Baker, L. A. (2012). Heritability and longitudinal stability of impulsivity in adolescence. *Behavior Genetics*, 42 (3), 378-392.

Nomura, M., Kaneko, M., Okuma, Y., Nomura, J., Kusumi, I., Koyama, T., & Nomura, Y. (2015). Involvement of serotonin transporter gene polymorphisms (5-HTT) in impulsive behavior in the Japanese population. *PLoS One*, 10 (3), e0119743.

Nordvall, O., Neely, A. S., & Jonsson, B. (2017). Self-Reported Impulsivity and its Relation to Executive Functions in Interned Youth. Psychiatry, psychology, and law: An interdisciplinary journal of the Australian and New Zealand Association of Psychiatry, *Psychology and Law*, 24 (6), 910-922.

Notebaert, W., Houtman, F., Opstal, F. V., Gevers, W., Fias, W., & Verguts, T. (2009). Post-error slowing: An orienting account. *Cognition*, 111 (2), 275-279.

O'Brien, C., Volkow, N., & Li, T. K. (2006). What's in a word? Addiction versus dependence in DSM-V. *American Journal of Psychiatry*, 163 (5), 764-765.

Oberle, E., Schonert-Reichl, K. A., Lawlor, M. S., & Thomson, K. C. (2011). Mindfulness and inhibitory control in early adolescence. *Journal of Early Adolescence*, 32 (4), 565-588.

Obradović, J., Bush, N. R., & Boyce, W. T. (2011). The interactive effect of marital conflict and stress reactivity on externalizing and internalizing symptoms: The role of laboratory stressors. *Development and Psychopathology*, 23 (1), 101-114.

O'Brien, F., & Gormley, M. (2013). The contribution of inhibitory deficits to dangerous driving among young people. *Accident Analysis and Prevention*, 51 (MAR.), 238-242.

Oliva, R., Morys, F., Horstmann, A., Castiello, U., & Begliomini, C. (2020). Characterizing impulsivity and resting-state functional connectivity in normal-weight binge eaters. *The International Journal of Eating Disorders*, 53 (3), 478-488.

Overtoom, C. C., Kenemans, J. L., Verbaten, M. N., Kemner, C., van der Molen, M. W., van Engeland, H., Buitelaar, J. K., & Koelega, H. S. (2002). Inhibition in children with attention-deficit/hyperactivity disorder: A psychophysiological study of the stop task. *Biological Psychiatry*, 51 (8), 668-676.

Owens, J. A. (2005). The ADHD and sleep conundrum: A review. *Developmental and Behavioral*

*Pediatrics*, *4*, 312-322.

Paap, K. R., Anders-Jefferson, R., Zimiga, B., Mason, L., & Mikulinsky, R. (2020). Interference scores have inadequate concurrent and convergent validity: Should we stop using the flanker, Simon, and spatial Stroop tasks? *Cognitive Research: Principles and Implications*, *5* (1), 7.

Paaver, M., Kurrikoff, T., Nordquist, N., Oreland, L., & Harro, J. (2008). The effect of 5-HTT gene promoter polymorphism on impulsivity depends on family relations in girls. *Progress in Neuro-psychopharmacol & Biological Psychiatry*, *32* (5), 1263-1268.

Paaver, M., Nordquist, N., Jüri Parik, Harro, M., Oreland, L., & Harro, J. (2007). Platelet mao activity and the 5-HTT gene promoter polymorphism are associated with impulsivity and cognitive style in visual information processing. *Psychopharmacology*, *194* (4), 545-554.

Paloyelis, Y., Asherson, P., Mehta, M. A., Faraone, S. V., & Kuntsi, J. (2010). DAT1 and COMT effects on delay discounting and trait impulsivity in male adolescents with attention deficit/hyperactivity disorder and healthy controls. *Neuropsychopharmacology*, *35* (12), 2414-2426.

Panwar, K., Rutherford, H. J. V., Mencl, W. E., Lacadie, C. M., Potenza, M. N., & Mayes, L. C. (2014). Differential associations between impulsivity and risk-taking and brain activations underlying working memory in adolescents. *Addictive Behaviors*, *39* (11), 1606-1621.

Park, S. M., Lee, J. Y., Choi, A. R., Kim, B. M., Chung, S. J., Park, M., Kim, I. Y., Park, J., Choi, J., Hong, S. J., & Choi, J. S. (2020). Maladaptive neurovisceral interactions in patients with Internet gaming disorder: A study of heart rate variability and functional neural connectivity using the graph theory approach. *Addiction Biology*, *25* (4), e12805.

Park, W. K. (2005). Mobile phone addiction. In ReNegotiation of the Social Sphere (Eds.), *Mobile Communications* (pp. 253-272). Berlin: Springer.

Pascalis, V. D., Sommer, K., & Scacchia, P. (2018). *Resting Frontal Asymmetry and Reward Sensitivity Theory Motivational Traits*. Scientific Reports.

Pasion, R., Prata, C., Fernandes, M., Almeida, R., Garcez, H., Araújo, C., & Barbosa, F. (2019). N2 amplitude modulation across the antisocial spectrum: A meta-analysis. *Reviews in the Neurosciences*, *30* (7), 781-794.

Patrick, C. J., Curtin, J. J., & Tellegen, A. (2002). Development and validation of a brief form of the Multidimensional Personality Questionnaire. *Psychological Assessment*, *14* (2), 150-163.

Pattij, T., & de Vries, T. J. (2013). The role of impulsivity in relapse vulnerability. *Current Opinion in Neurobiology*, 23 (4), 700-705.

Patton, J. H., Stanford, M. S., & Barratt, E. S. (1995). Factor structure of the Barratt impulsiveness scale. *Journal of Clinical Psychology*, 51 (6), 768-774.

Paula, J. J., Costa, D., Oliveira, F., Alves, J. O., Passos, L. R., & Malloy-Diniz, L. F. (2015). Impulsivity and compulsive buying are associated in a non-clinical sample: An evidence for the compulsivity-impulsivity continuum? *Revista Brasileira de Psiquiatria*, 37 (3), 242-244.

Pavlova, M., & Latreille, V. (2019). Sleep disorders. *The American Journal of Medicine*, 132 (3), 292-299.

Pearson, C. M., Guller, L., Birkley, E. L., & Smith, G. T. (2012). *Multiple Personality Dispositions to Engage in Rash, Impulsive Action.* The Psychology of Impulsivity.

Perry, J. L., & Carroll, M. E. (2008). The role of impulsive behavior in drug abuse. *Psychopharmacology*, 200 (1), 1-26.

Peters, E. M., Balbuena, L., Baetz, M., Marwaha, S., & Bowen, R. (2015). Mood instability underlies the relationship between impulsivity and internalizing psychopathology. *Medical Hypotheses*, 85 (4), 447-451.

Phillips, L. H., MacLean, R. D., & Allen, R. (2002). Age and the understanding of emotions: Neuropsychological and sociocognitive perspectives. *The Journals of Gerontology. Series B, Psychological Sciences and Social Sciences*, 57 (6), 526-530.

Piko, B. F., & Pinczés, T. (2014). Impulsivity, depression and aggression among adolescents. *Personality and Individual Differences*, 69, 33-37.

Pokhrel, P., Sussman, S., Sun, P., Kniazer, V., & Masagutov, R. (2010). Social self-control, sensation seeking and substance use in samples of US and Russian adolescents. *American Journal of Health Behavior*, 34 (3), 374-384.

Polich, J. (2007). Updating P300: An integrative theory of P3a and P3b. *Clinical Neurophysiology*, 118 (10), 2128-2148.

Porges, S. W. (2007). A phylogenetic journey through the vague and ambiguous Xth cranial nerve: A commentary on contemporary heart rate variability research. *Biological Psychology*, 74 (2), 301-307.

Portugal, A., Afonso, A. S., Jr, Caldas, A. L., Maturana, W., Mocaiber, I., & Machado-Pinheiro, W. (2018). Inhibitory mechanisms involved in Stroop-matching and stop-signal tasks and the role of impulsivity. *Acta Psychologica*, 191, 234-243.

Posner, M. I., Rothbart, M. K., Vizueta, N., Levy, K. N., Evans, D. E., Thomas, K. M., & Clarkin, J. F. (2002). Attentional mechanisms of borderline personality disorder. *Proceedings of the National Academy of Sciences of the United States of America*, 99, 16366-16370.

Postle, B. R., Brush, L. N., & Nick, A. M. (2004). Prefrontal cortex and the mediation of proactive interference in working memory. *Cognitive, Affective & Behavioral Neuroscience*, 4 (4), 600-608.

Prinsloo, G. E., Rauch, H. G. L., Lambert, M. I., Muench, F., Noakes, T. D., & Derman, W. E. (2011). The effect of short duration heart rate variability (HRV) biofeedback on cognitive performance during laboratory induced cognitive stress. *Applied Cognitive Psychology*, 25 (5), 792-801.

Qiu, C., Zhao, L., Liu, X., Yu, Y., Meng, Y., Wu, J., .... & Ma, X. (2014). Role of psychosocial factors and serotonin transporter genotype in male adolescent criminal activity. *Asia-Pacific Psychiatry*, 6 (3), 284-291.

Rabiner, D. L., Anastopoulos, A. D., Costello, J., Hoyle, R. H., & Swartzwelder, H. S. (2008). Adjustment to college in students with ADHD. *Journal of Attention Disorders*, 11 (6), 689-699.

Racine, S. E., Keel, P. K., Burt, S. A., Sisk, C. L., & Klump, K. L. (2013). Exploring the relationship between negative urgency and dysregulated eating: Etiologic associations and the role of negative affect. *Journal of Abnormal Psychology*, 122 (2), 433-444.

Raichlen, D. A., & Alexander, G. E. (2017). Adaptive capacity: An evolutionary neuroscience model linking exercise, cognition, and brain health. *Trends in Neurosciences*, 40 (7), 408-421.

Raine, A. (1993). *The Psychopathology of Crime: Criminal Behavior as a Clinical Disorder.* San Diego: Academic Press.

Ram, D., Chandran, S., Sadar, A., & Gowdappa, B. (2019). Correlation of cognitive resilience, cognitive flexibility and impulsivity in attempted suicide. *Indian Journal of Psychological Medicine*, 41 (4), 362-367.

Ramautar, J. R., Kok, A., & Ridderinkhof, K. R. (2004). Effects of stop-signal probability in the stop-signal paradigm: The N2/P3 complex further validated. *Brain and Cognition*, 56 (2), 234-252.

Ramos-Galarza, C., Acosta-Rodas, P., Bolaños-Pasquel, M., & Lepe-Martínez, N. (2019). The role of executive functions in academic performance and behaviour of university students. *Journal of Applied Research in Higher Education*, 12 (3), 444-455.

Rash, J. A., & Aguirre-Camacho, A. (2012). Attention-deficit hyperactivity disorder and cardiac vagal control: A systematic review. *Attention Deficit and Hyperactivity Disorders, 4* (4), 167-177.

Raylu, N., & Oei, T. P. (2002). Pathological gambling.: A comprehensive review. *Clinical Psychology Review, 22* (7), 1009-1061.

Reif, A., Kiive, E., Kurrikoff, T., Paaver, M., Herterich, S., Konstabel, K., .... & Harro J. (2011). A functional NOS1 promoter polymorphism interacts with adverse environment on functional and dysfunctional impulsivity. *Psychopharmacology, 214* (1), 239-248.

Reiner, I., & Spangler, G. (2011). Dopamine D4 receptor exon III polymorphism, adverse life events and personality traits in a nonclinical German adult sample. *Neuropsychobiology, 63*, 52-58.

Reise, S. P., Moore, T. M., Sabb, F. W., Brown, A. K., & London, E. D. (2013). The Barratt Impulsiveness Scale-11: Reassessment of its structure in a community sample. *Psychological Assessment, 25* (2), 631-642.

Rentrop, M., Backenstrass, M., Jaentsch, B., Kaiser, S., Roth, A., Unger, J., Weisbrod, M., & Renneberg, B. (2008). Response inhibition in borderline personality disorder: Performance in a Go/NoGo task. *Psychopathology, 41* (1), 50-57.

Reuter, M., & Hennig, J. (2005). Pleiotropic effect of the tph a779c polymorphism on nicotine dependence and personality. *American Journal of Medical Genetics Part B: Neuropsychiatric Genetics, 134B* (1), 20-24.

Revill, A. S., Patton, K. A., Connor, J. P., Sheffield, J., Wood, A. P., Castellanos-Ryan, N., & Gullo, M. J. (2020). From impulse to action? Cognitive mechanisms of impulsivity-related risk for externalizing behavior. *Journal of Abnormal Child Psychology, 48* (8), 1023-1034.

Reynolds, B., Ortengren, A., Richards, J. B., & de Wit, H. (2006). Dimensions of impulsive behaviour: Personality and behavioural measures. *Personality and Individual Differences, 40*, 305-315.

Reynolds, B., Patak, M., Shroff, P., Penfold, R. B., Melanko, S., & Duhig, A. M. (2007). Laboratory and self-report assessments of impulsive behavior in adolescent daily smokers and nonsmokers. *Experimental and Clinical Psychopharmacology, 15* (3), 264-271.

Rhee, S.H., & Waldman, I.D. (2002). Genetic and environmental influences on antisocial behavior: A meta-analysis of twin and adoption studies. *Psychological Bulletin, 128* (3), 490-529.

Riggs, N. R., Black, D. S., & Ritt-Olson, A. (2015). Associations between dispositional mindfulness and executive function in early adolescence. *Journal of Child and Family Studies*, 24 (9), 2745-2751.

Robinson, E. S., Eagle, D. M., Mar, A. C., Bari, A., Banerjee, G., Jiang, X., Dalley, J. W., & Robbins, T. W. (2008). Similar effects of the selective noradrenaline reuptake inhibitor atomoxetine on three distinct forms of impulsivity in the rat. *Neuropsychopharmacology*, 33 (5), 1028-1037.

Roth, R. M., Isquith, P. K., & Gioia, G. A. (2005). *Behavior Rating Inventory of Executive Function-Adult Version: Professional Manual*. Lutz: Psychological Assessment Resources.

Rubia, K., Halari, R., Smith, A. B., Mohammad, M., Scott, S., & Brammer, M. J. (2009). Shared and disorder-specific prefrontal abnormalities in boys with pure attention-deficit/hyperactivity disorder compared to boys with pure CD during interference inhibition and attention allocation. *Journal of Child Psychology and Psychiatry, and Allied Disciplines*, 50 (6), 669-678.

Rubin, K. H., Burgess, K. B., Dwyer, K. M., & Hastings, P. D. (2003). Predicting preschoolers' externalizing behaviors from toddler temperament, conflict, and maternal negativity. *Developmental Psychology*, 39 (1), 164-176.

Ruchsow, M., Groen, G., Kiefer, M., Buchheim, A., Walter, H., Martius, P., ... & Falkenstein, M. (2008a). Response inhibition in borderline personality disorder: Event-related potentials in a Go/NoGo task. *Journal of Neural Transmission*, 115 (1), 127-133.

Ruchsow, M., Groen, G., Kiefer, M., Hermle, L., Spitzer, M., & Falkenstein, M. (2008b). Impulsiveness and ERP components in a Go/NoGo task. *Journal of Neural Transmission*, 115 (6), 909-915.

Rueda, M. R., Rothbart, M. K., McCandliss, B. D., Saccomanno, L., & Posner, M. I. (2005). Training, maturation, and genetic influences on the development of executive attention. *Proceedings of the National Academy of Sciences of the United States of America*, 102 (41), 14931-14936.

Rusciano, A., Corradini, G., & Stoianov, I. (2017). Neuroplus biofeedback improves attention, resilience, and injury prevention in elite soccer players. *Psychophysiology*, 54 (6), 916-926.

Russo, P. M., De Pascalis, V., Varriale, V., & Barratt, E. S. (2008). Impulsivity, intelligence and P300 wave: An empirical study. *International Journal of Psychophysiology*, 69 (2), 112-118.

Ryu, H., Lee, J. Y., Choi, A., Park, S., Kim, D. J., & Choi, J. S. (2018). The relationship between impulsivity and internet gaming disorder in young adults: Mediating effects of interpersonal relationships and depression. *International Journal of Environmental Research and Public Health*, 15 (3), 458.

Sakado, K., Sakado, M., Muratake, T., Mundt, C., & Someya, T. (2003). A psychometrically derived impulsive trait related to a polymorphism in the serotonin transporter gene-linked polymorphic region (5-HTTLPR) in a Japanese nonclinical population: Assessment by the Barratt Impulsiveness Scale (BIS). *American Journal of Medical Genetics Part B, Neuropsychiatric Genetics: The Official Publication of the International Society of Psychiatric Genetics*, 121B (1), 71-75.

Salo, J., Laura, Pulkki-Rback, L., Hintsanen, M., Lehtimaki, T., & Keltikangas-Jarvinen, L. (2010). The interaction between serotonin receptor 2a and catechol-o-methyltransferase gene polymorphisms is associated with the novelty-seeking subscale impulsiveness. *Psychiatric Genetics*, 20 (6), 273-281.

Savci, M., & Aysan, F. (2016). Relationship between impulsivity, social media usage and loneliness. *Educational Process: International Journal*, 5 (2), 106-115.

Sawyer, S. M., Azzopardi, P. S., Wickremarathne, D., & Patton, G. C. (2018). The age of adolescence. The Lancet. *Child & Adolescent Health*, 2 (3), 223-228.

Schel, M. A., Kühn, S., Brass, M., Haggard, P., Ridderinkhof, K. R., & Crone, E. A. (2014). Neural correlates of intentional and stimulus-driven inhibition: A comparison. *Frontiers in Human Neuroscience*, 8, 27.

Schmidt, R. E., Gay, P., & Van der Linden, M. (2018). Facets of impulsivity are differentially linked to insomnia: Evidence from an exploratory study. *Behavioral Sleep Medicine*, 6 (3), 178-192.

Schönenberg, M., Wiedemann, E., Schneidt, A., Scheeff, J., Logemann, A., Keune, P. M., & Hautzinger, M. (2017). Neurofeedback, sham neurofeedback, and cognitive-behavioural group therapy in adults with attention-deficit hyperactivity disorder: A triple-blind, randomised, controlled trial. *The lancet. Psychiatry*, 4 (9), 673-684.

Schroeder, M., Eberlein, C., De Zwaan, M., Kornhuber, J., Bleich, S., & Frieling, H. (2012). Lower levels of cannabinoid 1 receptor mRNA in female eating disorder patients: Association with wrist cutting as impulsive self-injurious behavior. *Psychoneuroendocrinology*, 37 (12), 2032-2036.

Schumann, A., Köhler, S., Brotte, L., & Bär, K. J. (2019). Effect of an 8-week smartphone-guided HRV-biofeedback intervention on autonomic function and impulsivity in healthy controls.

*Physiological Measurement*, 40 (6), 064001.

Schwaighofer, M., Fischer, F., & Bühner, M. (2015). Does working memory training transfer? A meta-analysis including training conditions as moderators. *Educational Psychologist*, 50 (2), 138-166.

Secades-Villa, R., Martínez-Loredo, V., Grande-Gosende, A., & Fernández-Hermida, J. R. (2016). The relationship between impulsivity and problem gambling in adolescence. *Frontiers in Psychology*, 7, 1931.

Seibert, L. A., Miller, J. D., Pryor, L. R., Rcidy, D. E., & Zcichncr, A. (2010). Personality and laboratory-based aggression: Comparing the predictive power of the Five-Factor Model, BIS/BAS, and impulsivity across context. *Journal of Research in Personality*, 44 (1), 13-21.

Senn, T. E., Espy, K. A., & Kaufmann, P. M. (2004). Using path analysis to understand executive function organization in preschool children. *Developmental Neuropsychology*, 26 (1), 445-464.

Settles, R. E., Fischer, S., Cyders, M. A., Combs, J. L., Gunn, R. L., & Smith, G. T. (2012). Negative urgency: A personality predictor of externalizing behavior characterized by neuroticism, low conscientiousness, and disagreeableness. *Journal of Abnormal Psychology*, 121 (1), 160-172.

Settles, R. F., Cyders, M., & Smith, G. T. (2010). Longitudinal validation of the acquired preparedness model of drinking risk. *Psychology of Addictive Behaviors: Journal of the Society of Psychologists in Addictive Behaviors*, 24 (2), 198-208.

Sharma, L., Kohl, K., Morgan, T. A., & Clark, L. A. (2013). 'Impulsivity': Relations between self-report and behavior. *Journal of Personality and Social Psychology*, 104 (3), 559-575.

Sharma, L., Markon, K. E., & Clark, L. A. (2014). Toward a theory of distinct types of 'impulsive' behaviors: A meta-analysis of self-report and behavioral measures. *Psychological Bulletin*, 140 (2), 374-408.

Shen, I. H., Lee, D. S., & Chen, C. L. (2014). The role of trait impulsivity in response inhibition: Event-related potentials in a stop-signal task. *International Journal of Psychophysiology: Official Journal of the International Organization of Psychophysiology*, 91 (2), 80-87.

Sher, K. J., & Trull, T. J. (1994). Personality and disinhibition in psychopathology: Alcoholism and antisocial personality disorder. *Journal of Abnormal Psychology*, 103, 92-102.

Shin, S. H., Elaine, M., & David, C. (2018). Profiles of adverse childhood experiences and impulsivity. *Child Abuse & Neglect*, *85*, 118-126.

Shin, S. H., Hong, H. G., & Jeon, S. M. (2012). Personality and alcohol use: The role of impulsivity. *Addictive Behaviors*, *37*(1), 102-107.

Shoukat, S. (2019). Cell phone addiction and psychological and physiological health in adolescents. *EXCLI Journal*, *18*, 47-50.

Shulman, E.P., Smith, A.R., Silva, K., Icenogle, G., Duell, N., Chein, J., & Steinberg, L. (2016). The dual systems model: Review, reappraisal, and reaffirmation. *Developmental Cognitive Neuroscience*, *17*, 103-117.

Sitaram, R., Ros, T., Stoeckel, L., Haller, S., Scharnowski, F., Lewis-Peacock, J., ... & Sulzer, J. (2017). Closed-loop brain training: The science of neurofeedback. Nature reviews. *Neuroscience*, *18*(2), 86-100.

Skippen, P., Matzke, D., Heathcote, A., Fulham, W. R., Michie, P., & Karayanidis, F. (2019). Reliability of triggering inhibitory process is a better predictor of impulsivity than SSRT. *Acta Psychologica*, *192*, 104-117.

Slaats-Willemse, D., Swaab-Barneveld, H., de Sonneville, L., van der Meulen, E., & Buitelaar, J. (2003). Deficient response inhibition as a cognitive endophenotype of ADHD. *Journal of the American Academy of Child and Adolescent Psychiatry*, *42*(10), 1242-1248.

Slavikova, M., Sekaninova, N., Bona, O. L., Visnovcova, Z., & Tonhajzerova, I. (2020). Biofeedback—A Promising Non Pharmacological Tool of Stress-Related Disorders. ACTA MEDICA MARTINIANA.

Slof-Op't Landt, M. C. T., Bartels, M., Middeldorp, C. M., Beijsterveldt, C. E. M. V., Slagboom, P. E., Boomsma, B. I., ... & Meulenbelt, I. (2013). Genetic variation at the TPR2 gene influences impulsivity in addition to eating disorders. *Behavior Genetics*, *43*(1), 24-33.

Slovic, P., Finucane, M. L., Peters, E., & MacGregor, D. G. (2004). Risk as analysis and risk as feelings: Some thoughts about affect, reason, risk, and rationality. *Risk Analysis: An Official Publication of the Society for Risk Analysis*, *24*(2), 311-322.

Smaoui, N., Charfi, N., Turki, M., Maâlej-Bouali, M., Ben Thabet, J., Zouari, N., ... & Maâlej, M. (2017). Impulsivity and early onset of alcohol and cigarette use in adolescents. *European Psychiatry*, *41*(S1), S304.

Smith, J. L., Jamadar, S., Provost, A. L., & Michie, P. T. (2013). Motor and non-motor inhibition in the Go/NoGo task: An ERP and fMRI study. *International Journal of Psychophysiology*, *87*(3), 244-253.

Snyder, S. M., & Hall, J. R. (2006). A meta-analysis of quantitative EEG power associated with attention-deficit hyperactivity disorder. *Journal of Clinical Neurophysiology*, 23 (5), 440-455.

Soeiro-De-Souza, M. G., Stanford, M. S., Bio, D. S., Machado-Vielra, R., & Moreno, R. O. (2013). Association of the comt met158 allele with trait impulsivity in healthy young adults. *Molecular Medicine Reports*, 7 (4), 1067-1072.

Soloff, P. H., Lis, J. A., Kelly, T., Cornelius, J., & Ulrich, R. (1994). Risk factors for suicidal behavior in borderline personality disorder. *American Journal of Psychiatry*, 151 (9), 1316-1323.

Soloff, P. H., Lynch, K. G., Kelly, T. M., Malone, K. M., & Mann, J. J. (2000). Characteristics of suicide attempts of patients with major depressive episode and borderline personality disorder: A comparative study. *American Journal of Psychiatry*, 157 (4), 601-608.

Soltaninejad, Z., Nejati, V., & Ekhtiari, H. (2015). Effect of anodal and cathodal transcranial direct current stimulation on DLPFC on modulation of inhibitory control in ADHD. *J Atten Disord*, 101 (4), 291-302.

Sönmez Güngör, E., Çelebi, C., & Akvardar, Y. (2021). The relationship of food addiction with other eating pathologies and impulsivity: A case-control study. *Frontiers in Psychiatry*, 12, 747474.

Spangler, D. P., Williams, D. P., Speller, L. F., Brooks, J. R., & Thayer, J. F. (2018). Resting heart rate variability is associated with ex-Gaussian metrics of intra-individual reaction time variability. *International Journal of Psychophysiology*, 125, 10-16.

Sparks, J. C., Isen, J. D., & Iacono, W. G. (2014). Preference on cash-choice task predicts externalizing outcomes in 17-year-olds. *Behavior Genetics*, 44 (2), 102-112.

Spierer, L., Chavan, C. F., & Manuel, A. L. (2013). Training-induced behavioral and brain plasticity in inhibitory control. *Frontiers in Human Neuroscience*, 7, 427.

Spillane, N. S., Smith, G. T., Kahler, C. W., Spillane, N. S., Smith, G. T., & Kahler, C. W. (2010). Impulsivity-like traits and smoking behavior in college students. *Addictive Behaviors*, 35 (7), 700-705.

Staner, L., Uyanik, G., Correa, H., Tremeau, F., Monreal, J., Crocq, M. A., ... & Macher, J. P. (2010). A dimensional impulsive-aggressive phenotype is associated with the a218c polymorphism of the tryptophan hydroxylase gene: A pilot study in well-characterized impulsive inpatients. *American Journal of Medical Genetics*, 114 (5), 553-557.

Stanford, M. S., Houston, R. J., Mathias, C. W., Villemarette-Pittman, N. R., Helfritz, L. E., & Conklin, S. M. (2003). Characterizing aggressive behavior. *Assessment*, 10 (2), 183-

190.

Stanford, M. S., Mathias, C. W., Dougherty, D. M., Lake, S. L., Anderson, N. E., & Patton, J. H. (2009). Fifty years of the barratt impulsiveness scale: An update and review. *Personality & Individual Differences*, 47 (5), 385-395.

Stanton, B., Li, X., Cottrell, L., & Kaljee, L. (2001). Early initiation of sex, drug-related risk behaviors, and sensation-seeking among urban, low-income African-American adolescents. *Journal of the National Medical Association*, 93 (4), 129-138.

Stavropoulos, K. K., & Carver, L. J. (2014). Reward sensitivity to faces versus objects in children: An ERP study. *Social Cognitive and Affective Neuroscience*, 9 (10), 1569-1575.

Stefanie, E. G., Huster René J., & Herrmann, C. S. (2017). Eeg-Neurofeedback as a Tool to Modulate Cognition and Behavior: A Review Tutorial. *Frontiers in human neuroscience*, 11, 51.

Stein, D. J., Trestman, R. L., Mitropoulou, V., Coccaro, E. F., Hollander, E., & Siever, L. J. (1996). Impulsivity and serotonergic function in compulsive personality disorder. *The Journal of Neuropsychiatry and Clinical Neurosciences*, 8 (4), 393-398.

Steinberg, L. (2008). A social neuroscience perspective on adolescent risk-taking. *Developmental Review*, 28 (1), 78-106.

Steinberg, L. (2010). A dual systems model of adolescent risk-taking. *Developmental Psychobiology*, 52 (3), 216-224.

Stevenson, M., & McNaughton, N. (2013). A comparison of phenylketonuria with attention deficit hyperactivity disorder: Do markedly different aetiologies deliver common phenotypes? *Brain Research Bulletin*, 99, 63-83.

Stillman, C. M., Cohen, J., Lehman, M. E., & Erickson, K. I. (2016). Mediators of physical activity on neurocognitive function: A review at multiple levels of analysis. *Frontiers in Human Neuroscience*, 10, 626.

Su, H., Tao, J., Zhang, J., Xie, Y., Sun, Y., Li, L., ... & He, J. (2014). An association between BDNF val66met polymorphism and impulsivity in methamphetamine abusers. *Neuroscience Letters*, 582, 16-20.

Suurland, J., van der Heijden, K. B., Huijbregts, S., van Goozen, S., & Swaab, H. (2017). Interaction between prenatal risk and infant parasympathetic and sympathetic stress reactivity predicts early aggression. *Biological Psychology*, 128, 98-104.

Svanberg, G., Munck, I., & Levander, M. (2017). Acceptance and commitment therapy for clients institutionalized for severe substance-use disorder: A pilot study. *Substance Abuse and Rehabilitation*, 8, 45-51.

Swann, A. C., Bjork, J. M., Moeller, F. G., & Dougherty, D. M. (2002). Two models of impulsivity: Relationship to personality traits and psychopathology. *Biological Psychiatry*, *51*, 988-994.

Swann, A. C., Dougherty, D. M., Pazzaglia, P. J., Pham, M., & Moeller, F. G. (2004). Impulsivity: Link between bipolar disorder and substance abuse. *Bipolar Disorders*, *6* (3), 204-212.

Swann, A.C., Lijffijt, M., Lane, S.D., Steinberg, J.L., & Moeller, F.G. (2009). Trait impulsivity and response inhibition in antisocial personality disorder. *Journal of Psychiatric Research*, *43* (12), 1057-1063.

Swendsen, J. D., Tennen, H., Carney, M. A., Affleck, G., Willard, A., & Hromi, A. (2000). Mood and alcohol consumption: An experience sampling test of the self-medication hypothesis. *Journal of Abnormal Psychology*, *109* (2), 198-204.

Tenenbaum, R. B., Musser, E. D., Morris, S., Ward, A. R., Raiker, J. S., Coles, E. K., & Pelham, W. E., Jr (2019). Response inhibition, response execution, and emotion regulation among children with attention-deficit/hyperactivity disorder. *Journal of Abnormal Child Psychology*, *47* (4), 589-603.

Thayer, J. F., & Lane, R. D. (2000). A model of neurovisceral integration in emotion regulation and dysregulation. *Journal of Affective Disorders*, *61* (3), 201-216.

Thayer, J. F., & Lane, R. D. (2009a). Claude bernard and the heart-brain connection: Further elaboration of a model of neurovisceral integration. *Neuroscience & Biobehavioral Reviews*, *33* (2), 81-88.

Thayer, J. F., & Ruiz-Padial, E. (2006). Neurovisceral integration, emotions and health: An update. *International Congress*, *1287*, 122-127.

Thayer, J. F., Hansen, A. L., Saus-Rose, E., & Johnsen, B. H. (2009b). Heart rate variability, prefrontal neural function, and cognitive performance: The neurovisceral integration perspective on self-regulation, adaptation, and health. *Annals of Behavioral Medicine*, *37* (2), 141-53.

Thorell, L. B., Lindqvist, S., Bergman Nutley, S., Bohlin, G., & Klingberg, T. (2009). Training and transfer effects of executive functions in preschool children. *Developmental Science*, *12* (1), 106-113.

Tice, D. M., Bratslavsky, E., & Baumeister, R. F. (2001). Emotional distress regulation takes precedence over impulse control: If you feel bad, do it! *Journal of Personality and Social Psychology*, *80* (1), 53-67.

Tonhajzerová, I. (2016). Psychosomatické poruchy a biofeedback. In Tonhajzerová I, Mešťaník M. *Psycho-Fyziológia: Od Stresovej Odpovede po Biofeedback*. Martin: Jesseniova lekárska fakulta Univerzity Komenského, 77-151.

Torrubia, R., Avila, C., Molto, J., & Caseras, X. (2001). The Sensitivity to Punishment and Sensitivity to Reward Questionnaire (SPSRQ) as a measure of Gray's anxiety and impulsivity dimensions. *Personality and Individual Differences*, 31, 837-862.

Travis, F., & Shear, J. (2010). Focused attention, open monitoring and automatic self-transcending: Categories to organize meditations from Vedic, Buddhist and Chinese traditions. *Consciousness and Cognition*, 19 (4), 1110-1118.

Trentacosta, C. J., & Shaw, D. S. (2009). Emotional self-regulation, peer rejection, and antisocial behavior: Developmental associations from early childhood to early adolescence. *Journal of Applied Developmental Psychology*, 30 (3), 356-365.

Tsou, C. C., Chou, H. W., Ho, P. S., Kuo, S. C., Chen, C. Y., Huang, C. C., ... & Huang, S. Y. (2019). DRD2 and ANKK1 genes associate with late-onset heroin dependence in men. *The World Journal of Biological Psychiatry*, 20 (8), 605-615.

Urbán, R., & Urbán, R. (2010). Smoking outcome expectancies mediate the association between sensation seeking, peer smoking, and smoking among young adolescents. *Nicotine & Tobacco Research*, 12 (1), 59-68.

Utendale, W. T., Nuselovici, J., Saint-Pierre, A. B., Hubert, M., Chochol, C., & Hastings, P. D. (2014). Associations between inhibitory control, respiratory sinus arrhythmia, and externalizing problems in early childhood. *Developmental Psychobiology*, 56 (4), 686-699.

Valentin, B., Chang, Y. K., & Mirko, S. (2018). Acute physical activity enhances executive functions in children with ADHD. *Scientific Reports*, 8 (1), 12382.

Valiente, C., Eisenberg, N., Spinrad, T. L., Haugen, R., Thompson, M. S., & Kupfer, A. (2013). Effortful control and impulsivity as concurrent and longitudinal predictors of academic achievement. *Journal of Early Adolescence*, 33 (7), 946-972.

van de Laar, M. C., van den Wildenberg, W. P. M., van Boxtel, G. J. M., & van der Molen, M. W. (2011). Lifespan changes in global and selective stopping and performance adjustments. *Frontiers in Psychology*, 2 (357), 357.

van Holst, R. J., van Holstein, M., van den Brink, W., Veltman, D. J., & Goudriaan, A. E. (2012). Response inhibition during cue reactivity in problem gamblers: An fMRI study. *PLoS One*, 7 (3), e30909.

Van Veen, M. M., Karsten, J., & Lancel, M. (2017). Poor sleep and its relation to impulsivity in patients with antisocial or borderline personality disorders. *Behavioral Medicine*, 43 (3), 218-226.

VanderVeen, J. D., Hershberger, A. R., & Cyders, M. A. (2016). UPPS-P model impulsivity and marijuana use behaviors in adolescents: A meta-analysis. *Drug and Alcohol Dependence*, *168*, 181-190.

Varga, G., Szekely, A., Antal, P., Sarkozy, P., Nemoda, Z., Demetrovics, Z., & Sasvari-Szekely, M. (2012). Additive effects of serotonergic and dopaminergic polymorphisms on trait impulsivity. *American Journal of Medical Genetics Part B: Neuropsychiatric Genetics*, *159* (3), 281-288.

Vasconcelos, A. G., Malloy-Diniz, L., & Correa, H. (2012). Systematic review of psychometric proprieties of Barratt Impulsiveness Scale version 11 (BIS-11). *Clinical Neuropsychiatry*, *9*, 61-74.

Velezmoro, R., Lacefield, K., & Roberti, J. W. (2010). Perceived stress, sensation seeking, and college students' abuse of the internet. *Computers in Human Behavior*, *26* (6), 1526-1530.

Verbruggen, F., & Logan, G. D. (2008). Automatic and controlled response inhibition: Associative learning in the go/no-go and stop-signal paradigms. *Journal of Experimental Psychology. General*, *137* (4), 649-672.

Verburgh, L., Königs, M., Scherder, E. J., & Oosterlaan, J. (2014). Physical exercise and executive functions in preadolescent children, adolescents and young adults: A meta-analysis. *British Journal of Sports Medicine*, *48* (12), 973-979.

Verdejo-García, A., Albein-Urios, N., Molina, E., Ching-López, A., Martínez-González, J. M., & Gutiérrez, B. (2013). MAOA gene*cocaine severity interaction on impulsivity and neuropsychological measures of orbitofrontal dysfunction: Preliminary results. *Drug & Alcohol Dependence*, *133* (1), 287-290.

Viana, A. G., Palmer, C. A., Zvolensky, M. J., Alfano, C. A., Dixon, L. J., & Raines, E. M. (2017). Children's behavioral inhibition and anxiety disorder symptom severity: The role of individual differences in respiratory sinus arrhythmia. *Behaviour Research and Therapy*, *93*, 38-46.

Vigil-Colet, A., & Morales-Vives, F. (2005). How impulsivity is related to intelligence and academic achievement. *The Spanish Journal of Psychology*, *8* (2), 199-204.

Villodas, M. T., Litrownik, A. J., Thompson, R., Jones, D., Roesch, S. C., Hussey, J. M., Block, S., English, D. J., & Dubowitz, H. (2015). Developmental transitions in presentations of externalizing problems among boys and girls at risk for child maltreatment.

*Development and Psychopathology*, 27 (1), 205-219.

Visser, M., Das-Smaal, E., & Kwakman, H. (1996). Impulsivity and negative priming: Evidence for diminished cognitive inhibition in impulsive children. *British Journal of Psychology*, 87 (Pt 1), 131-140.

Vollstädt-Klein, S., Gerhardt, S., Lee, A., Strosche, A., Sharafi, G., Nuriyeva, R., .& Sobanski, E. (2020). Interaction between behavioral inhibition and neural alcohol cue-reactivity in ADHD and alcohol use disorder. *Psychopharmacology*, 237 (6), 1691-1707.

von Diemen, L., Bassani, D. G., Fuchs, S. C., Szobot, C. M., & Pechansky, F. (2008). Impulsivity, age of first alcohol use and substance use disorders among male adolescents: A population based case-control study. *Addiction (Abingdon, England)*, 103 (7), 1198-1205.

Voss, M. W., Nagamatsu, L. S., Liu-Ambrose, T., & Kramer, A. F. (2011). Exercise, brain, and cognition across the life span. *Journal of Applied Physiology*, 111 (5), 1505-1513.

Walderhaug, E., Herman, A. I., Magnusson, A, Morgan, M. J., & Landrø, N. I. (2010). The short (s) allele of the serotonin transporter polymorphism and acute tryptophan depletion both increase impulsivity in men. *Neuroscience Letters*, 73 (3), 208-211.

Wang, C., Yang, Y., Jiang, Z., Niu, X., Liu, Y., Jia, X., ... & Zhang, Y. (2022). The impact of impulsivity and academic achievement on suicidal ideation in adolescents: A cross-lagged panel analysis. *The Journal of Early Adolescence*, 42 (8), 969-994.

Wang, G. Y., van Eijk, J., Demirakca, T., Sack, M., Krause-Utz, A., Cackowski, S., Schmahl, C., & Ende, G. (2017). ACC GABA levels are associated with functional activation and connectivity in the fronto-striatal network during interference inhibition in patients with borderline personality disorder. *NeuroImage*, 147, 164-174.

Wang, J. R., & Hsieh, S. (2013). Neurofeedback training improves attention and working memory performance. *Clinical Neurophysiology*, 124, 2406-2420.

Wang, P., Lei, L., Wang, X., Nie, J., Chu, X., & Jin, S. (2018). The exacerbating role of perceived social support and the 'buffering' role of depression in the relation between sensation seeking and adolescent smartphone addiction. *Personality and Individual Differences*, 130, 129-134.

Warren, J. I., & South, S. C. (2006). Comparing the constructs of antisocial personality disorder and psychopathy in a sample of incarcerated women. *Behavioral Sciences & the Law*, 24, 1-20.

Weafer, J., & de Wit, H. (2014). Sex differences in impulsive action and impulsive choice. *Addictive Behaviors*, 39 (11), 1573-1579.

Weaver, L., Rostain, A. L., Mace, W., Akhtar, U., Moss, E., & O'Reardon, J. P. (2012).

Transcranial magnetic stimulation (TMS) in the treatment of attention-deficit/hyperactivity disorder in adolescents and young adults: A pilot study. *The Journal of ECT*, *28* (2), 98-103.

Weidacker, K., Whiteford, S., Boy, F. & Johnston, S. (2016). Response inhibition in the parametric Go/NoGo task and its relation to impulsivity and subclinical psychopathy. *The Quarterly Journal of Experimental Psychology*, 1-15.

Wellman, R. J., Dugas, E. N., Dutczak, H., O'Loughlin, E. K., Datta, G. D., Lauzon, B., & O'Loughlin, J. (2016). Predictors of the onset of cigarette smoking: A systematic review of longitudinal population-based studies in youth. *American Journal of Preventive Medicine*, *51* (5), 767-778.

West, R., & Alain, C. (2000). Effects of task context and fluctuations of attention on neural activity supporting performance of the Stroop task. *Brain Research*, *873* (1), 102-111.

West, R., & Bailey, K. (2012). ERP correlates of dual mechanisms of control in the counting stroop task. *Psychophysiology*, *49* (10), 1309-1318.

Whiteside, S. P., & Lynam, D. R. (2001). The five factor model and impulsivity: Using a structural model of personality to understand impulsivity. *Personality and Individual Differences*, *30* (4), 669-689.

Whiteside, S. P., Lynam, D. R., Miller, J. D., & Reynolds, S. K. (2005). Validation of the UPPS impulsive behavior scale: A four-factor model of impulsivity. *European Journal of Personality*, *19*, 559-574.

Whitney, P., Jameson, T., & Hinson, J. M. (2004). Impulsiveness and executive control of working memory. *Personality & Individual Differences*, *37* (2), 417-428.

Wilbertz, T., Deserno, L., Horstmann, A., Neumann, J., Villringer, A., Heinze, H. J., et al. (2014). Response inhibition and its relation to multidimensional impulsivity. *Neuroimage*, *103*, 241-248.

Wilkinson, A. J., & Yang, L. X. (2012). Plasticity of inhibition in older adults: Retest practice and transfer effects. *Psychology and Aging*, *27* (3), 606-615.

Williams, A. D., & Grisham, J. R. (2012). Impulsivity, emotion regulation, and mindful attentional focus in compulsive buying. *Cognitive Therapy and Research*, *36* (5), 451-457.

Williams, L. R., & Steinberg, L. (2011). Reciprocal relations between parenting and adjustment in a sample of juvenile offenders. *Child development*, *82* (2), 633-645.

Willoughby, T., Good, M., Adachi, P. J., Hamza, C., & Tavernier, R. (2013). Examining the link between adolescent brain development and risk taking from a social-developmental perspective. *Brain & Cognition*, *83* (3), 315-323.

Wills, T. A., Ainette, M. G., Stoolmiller, M., Gibbons, F. X., & Shinar, O. (2008). Good self-control as a buffering agent for adolescent substance use: An investigation in early adolescence with time-varying covariates. *Psychology of Addictive Behaviors*, 22(4), 459-471.

Wills, T. A., Pokhrel, P., Morehouse, E., & Fenster, B. (2011). Behavioral and emotional regulation and adolescent substance use problems: A test of moderation effects in a dual-process model. *Psychology of Addictive Behaviors*, 25(2), 279-292.

Winstanley, C. A., Zeeb, F. D., Bedard, A., Fu, K., Lai, B., Steele, C., & Wong, A. C. (2010). Dopaminergic modulation of the orbitofrontal cortex affects attention, motivation and impulsive responding in rats performing the five-choice serial reaction time task. *Behavioural Brain Research*, 210(2), 263-272.

Wöstmann, N. M., Aichert, D. S., Costa, A., Rubia, K., Möller, H. J., & Ettinger, U. (2013). Reliability and plasticity of response inhibition and interference control. *Brain and Cognition*, 81(1), 82-94.

Wrzosek, M., Jakubczyk, A., Wrzosek, M., Kaleta, B., Lukaszkiewicz, J., Matsumoto, H., ..., & Wojnar, M. (2014). Association between fok i vitamin d receptor gene (vdr) polymorphism and impulsivity in alcohol-dependent patients. *Molecular Biology Reports*, 41(11), 7223-7228.

Wu, A. M., Cheung, V. I., Ku, L., & Hung, E. P. (2013). Psychological risk factors of addiction to social networking sites among Chinese smartphone users. *Journal of Behavioral Addictions*, 2(3), 160-166.

Xiang, L., Chen, Y., Chen, A., Zhang, F., Xu, F., & Wang, B. (2018). The effects of trait impulsivity on proactive and reactive interference control. *Brain Research*, 1680, 93-104.

Xing, W., Lü, W., & Wang, Z. (2020). Trait impulsiveness and response inhibition in young adults: Moderating role of resting respiratory sinus arrhythmia. *International Journal of Psychophysiology*, 149, 1-7.

Xue, Y., Yang, Y., & Huang, T. (2019). Effects of chronic exercise interventions on executive function among children and adolescents: A systematic review with meta-analysis. *British Journal of Sports Medicine*, 53(22), 1397-1404.

Yang, F., Chen, X., & Wang, L. (2015). Shyness-sensitivity and social, school, and psychological adjustment in urban Chinese children: A four-wave longitudinal study. *Child Development*, 86(6), 1848-1864.

Yang, J., McCrae, R. R., Costa, P. T. Jr., Dai, X. Y., Yao, S, Q., Cai, T. S., & Gao, B. L. (1999). Cross-cultural personality assessment in psychiatric populations: The NEO-PI-R in the People's Republic of China. *Psychological Assessment*, *11*(3), 359-368.

Yang, L., Xu, Q., Li, S., Zhao, X., Ma, L., Zheng, Y., Zhang, J., & Li, Y. (2015). The effects of methadone maintenance treatment on heroin addicts with response inhibition function impairments: Evidence from event-related potentials. *Journal of Food and Drug Analysis*, *23*(2), 260-266.

Yaugher, A. C., & Alexander, G. M. (2015). Internalizing and externalizing traits predict changes in sleep efficiency in emerging adulthood: An actigraphy study. *Frontiers in Psychology*, *6*, 1495.

Yu, B., Funk, M., Hu, J., Wang, Q., & Feijs, L. (2018). Biofeedback for everyday stress management: A systematic review. *Frontiers in ICT*, *5*(sep), 1-22.

Zahn-Waxler, C., Klimes-Dougan, B., & Slattery, M. J. (2000). Internalizing problems of childhood and adolescence: Prospects, pitfalls, and progress in understanding the development of anxiety and depression. *Development and Psychopathology*, *12*(3), 443-466.

Zamani, E., Chashmi, M., & Hedayati, N. (2009). Effect of addiction to computer games on physical and mental health of female and male students of guidance school in city of isfahan. *Addiction & Health*, *1*(2), 98-104.

Zapolski, T. C. B., Settles, R. E., Cyders, M. A., & Smith, G. T. (2010). Borderline personality disorder, bulimia nervosa, antisocial personality disorder, ADHD, substance use: Common threads, common treatment needs, and the nature of impulsivity. *Independent Practitioner*, *30*, 20-23.

Zeeb, F. D., Floresco, S. B., & Winstanley, C. A. (2010). Contributions of the orbitofrontal cortex to impulsive choice: Interactions with basal levels of impulsivity, dopamine signalling, and reward-related cues. *Psychopharmacology*, *211*(1), 87-98.

Zeidan, F., Johnson, S. K., Diamond, B. J., David, Z., & Goolkasian, P. (2010). Mindfulness meditation improves cognition: evidence of brief mental training. *Consciousness and Cognition*, *19*(2), 597-605.

Zelazo, P. D., & Carlson, S. M. (2012). Hot and cool executive function in childhood and adolescence: Development and plasticity. *Child Development Perspectives*, *6*(4), 354-360.

Zeng, H., Lee, T. M., Waters, J. H., So, K. F., Sham, P. C., Schottenfeld, R. S., Marienfeld, C., & Chawarski, M. C. (2013). Impulsivity, cognitive function, and their relationship in heroin-dependent individuals. *Journal of Clinical and Experimental Neuropsychology*, *35*(9), 897-905.

Zhou, J., Witt, K., Chen, C., Zhang, S., Zhang, Y., Qiu, C., Cao, L., & Wang, X.

(2014). High impulsivity as a risk factor for the development of internalizing disorders in detained juvenile offenders. *Comprehensive Psychiatry*, *55* (5), 1157-1164.

Zhou, Z., Zhu, H., Li, C., & Wang, J. (2014). Internet addictive individuals share impulsivity and executive dysfunction with alcohol-dependent patients. *Frontiers in Behavioral Neuroscience*, *8*, 288.

Zou, Z., Wang, H., d'Oleire Uquillas, F., Wang, X., Ding, J., & Chen, H. (2017). Definition of substance and non-substance addiction. *Advances in Experimental Medicine and Biology*, *1010*, 21-41.

Zuckerman, M., Kuhlman, D. M., Joireman, J., Teta, P., & Kraft, M. (1993). A comparison of three structural models of personality: The big three, the big five, and the alternative five. *Journal of Personality and Social Psychology*, *65*, 757-768.

Zwilling, C. E., Daugherty, A. M., Hillman, C. H., Kramer, A. F., Cohen, N. J., & Barbey, A. K. (2019). Enhanced decision-making through multimodal training. *NPJ Science of Learning*, *4*, 11.

Zylowska, L., Ackerman, D. L., Yang, M. H., Futrell, J. L., Horton, N. L., Hale, T. S., Pataki, C., & Smalley, S. L. (2008). Mindfulness meditation training in adults and adolescents with ADHD: A feasibility study. *Journal of Attention Disorders*, *11* (6), 737-746.